普通高等教育计算机类课改系列教材

MATLAB 基础及应用

曹敦虔　编著

西安电子科技大学出版社

内 容 简 介

　　MATLAB 是美国 MathWorks 公司开发的面向科学计算的软件平台,同时也是一门专门进行计算与仿真的高级程序设计语言。本书内容分为两部分:第一部分是 MATLAB 基础,包括第 1～4 章,主要内容有概述、矩阵生成与运算、流程控制语句和绘图,适合初学者学习;第二部分是 MATLAB 应用,包括第 5～8 章,主要内容有数值计算、进化算法、数字图像处理和 MATLAB 在数学建模竞赛中的应用,适合已有一定基础的读者继续深入学习,提高编程技巧,也可以为从事数值计算的科研和工程技术人员提供一些参考。

　　本书是根据编者在从事教学和科研过程中遇到的实际案例,同时参考相关书籍和文献编写而成的,可作为高校理工科专业本专科生、研究生 MATLAB 相关课程的教材和参考书,也可作为数学建模竞赛培训资料使用。

图书在版编目(CIP)数据

MATLAB 基础及应用 / 曹敦虔编著. —西安:西安电子科技大学出版社,2022.8
ISBN 978–7–5606–6453–8

Ⅰ.①M⋯　Ⅱ.①曹⋯　Ⅲ.①Matlab 软件　Ⅳ.①TP317

中国版本图书馆 CIP 数据核字(2022)第 055616 号

策　　划	刘小莉
责任编辑	刘小莉
出版发行	西安电子科技大学出版社(西安市太白南路 2 号)

电　　话　(029)88202421　88201467　　　　邮　　编　710071
网　　址　www.xduph.com　　　　　　　　电子邮箱　xdupfxb001@163.com
经　　销　新华书店
印刷单位　陕西天意印务有限责任公司
版　　次　2022 年 8 月第 1 版　　2022 年 8 月第 1 次印刷
开　　本　787 毫米×1092 毫米　1/16　印张 21
字　　数　499 千字
印　　数　1～1000 册
定　　价　55.00 元
ISBN 978–7–5606–6453–8 / TP
XDUP 6755001–1
*****如有印装问题可调换*****

前　言

　　MATLAB 是一款功能强大的数学软件,同时也是一个可广泛应用于通信、优化与控制、汽车、航空航天、图像处理、智能计算等领域的科学计算平台,得到了广大工程技术人员和科学工作者的喜爱,也成为许多高校理工科专业本专科学生和研究生的必修课程。

　　为了帮助 MATLAB 初学者初步掌握 MATLAB,能够利用 MATLAB 完成矩阵运算、流程控制、数据可视化等基本编程任务,同时也帮助具备一定基础的读者进一步提高编程技巧,完成诸如数值逼近、寻优、求微分方程数值解、数字图像处理等更复杂的计算任务,编者根据自身的编程和教学经验,在参考相关文献和资料的基础上进行整理和编排,形成本书。

　　本书内容主要分为两部分,第一部分介绍 MATLAB 的基础知识,主要内容有数据类型、矩阵生成、数组运行、流程控制以及绘图等。第二部分介绍 MATLAB 的应用,为具有一定基础的读者提供参考,以进一步提高编程技巧,这部分的主要内容有数值计算、进化算法、数字图像处理以及 MATLAB 在数学建模竞赛中的应用。

　　本书中的程序旨在为读者提供参考,而不是作为程序包来使用,所以力求程序简洁,在一定程度上放弃了健壮性,比如未对函数参数类型进行检查,默认在函数调用时能够提供正确的参数,等等。在实际应用中还需要对程序进行一些调整,才能适用于新问题的求解。

　　如果使用本书作为理工科专业本专科生或研究生学习 MATLAB 的教材,建议将第一部分作为必学内容,第二部分根据专业特点进行选学,并安排一定的上机练习时间。如果作为数学建模竞赛培训资料,可以选择第一部分内容和第二部分的第 8 章作为主要培训内容,其余部分可作为参考资料。

　　本书由曹敦虔编写,在编写过程中得到了广西民族大学教材出版项目的支持,同时也得到了广西民族大学数学与物理学院许多老师的关心和帮助,在此深表感谢!

　　由于作者水平有限,书中不妥之处在所难免,恳请广大读者批评指正。联系邮箱是 caodunqian@gxun.edu.cn。

作　者

2022 年 3 月于南宁

目　录

第一部分　MATLAB 基础

第二部分　MATLAB 应用

第一部分　MATLAB 基础

本部分主要介绍 MATLAB 最基本的内容，包括基本概念、数据类型、矩阵生成与运算、流程控制语句和绘图等，为使用 MATLAB 解决实际问题打下良好基础，可以作为初学者的入门教材.

第 1 章 概 述

1.1 MATLAB 发展历史

MATLAB 是 Matrix Laboratory 的简称，是由美国 MathWorks 公司开发的用于数值计算和图形处理的科学计算系统. 最早的版本是由 Cleve Moler 教授编写的一个可以方便学生们调用 EISPACK(矩阵特征系统软件包)[①]和 LINPACK(线性方程软件包)[②]的交互式矩阵计算器. 这些软件包和计算器均使用 FORTRAN 语言编写.

1983 年，Little 提议开发基于 MATLAB 的商用产品. 但是早期的 IBM 台式机很难支持 MATLAB 这样程序的运行，于是 Little 对 MATLAB 进行了改进，用 C 语言编写了 MATLAB 新的扩展版本.

1984 年在拉斯维加斯举行的 IEEE 决策与控制会议(IEEE Conference on Decision and Control)上首次发布了运行在 PC 上的商业化版本 MATLAB 3.0，并于次年发布了针对 Unix 工作站的 Pro-MATLAB.

1992 年推出的 MATLAB 4.0 引入了稀疏矩阵，这是一种能够处理超大数组(几乎不含非零值)又节省内存的方式. 使用稀疏矩阵只需存储非零元素，并且所有运算几乎都能同等应用于全矩阵. 1993 年，在 MATLAB 4.1 中加入了以 MAPLE 内核为"引擎"的符号计算工具箱，使 MATLAB 集数值计算和符号计算两大功能于一身.

2000 年发布了桌面版 MATLAB 6.0，在核心数值算法、用户界面、外部接口、桌面应用等诸多方面都有了极大改进，此时 MATLAB 已经演化为一门全新的计算机高级程序设计语言与功能强大的集成开发环境，得到了广大科研人员、工程技术人员、教师和学生的青睐. 2006 年以后，MathWorks 公司每年进行两次产品发布，目前最新版本是 2021a.

在最新的几个版本中，MATLAB 增加了很多新特性：增强了实时编辑器的功能，使开发人员可以以可执行记事本形式创建 MATLAB 脚本和函数，在其中综合代码、输出和格

---

① EISPACK 是由美国阿贡国家实验室的一组研究人员为了解决特征值问题而开发的数学软件包. EISPACK 的首个版本于 1971 年发布，1976 年推出了第二版.

② LINPACK 是 1975 年由 Cleve Moler、Jack Dongarra、Pete Stewart、Jim Bunch 四个人共同开发的一个线性方程软件包.

式化文本；优化了数据导入和分析，支持对 XML 文件和远程数据的读写；具有更强大的大数据处理能力，使用并行处理从数据存储中读取数据，可将大型数据集合写出到磁盘，添加了更多的支持 Tall 数组的函数和全新的数据可视化函数；进一步提升了运行速度，提高了大型稀疏矩阵乘法和求解稀疏线性方程组的性能. 现在，MATLAB 在信号和图像处理、通信、控制系统、测试和测量、汽车、航空航天、计算金融学和计算生物学等领域都有重要的应用.

1.2 MATLAB 特点

MATLAB 是一款具有强大数值计算能力的数学软件，同时也是一门优秀的计算机高级程序设计语言，与 MAPLE、Mathematica 并称为三大数学软件. 相较于 C++、Java 等语言，MATLAB 的优点是算法表达能力强，语法简洁，代码集成度高，简短的代码即可表示丰富的含义；而相较于 MAPLE、Mathematica 等数学软件，MATLAB 又具有程序执行速度快，工具包丰富等优点，特别适合进行数值计算.

MATLAB 的基本运算对象为数组，可以进行批量数据处理，很多使用其它高级程序设计语言需要编写大量代码才能解决的问题，使用 MATLAB 往往只需几个简单命令即可，这使得研究人员能够快速地把算法变成程序，以验证自己的想法是否正确，从而节约大量时间和精力去思考问题的本质.

由于 MATLAB 最初设计就是用于矩阵计算，所以特别适合用于诸如线性方程组求解、大数据分析、信号和数字图像处理、数据可视化、智能计算等需要进行批量数据处理的计算任务. 同时，MATLAB 也具有分支、循环等流程控制语句，可以自行设计算法并实现，以处理更复杂的任务.

MATLAB 提供了大量的工具箱，利用这些工具箱，开发人员可以快速、高效地解决一些专业领域问题，而不需要深入学习掌握相关知识，这使得人们解决跨领域问题成为可能.

1.3 MATLAB 界面

本书以 Windows 版的 MATLAB R2014b 为例介绍 MATLAB，启动 MATLAB 后默认的界面布局如图 1.1 所示. 该界面包含工具栏、当前文件夹、代码编辑器、命令窗口和工作区. 可以使用布局工具对界面重新布局，调整窗口位置，显示或隐藏某些窗口.

1. 工具栏

较新版本的 MATLAB 放弃了传统的主菜单＋工具栏模式，而采用了新的"选项卡"式工具栏，用户可以方便地在各组按钮之间快速切换. 默认情况下，工具栏中有 6 组按钮，分别是主页、绘图、应用程序、编辑器、发布和视图.

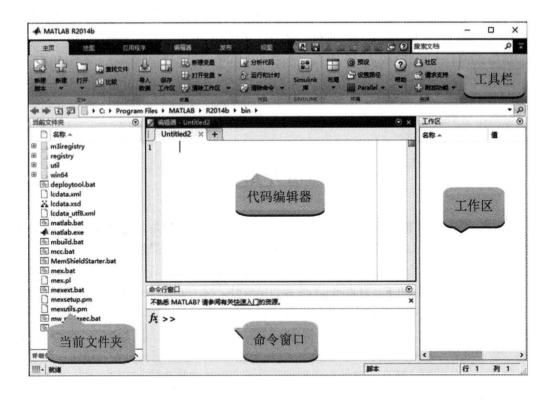

图 1.1　MATLAB 默认界面

主页工具栏主要用于文件处理、数据导入、代码分析、设置 MATLAB 环境和查看帮助文档等，其界面如图 1.2 所示.

图 1.2　主页工具栏

绘图工具栏是数据可视化的快捷工具，通过它可以快速绘制线图、直方图、饼图、等高线图、三维图形等不同种类的图形. 只要在工作区中选中数据，再根据需要点击"绘图"按钮，MATLAB 就可以呈现相应的数据图形，其界面如图 1.3 所示.

图 1.3　绘图工具栏

应用程序工具栏包含了多个实用程序，可以进行曲线拟合、优化、符号计算、控制系统设计与分析、信号分析、图像处理、应用程序打包等. 使用这些功能不需要编写程序，或只需要输入少量代码即可完成较复杂的工作，界面如图 1.4 所示.

图 1.4 应用程序工具栏

编辑器工具栏提供了编写、调试程序所需的工具，界面如图 1.5 所示.

图 1.5 编辑器工具栏

发布工具栏提供了在注释中进行格式化文本的工具. 编程人员可以在注释中编写程序的使用说明，并在发布后成为该程序的帮助文档. 注释中可以进行类似 Latex 的格式控制，使帮助文档更美观，界面如图 1.6 所示.

图 1.6 发布工具栏

视图工具栏提供了对界面进行布局的工具，界面如图 1.7 所示.

图 1.7 视图工具栏

2. 当前文件夹

当前文件夹是 MATLAB 的工作目录，MATLAB 在编译程序时遇到函数调用会按照一定的顺序搜索被调函数，而当前文件夹的优先级要高于搜索路径的优先级，所以通常将当前正在编写的程序保存在当前文件夹中，以方便进行编辑和调试. 可以通过点击 🔼 或 🔍 改变当前文件夹.

3. 代码编辑器

MATLAB 的代码编辑器是一个文本编辑器，具有代码高亮显示功能，可以使用注释符号%进行分段，MATLAB 程序的编写工作主要在代码编辑器中完成. 程序编写完成后即可利用编辑器工具栏上的工具进行运行和调试.

4. 命令窗口

命令窗口是 MATLAB 的主要交互窗口，用于输入命令和显示非图形结果，类似于

Windows 的命令行窗口. 命令窗口中的提示符"＞＞"表示 MATLAB 处于准备状态, 用户可以输入命令. 可以输入一行或多行命令, 换行使用[Shift + Enter]键, 输入完成后按[Enter]键后立即执行, 执行结束显示运行结果. 命令窗口适合一次执行一条命令的情形, 如果需要连续执行多条命令, 可以使用编辑器编辑好程序, 再一次执行所有命令.

5. 历史命令记录窗口

可以通过主页工具栏中的"布局"→"历史命令记录"→"停靠", 调出历史命令记录窗口. 历史命令记录窗口自动记录以前在命令窗口中执行过的命令, 并可将这些命令重新调入命令窗口中执行. 在历史命令记录窗口中通过快捷键可以在各条历史记录中快速切换, 并选择其中的某一条进入命令窗口. 可以删除某条历史命令记录, 或清空所有历史命令记录.

6. 工作区

工作区显示当前 MATLAB 所管理的内存中变量的状态, 可显示变量的名称、取值、维数大小、所占内存大小、数据类型以及最大值、最小值等统计量. 通过工作区, 编程人员可以清楚了解当前内存中变量的状态, 还可以选择、复制、导出这些数据, 以便进行下一步操作.

1.4　MATLAB 工具箱

MATLAB 工具箱是对 MATLAB 核心功能的扩展, 每一个工具箱都是解决某个领域问题的函数集合. 用户也可以创建自己的工具箱, 并分享给他人使用. MATLAB 提供了大量工具箱, 用户可以在安装 MATLAB 时选择是否安装. 默认情况下工具箱放在"安装目录\Matlab\版本号\toolbox\"文件夹下. 表 1.1 列出了常用工具箱.

表 1.1　MATLAB 常用工具箱

序号	工 具 箱	说　明
1	Symbolic Math Toolbox	符号数学工具箱
2	Partial Differential Euqation Toolbox	偏微分方程工具箱
3	Statistics Toolbox	统计学工具箱
4	Curve Fitting Toolbox	曲线拟合工具箱
5	Optimization Toolbox	优化工具箱
6	Global Optimization Toolbox	全局优化工具箱
7	Neural Network Toolbox	神经网络工具箱
8	Model-Based Calibration Toolbox	基于模型矫正工具箱
9	Signal Processing Toolbox	信号处理工具箱
10	DSP System Toolbox	DSP 系统工具箱
11	Communications System Toolbox	通信系统工具箱
12	Wavelet Toolbox	小波工具箱

续表

序号	工 具 箱	说 明
13	Control system Toolbox	控制系统工具箱
14	System Indentification Toolbox	系统辨识工具箱
15	Fuzzy Logic Toolbox	模糊逻辑工具箱
16	Robust Control Toolbox	鲁棒控制工具箱
17	Model Predictive Control Toolbox	模型预测控制工具箱
18	Aerospace Toolbox	航空航天工具箱
19	Image Processing Toolbox	图像处理工具箱
20	Computer Vision System Toolbox	计算机视觉工具箱
21	Image Acquisition Toolbox	图像采集工具箱
22	Mapping Toolbox	地图工具箱
23	Data Acquisition Toolbox	数据采集工具箱
24	Instrument Control Toolbox	仪表控制工具箱
25	Image Acquisition Toolbox	图像采集工具箱
26	OPC Toolbox	OPC 工具箱
27	Vehicle Network Toolbox	车载网络工具箱
28	Financial Toolbox	金融工具箱
29	Econometrics Toolbox	计算经济学工具箱
30	Datafeed Toolbox	数据输入工具箱
31	Fixed-Income Toolbox	固定收益工具箱
32	Financial Derivatives Toolbox	衍生金融工具箱
33	Bioinformatics Toolbox	生物信息工具箱
34	SimBiology	生物学工具箱
35	Parallel Computing Toolbox	并行计算工具箱
36	MATLAB Distributed Computing Server	MATLAB 分布式计算服务器

上面并不是 MATLAB 的全部工具箱, 有兴趣的读者可自行查阅 MATLAB 帮助文档. 不同版本的 MATLAB 所带的工具箱也会有些差别.

1.5 MATLAB 通用命令

MATLAB 的通用命令是指在操作软件过程中经常需要使用的命令, 可以在命令行窗口的提示符 ">>" 后面输入, 也可以在程序中使用. 通用命令分为常用管理命令、变量和工作区管理命令、文件和文件夹管理命令等.

1. 常用管理命令

常用管理命令如表 1.2 所示.

表 1.2 常用管理命令

命令	说　明	命令	说　明
clc	清除命令窗口	format	控制输出显示格式
clf	清除图形窗口	help	帮助文档
cputime	获取 CPU 时间	input	等待用户输入数据
demo	打开演示程序	profile	探查函数的执行时间
disp	显示文本	quit	退出 MATLAB
doc	在帮助浏览器中打开帮助文档	warning	显示警告信息
error	显示出错信息		

clc 命令清除命令窗口中的所有内容，包括历史命令和输出结果，常用于程序开始处.

clf 命令可以清除图形窗口中的内容. 当连续绘图时，若需要清除前面绘制的内容，可使用此命令.

cputime 命令返回 MATLAB 自启动以来使用的总 CPU 时间，返回的 CPU 时间以秒为单位. 对 cputime 的每次调用都会返回 MATLAB 在调用该函数之前使用的总 CPU 时间. 如果要测量运行代码所消耗的 CPU 时间，可以在该代码之前和之后分别调用一次 cputime，然后计算两个时间的差值.

disp 命令常用于在程序中输出文本结果，类似于 C 语言中的 printf 函数，数值结果也可以通过 num2str 函数转换成文本输出.

error 命令用于在程序中输出错误信息，当程序认为某些情况不符合程序逻辑要求时，可以使用 error 来抛出一个异常，终止程序运行，并在命令窗口中显示该错误信息.

waring 命令与 error 相似，可以在程序中抛出一条警告信息，但抛出警告信息后程序继续运行.

format 命令可以设置浮点数及其他数值的输出格式，常用的命令格式有 format SHORT、format LONG，更详细的说明请查阅 MATLAB 帮助.

help 命令用于在命令窗口中查看某个函数的使用说明，使用格式式是 help 函数名.

input 命令可以在程序运行时允许用户输入数据，类似 C++ 的 cin，使用格式是变量名 = input('提示字符串'). 变量名会接收到用户的输入. 可以一次输入多个数，但必须使用中括号[]将多个数括起来，多个数之间使用逗号或空格分隔.

profile 可用于探查程序中所调用函数的执行时间，通常在程序开始时执行 profile on，在程序结束时执行 profile viewer. 该命令可以显示函数调用次数、总时间和自用时间，也可以在命令窗口中执行 profile view 命令，调出 profile 查看窗口，然后直接运行要测试的程序.

2. 变量和工作区管理命令

MATLAB 工作区是 MATLAB 使用的一段内存区域，MATLAB 的变量存放在工作区中，可以通过工作区窗口查看内存的状态，可以使用命令对工作区做一些查看、保存、整理等操作. 表 1.3 列出了与工作区管理相关的命令.

表 1.3 工作区管理命令

命令	说 明	命令	说 明
clear	从工作区中清除变量	save	将工作区变量保存到磁盘
load	从磁盘中恢复变量	who	列出内存中的变量
pack	内存碎片整理	whos	列出变量的详细信息

clear 可以从工作区中清除所有变量，通常用于程序开始处，增加可用内存，避免原有变量的干扰.

save 命令可将当前工作区内的变量保存到磁盘文件中，以便下次继续使用. 它可以保存指定变量，也可以保存所有变量，保存的文件格式通常为 .mat. mat 文件是 MATLAB 专用的二进制文件，用于存储工作区变量，可存储多维数组、元胞数组、结构体数组等多种类型的 MATLAB 数据. 使用格式为 save('文件名')或 save('文件名', 变量名列表).

load 命令与 save 命令相对应，用于从 mat 文件中导入数据到工作空间中，使用格式为 load('文件名').

pack 命令通过重新组织内存中的数据以获得较大的连续内存空间. pack 命令只能在命令窗口中运行. MATLAB 使用堆方法管理内存，频繁地申请、撤销变量可能导致内存碎片化. 在内存碎片化的情况下，可能存在大量的可用空间，却没有足够的连续内存来存储新的大型变量. 如果在分配内存时出现 Out of memory 消息，pack 命令也许可以在无需强制删除变量的情况下找到部分可用内存.

pack 命令通过以下方式整理内存空间：

(1) 将基础和全局工作区中的所有变量保存到临时文件.

(2) 清除内存中的所有变量和函数.

(3) 从临时文件中重新加载基础变量和全局工作区变量，然后删除该文件.

3. 文件和文件夹管理命令

可以在 MATLAB 程序和命令窗口中使用命令对文件和文件夹进行管理操作. 常用文件和文件夹管理命令如表 1.4 所示.

表 1.4 文件和文件夹管理命令

命令	说 明	命令	说 明
addpath	将目录添加到搜索路径上	edit	编辑文件
cd	改变工作目录	matlabroot	获取 MATLAB 安装的根目录名
copyfile	复制文件	mkdir	建立目录
delete	删除文件	path	显示搜索路径
dir	显示当前目录或指定目录下的文件	type	显示文件内容

当 MATLAB 对外部函数等进行搜索时，会在当前文件夹和搜索路径下进行. 搜索路径上的文件夹顺序十分重要. 当在搜索路径上的多个文件夹中出现同名文件时，MATLAB 将使用搜索路径中最靠前的文件夹中的文件. 默认情况下，搜索路径包括以下文件夹.

(1) MATLAB userpath 文件夹：它在启动时添加到搜索路径中，用于存储用户文件的默认位置；

(2) 作为 MATLABPATH 环境变量的一部分定义的文件夹；

(3) MATLAB 和其他 MathWorks 公司产品的文件夹：它们位于 matlabroot/toolbox 下面，其中 matlabroot 是 MATLAB 的安装路径，在命令窗口中执行 matlabroot 将显示该路径.

用户可以使用命令或图形界面的方式编辑搜索路径. 点击主页工具栏中的 设置路径 按钮可打开设置路径的界面，设置搜索路径如图 1.8 所示.

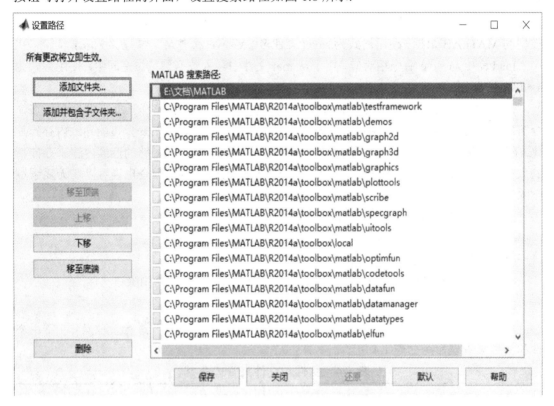

图 1.8　设置搜索路径

addpath 命令可以将目录添加到搜索路径上，使用格式是：

addpath 目录 1 目录 2 目录 3 …

path 命令将在命令窗口显示搜索路径.

4. 快捷键

使用快捷键可以提高工作效率，不同窗口的快捷键功能不同，表 1.5～表 1.7 列出了常用快捷键及其功能.

表 1.5　编辑器窗口快捷键

快捷键	功　能	快捷键	功　能
Ctrl + [	减少缩进	Ctrl + R	注释一行或多行
Ctrl +]	增加缩进	Ctrl + S	保存
Ctrl + A	全选	Ctrl + T	取消注释一行或多行
Ctrl + F	查找或替换	Ctrl + W	关闭文件
Ctrl + I	智能缩进	Ctrl + Y	取消撤销
Ctrl + N	新建文件	Ctrl + Z	撤销修改
Ctrl + O	打开文件	Shift + Tab	减少缩进
Ctrl + P	打印程序代码	Tab	增加缩进或显示完整命令

表 1.6　命令窗口快捷键

快捷键	功　能	快捷键	功　能
↑	前一条历史命令	Ctrl + Q	退出 MATLAB
↓	后一条历史命令	Esc	清楚输入的命令
Ctrl+C	中断当前程序的执行过程	Shift+Enter	只换行不执行代码

表 1.7　程序调试快捷键

快捷键	功　能	快捷键	功　能
Ctrl + Enter	运行当前节	F9	执行选中代码
Ctrl + Shift + Enter	运行当前节并前进到下一节	F10	单步执行,遇到函数调用不进入函数内部
Shift + F11	执行完当前函数的剩余部分,直至函数结束	F11	单步执行,遇到函数调用进入函数内部
F5	运行程序	F12	设置或取消断点

5. 标点符号

在 MATLAB 中,一些标点符号被赋予了特殊功能,有些标点符号在不同语境下有不同的含义,表 1.8 列出了常用标点符号及其功能.

表 1.8　常用标点符号及其功能

标点符号	说　明	标点符号	说　明
:	冒号,有多种功能	( )	小括号,有多种功能
;	分号,语句结束符,抑制输出	[ ]	中括号,定义数组
,	逗号,多个数的分隔符	{ }	大括号,定义单元数组
%	百分号,注释标记	...	省略号,续行
'	单引号,字符串界定符	~	波浪号,无用结果代替符

1.6　简单 MATLAB 程序示例

本节以一个简单的例子演示 MATLAB 程序的编写和运行过程. 启动 MATLAB 后, 点击主页工具栏上的 ![新建] 按钮, 新建一个脚本文件, 在编辑器中输入下面程序:

```
r=5;            %将 5 赋值给变量 r
s=2*pi*r^2;     %计算以 r 为半径的圆的面积
s               %显示结果
```

点击 ![保存] 按钮, 将文件命名为 sample1.m. 再点击 ![运行] 按钮运行程序, 将在命令窗口中显示运行结果:

>> sample1

s = 157.0796

说明:

(1) 程序中除了字符串和注释可以有全角符号外, 其余所有代码必须是半角符号, 包括标点符号、数字和字母.

(2) MATLAB 的变量不需要预先定义即可直接使用.

(3) %后的内容为注释, 不参与程序的执行过程.

(4) 如果程序编译有错, 将在命令窗口中显示出错信息, 通过点击出错信息中的链接, 可跳到错误所在行或附件.

(5) 程序文件名必须符合标识符的命名规则, 只能由字母、数字和下划线组成, 且只能以字母开始.

(6) 可在命令窗口中输入程序文件的主文件名来执行该程序.

(7) 如果要运行的程序不在当前文件夹和搜索路径下, MATLAB 将找不到该程序, 可设置当前文件夹为程序所在文件夹, 或添加程序所在文件夹到搜索路径下.

(8) 如果希望不显示计算结果, 则以分号结束语句; 如果希望显示计算结果, 则不用分号结束.

(9) 程序运行的文字结果显示在命令窗口中, 图形结果显示在弹出的独立窗口中.

第 2 章 矩阵生成与运算

在 MATLAB 中，运算对象的基本单位为数组. 数组是由 $m \times n \times k \times \cdots$ 个相同类型元素构成的一个整齐阵列. 如果按维数来分，数组有一维数组、二维数组、三维数组…；如果按其元素的数据类型来分，有 double 数组、int 数组、逻辑数组、字符数组、元胞数组、结构体数组，前 3 种为数值型数组，后 3 种为非数值型数组，不同类型的数组在一定条件下可以互相转换. 只有一个元素的数值型数组称为标量，一维数值型数组称为向量，二维数值型数组称为矩阵. 如果两个数组具有相同的维数，并且每一维的大小相同，则称这两个数组的 size 相同，简称同维.

2.1 数 据 类 型

MATLAB 的基本数据类型有整型、浮点型、复数型(complex)、逻辑型(logical)、字符型(char)、单元(cell)、结构体(struct)、函数句柄(handle)、表格(table)等，如图 2.1 所示. 每种基本数据类型都可定义该类型的数组.

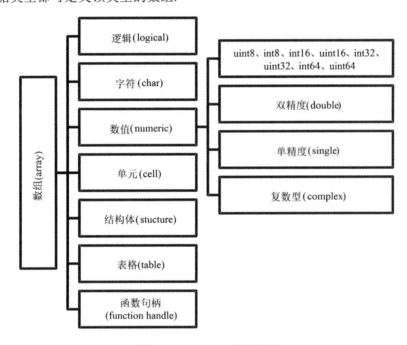

图 2.1 MATLAB 数据类型

1. 整型

整型又可细分为 int8、int16、int32、int64、uint8、uint16、uint32、uint64，共 8 种，前 4 种为有符号整型，后 4 种为无符号整型. 根据整型类型名称的后缀可知单个整型数所占内存的大小分别为 8 位、16 位、32 位和 64 位，符号性及占用内存大小决定了该整型数的取值范围. 整型数之间的运算是封闭的，整型数相除，结果四舍五入为新的整型数. 不同细分类型的整型数之间不能直接进行算术运算.

示例：

```
a=int8(12);
b=int8(9);
c=a+b

c =

    21
d=bitand(a, b)          %计算 a 和 b 的位与运算结果

d =

    8
```

2. 浮点型

浮点型有单精度浮点型(single)和双精度浮点型(double)两种，其中 double 是 MATLAB 的默认数据类型，如果在计算过程中没有特殊要求，则应该使用 double 类型. single 类型数和 double 类型数做算术运算的结果是 single 类型数. double 有两个特殊的数值 Inf 和 NaN，Inf 表示无穷大，NaN 表示不确定大小，例如 0/0、Inf/Inf 的结果就是 NaN.

示例：

```
a=single(2.5);         % a 是单精度浮点数
b=3.1;                 % b 是双精度浮点数
c=b/a                  % c 是单精度浮点数

c =

    1.2400
0/0

ans =

    NaN
```

3. 复数型

MATLAB 可以直接进行复数运算，使用未赋值的 i 或 j 表示虚数单位. 例如：

```
a=1+2i;
b=3+4i;
c=a*b

c =

   -5.0000 +10.0000i
```

4. 逻辑型

逻辑型数据的取值只有两种 true 和 false，在显示时为 1 和 0，通常用来表示真/假、

是/否、对/错、成立/不成立等，关系运算和逻辑运算的结果是逻辑型．可以将数值型数据转换为逻辑型，非 0 转换为 true，0 转换为 false，也可以将逻辑型转换为数值型，true 转换为 1，false 转换为 0．

示例：

```
A=logical([0 1 2 3])
A =
     0    1    1    1
sum(A)
ans =
     3
```

当执行一个表达式语句时，如果没有将执行结果赋值给变量，则 MATLAB 自动将结果赋值给 ans．

5. 字符型

在 MATLAB 中使用单引号对表示字符型数据，$1 \times n$ 的字符型数组称为字符串．多个字符串可以使用多行数组来表示，但是各个字符串长度必须相同．

示例：

```
a='Hello'          %a 是一个字符串，也是一个 1×5 的字符型数组
a =
Hello
A=['abcd'; '1234']
A =
abcd
1234
```

6. 单元

单元也称细胞或元胞，它可以容纳任何类型的数据，包括数组、结构、单元数组，对于存储复杂数据非常有用．例如：

```
a{1}='Hello';      %a 为单元数组，第 1 个元素是一个字符串
a{2}=100           %第 2 个元素是一个 double 型数
a =
    'Hello'    [100]
```

可以使用 cell2mat 将单元数组转换成普通数组．例如：

```
A = {[1, 2], [3, 4], [5], [6, 7], [8], [9, 10, 11]};
cell2mat(A)
ans =
     1    2    3    4    5    6    7    8    9    10    11
```

取出单元数组元素有两种用法，一种是使用大括号{ }，取出的结果是单元内所装的数据，另一种是使用小括号( )，取出的是单元本身．

```
A = {[1, 2], [3, 4], [5], [6, 7], [8], [9, 10, 11]};
B = A{1};
```

```
C = A(1);
```

上面的代码，B 的结果数组是[1, 2]，而 C 的结果是单元{[1, 2]}.

7. 结构体

结构体是由若干个成员组成的一个整体，通常用于描述一个复杂对象，比如一个学生、一辆车、一张图等. 每个成员包含成员名和值. 生成结构体对象的方法有多种，可以直接对结构体成员赋值，系统会自动生成结构体对象，也可以使用 struct 命令生成结构体. 例如：

```
student1.Name='Weixiaobao';          %student1 的类型自动成为 struct
student1.Age=20;
student1.Email='wxb2138721@163.com';
student1
student1 =
    Name: 'Weixiaobao'
    Age: 20
    Email: 'wxb2138721@163.com'
student2 = struct('Name', 'Liwei', 'Age', 21, 'Email', 'Liwei321809@126.com')
student2 =
    Name: 'Liwei'
    Age: 21
    Email: 'Liwei321809@126.com'
x=-pi:0.1:pi;                        %生成一行向量，值为 -pi～pi 之间的等差数列
f=plot(x, sin(x));                   %画出 sin 函数图形
g=get(f)                             %获取图形结构，g 的类型为 struct
g =
    DisplayName: ''
    Annotation: [1x1 hg.Annotation]
    Color: [0 0 1]
    LineStyle: '-'
    LineWidth: 0.5000
    Marker: 'none'
    MarkerSize: 6
    ……
```

上面代码中的 g 是一个图形结构，其中包含多个成员，MATLAB 在显示图形时就是根据图形结构中的取值进行渲染. 为节约篇幅，在此省略了部分成员.

8. 函数句柄

函数句柄可以标识一个函数，可以通过函数句柄来调用函数，可以将函数句柄作为参数进行传递. 匿名函数定义后必须将其句柄赋值给一个变量才能被调用.

获取函数句柄的方法有：

(1) 变量名=@函数名；

(2) 变量名=str2func('函数名');

(3) 定义匿名函数: 变量名=@(输入参数列表) 函数表达式.

示例:

```
f=@sin;              %获取 sin 函数的句柄
f(pi/2)
```

```
ans =
      1
```

```
f=str2func('cos');   %获取 cos 函数的句柄
f(pi)
```

```
ans =
      -1
```

```
f=@(x) sin(x)./x;    %定义一个匿名函数
f(0.001)
```

```
ans = 1.0000
```

9. 表格

表格是一种复杂的数据类型, 可以处理包含表头、行、列的数据, 与普通数组不同的是表格中不同列的数据类型可以不同, 比单元数组更加规范. 表由若干行向变量和若干列向变量组成. 表中的每个变量可以具有不同的数据类型和不同的大小, 但每个变量必须具有相同的行数. 例如, 假设有如表 2.1 的信息.

表 2.1 学生信息表

学号	姓名	入学年份	专业	成绩
11253020123	赵晓燕	2002	数学与应用数学	85
11253020124	叶超	2002	信息与计算科学	78
11253130111	苗苗	2013	物理学	91
11253140227	赵怀安	2014	计算机科学与技术	86

若在 MATLAB 中表示上面的学生信息, 则输入下面的命令:

```
studentID=[10223; 10224; 11311; 11427];
studentName=['赵晓燕'; '叶超  '; '苗苗  '; '赵怀安'];   %注意使用空格补齐
startYear=[2002; 2002; 2013; 2014];
major=[2002; 2002; 2013; 2014];
score=[85; 78; 91; 86];
T = table(studentID, studentName, startYear, major, score)
```

结果显示:

T =

studentID	studentName	startYear	major	score
10223	赵晓燕	2002	2002	85

10224	叶超	2002	2002	78
11311	苗苗	2013	2013	91
11427	赵怀安	2014	2014	86

　　单元数组、结构体数组和表格都可以表示复杂数据，但是它们各有自己的优缺点．单元数组比较灵活，结构松散，适合表示多个不同类型数据的集合；结构体数组类似复杂对象集合，适合表示同类型对象集合；表格结构规范，行列整齐，适合表示规则的数据．

2.2　数　组　生　成

　　每一种基本数据类型都有对应类型的数组，不同类型数组的生成方法不同，需要根据具体情况灵活处理．本节主要以 double 类型数组为例介绍生成数组的常用方法．

2.2.1　一般数组生成

　　如果知道数组的所有元素，可以通过罗列元素的方法生成数组．同一行的元素之间用空格或逗号分隔，行与行之间用分号分隔．例如：

```
A = [6, 3, 5, 1, 2]　　%生成一个一维数组(行向量)
A =
     6     3     5     1     2
```

```
B = [8; 2; 4; 7; 5]　　%生成一个一维数组(列向量)
B =
     8
     2
     4
     7
     5
```

```
C = [1 2 3; 4 5 6; 7 8 9]　　%生成一个 3 × 3 的二维数组
C =
     1     2     3
     4     5     6
     7     8     9
```

　　当使用分号 ";" 作为一个语句的结束符时，MATLAB 不显示计算的结果．如果希望在命令窗口显示计算结果，则语句结尾不使用任何符号．

　　"%" 是一个特殊的符号，MATLAB 把该行该符号之后的字符当作注释，这些字符不是 MATLAB 命令，不参与任何运算．

2.2.2　特殊数组生成

　　如果要生成的数组是一些特殊数组，或其元素具有某种规律，则可以使用 MATLAB

内置函数和运算符来生成.

全 0 数组：zeros(m, n)，常用于预分配内存.

全 1 数组：ones(m, n).

单位矩阵：eye(n).

全真数组：true(m, n).

全假数组：false(m, n).

无穷大数组：inf(m, n).

服从[0, 1]的均匀分布随机数数组：rand(m, n) .

服从标准正态分布的随机数数组：randn(m, n).

魔方矩阵：magic(n).

向量 V 为主对角元素的矩阵，或者矩阵 V 的主对角元素：diag(V).

等差数列：$a{:}s{:}b$，第一个元素为 a，最后一个元素为 $s \times \lfloor (b-a)/s \rfloor$，公差为 s，结果为一个行向量. 如果 $s = 1$，则 s 可省略.

等差数列：linspace(a, b, m)，将区间[a, b]等分成 m-1 份，生成 m 个分点，结果是一个行向量.

示例：

A=zeros(3, 3)　%3 阶零矩阵

A =

0	0	0
0	0	0
0	0	0

B=ones(3, 3)　%3 阶 1 矩阵

B =

1	1	1
1	1	1
1	1	1

C=eye(3)　%3 阶单位阵

C =

1	0	0
0	1	0
0	0	1

D=true(3, 3)　%3 阶真矩阵

D =

1	1	1
1	1	1
1	1	1

E=false(3, 3)　%3 阶假矩阵

E =

0	0	0

```
    0      0      0
    0      0      0
```

F=inf(3, 3)   %3 阶无穷大矩阵

```
F =

  Inf    Inf    Inf
  Inf    Inf    Inf
  Inf    Inf    Inf
```

G=rand(3, 3)   %3 阶随机矩阵

```
G =

  0.8147   0.9134   0.2785
  0.9058   0.6324   0.5469
  0.1270   0.0975   0.9575
```

H = magic(4)   %4 阶魔方阵

```
H =

  16     2     3    13
   5    11    10     8
   9     7     6    12
   4    14    15     1
```

V=diag(H)   %获取矩阵 H 的主对角元素,构成一个列向量

```
V =

  16
  11
   6
   1
```

X=1 : 8   %生成 1~8 的整数,构成一个行向量

```
X =

  1    2    3    4    5    6    7    8
```

Y=linspace(-3, 3, 7)   %将区间[-3, 3]均匀剖分为 6 份,生成 7 个分点

```
Y =

  -3   -2   -1    0    1    2    3
```

A = floor(2*rand(3, 3))   %生成一个 3×3 的数组,每个元素是 0 或 1 的随机整数

```
A =

  1    0    1
  0    0    0
  0    1    1
```

B = rand(3, 3)<0.5;   %随机逻辑数组

```
B =

  1    0    1
  0    0    0
  0    0    1
```

两种方法都生成了 0~1 随机矩阵, **A** 是 double 型矩阵, **B** 是逻辑型矩阵.

```
V = -10 + 10*rand(1, 8)   %生成 8 个[-10 10)内的随机数
V =
```

| -8.9811 | -1.4085 | -2.4660 | -7.9406 | -6.4233 | -4.2604 | -0.2017 | -4.7806 |

2.2.3　稀疏矩阵

当大型矩阵中只包含少量非零元素时, 使用稀疏矩阵来存储可节约大量空间. 相对于稀疏矩阵, 普通矩阵称为满矩阵. 可以将所有 MATLAB 内置算术运算、逻辑运算和索引运算应用于稀疏矩阵, 或应用于稀疏矩阵和满矩阵两者. 对稀疏矩阵执行的运算返回稀疏矩阵, 对满矩阵执行的运算返回满矩阵.

创建稀疏矩阵的方法有:

spalloc: 为稀疏矩阵分配空间.

spdiags: 提取非零对角线并创建稀疏带状对角矩阵.

speye: 稀疏单位矩阵.

sprand: 稀疏均匀分布随机矩阵.

sprandn: 稀疏正态分布随机矩阵.

sprandsym: 稀疏对称随机矩阵.

sparse: 创建稀疏矩阵.

示例:

使用 spalloc 初始化 1000×1000 稀疏矩阵, 使之具有 50 个非零值的空间:

```
S = spalloc(1000, 1000, 50);
```

创建 1000×1000 稀疏单位矩阵:

```
I = speye(1000);
```

生成 1000×2000 全零稀疏矩阵:

```
S = sparse(1000, 2000);
```

将满矩阵转换为稀疏矩阵. 如果矩阵包含很多零, 将矩阵转换为稀疏存储空间可以节省内存:

```
S = sparse(A);
```

常用的稀疏矩阵操作函数有:

Issparse: 确定输入是否为稀疏矩阵.

nnz: 非零矩阵元素的数目.

nonzeros: 非零矩阵元素.

nzmax: 为非零矩阵元素分配的存储量.

spfun: 将函数应用于非零稀疏矩阵元素.

spones: 将非零稀疏矩阵元素替换为 1.

spparms: 为稀疏矩阵例程设置参数.

spy: 可视化矩阵的稀疏模式.

find: 查找非零元素的索引和值.

full：将稀疏矩阵转换为满存储.

例 2.1　生成一个 1000×1000 稀疏均匀分布随机
矩阵，具有大约 100 个非零项.

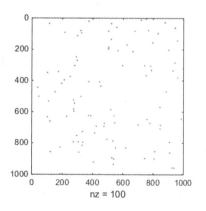

```
A = sprand(1000, 1000, 0.0001);
n = nnz(A)          %非零项个数
spy(A);             %可视化矩阵的稀疏模式
```

图 2.2 显示了稀疏矩阵 **A** 的元素分布情况.

图 2.2　稀疏矩阵可视化

2.2.4　符号矩阵

MATLAB 支持符号运算，可以进行公式推导、微
积分、方程求解等运算. 在进行符号运算前，首先要
定义符号变量或符号矩阵. 定义单个符号变量或符号矩阵使用 sym 命令，定义多个符号变
量使用 syms 命令.

示例：

```
x = sym('x');              %定义符号变量
y = 3*x^2;                 %将符号表达式赋值给 y，y 自动成为符号变量
disp('3*x^2 的导数:')
dy = diff(y, x)            %求导
disp('3*x^2 的不定积分:')
F = int(y, x)              %求不定积分
syms a b c;                %定义多个符号变量
z = a*x^2+b*x+c;
disp('a*x^2+b*x+=0 的根:')
solve(z, x)                %求方程的解
A = sym('[a, 2*b; 3*c, 0]');     %定义符号矩阵
disp('A 行列式的值:')
det(A)                     %计算行列式的值
disp('A 的逆矩阵:')
inv(A)                     %计算符号矩阵的逆
```

符号矩阵与符号矩阵的算术运算结果还是符号矩阵. 可以使用 sym 命令将数值矩阵转
换为符号矩阵，或者使用 numeric 命令将符号矩阵转换为数值矩阵.

2.3　访问数组元素

MATLAB 可以访问单个数组元素，也可以批量访问数组元素.

一维数组 **V** 的第 i 个元素：$V(i)$.

二维数组 **A** 的第 i 行第 j 列元素：$A(i, j)$.

二维数组 A 的第 i 行：$A(i, :)$，结果为一行向量.

二维数组 A 的第 j 列：$A(:, j)$，结果为一列向量.

子矩阵：$A(i_1:i_2, j_1:j_2)$，矩阵 A 的第 i_1 行到 i_2 行与第 j_1 列到 j_2 列交叉位置的所有元素.

示例：

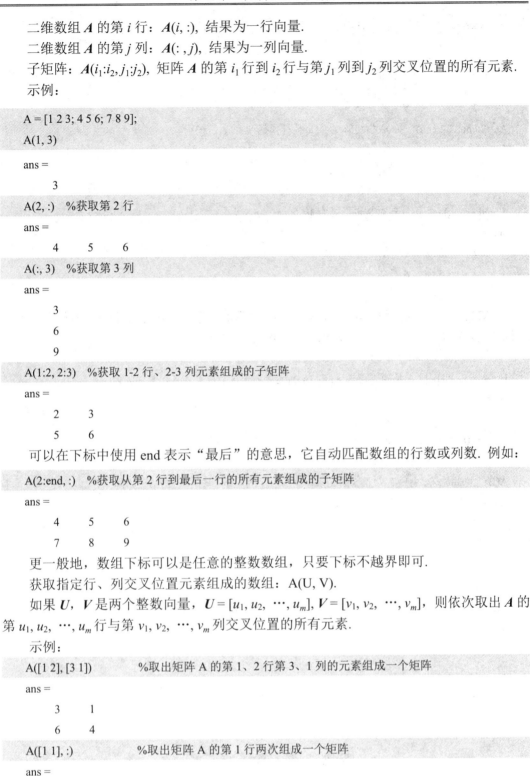

```
A = [1 2 3; 4 5 6; 7 8 9];
A(1, 3)

ans =
    3
```

```
A(2, :)    %获取第 2 行

ans =
    4    5    6
```

```
A(:, 3)    %获取第 3 列

ans =
    3
    6
    9
```

```
A(1:2, 2:3)    %获取 1-2 行、2-3 列元素组成的子矩阵

ans =
    2    3
    5    6
```

可以在下标中使用 end 表示"最后"的意思，它自动匹配数组的行数或列数. 例如：

```
A(2:end, :)    %获取从第 2 行到最后一行的所有元素组成的子矩阵

ans =
    4    5    6
    7    8    9
```

更一般地，数组下标可以是任意的整数数组，只要下标不越界即可.

获取指定行、列交叉位置元素组成的数组：A(U, V).

如果 U，V 是两个整数向量，$U = [u_1, u_2, \cdots, u_m]$，$V = [v_1, v_2, \cdots, v_m]$，则依次取出 A 的第 $u_1, u_2, \cdots, u_m$ 行与第 $v_1, v_2, \cdots, v_m$ 列交叉位置的所有元素.

示例：

```
A([1 2], [3 1])    %取出矩阵 A 的第 1、2 行第 3、1 列的元素组成一个矩阵

ans =
    3    1
    6    4
```

```
A([1 1], :)    %取出矩阵 A 的第 1 行两次组成一个矩阵

ans =
    1    2    3
    1    2    3
```

| A(:, ones(1, 5))　　　　%取出矩阵 A 的第 1 列 5 次组成一个矩阵 |

ans =

1	1	1	1	1
4	4	4	4	4
7	7	7	7	7

| A(1:2:end, 2:2:end)　　　%取出矩阵 A 的奇数行偶数列组成一个矩阵 |

ans =

2

8

| A(end:-1:1, :)　　　　　%对 A 进行行翻转 |

ans =

7	8	9
4	5	6
1	2	3

MATLAB 还可以使用逻辑数组作为下标,表示取出逻辑数组中元素为真的位置对应的原数组元素,构成一个列向量. 要求逻辑数组与原数组同维.

示例:

| B = A > 5　　%B 与 A 是同维逻辑矩阵,A 的元素大于 5 的位置为真,其他为假 |

B =

0	0	0
0	0	1
1	1	1

| A(B)　　%取出 A 中所有大于 5 的元素,构成一个列向量. 与 A(A>5)结果相同 |

ans =

7

8

6

9

还可以使用 diag(A)获取二维数组主对角线上的元素,结果是一列向量.

| diag(A) |

ans =

1

5

9

2.4　数组变形

改变数组的维数,提取数组的行、列,删除行、列,合并数组等操作统称为数组变形.

MATLAB 提供了丰富多样的数组变形功能，可以实现数据批量处理.

矩阵转置是将矩阵的行转换成列，即第 1 行转成第 1 列，第 2 行转成第 2 列，以此类推. 在 MATLAB 中，使用 $A.'$ 或 A' 完成矩阵转置. 若 A 是实矩阵，则 $A.'$ 与 A' 同为转置；若 A 是复数矩阵，则 $A.'$ 为转置，A' 为共轭转置.

使用 $C = [A，B]$ 或 $C = [A\ \ B]$ 可以将两个具有相同行数的矩阵横向合并为一个大矩阵，合并后的矩阵 C 与 A、B 具有相同的行数，而列数则为 A 的列数与 B 的列数之和. 命令 $C = [A; B]$ 可以将矩阵进行纵向合并，此时要求 A 与 B 的列数相同，合并后的矩阵 C 与 A、B 具有相同的列数，而行数则为 A 的行数与 B 的行数之和. 使用类似的命令可以将多个矩阵进行横向和纵向拼接.

当拼接的矩阵是同一个矩阵，即一个矩阵在横向和(或)纵向重复出现多次，则可以使用命令 $B = \text{repmat}(A, s, t)$，这样可得到一个由矩阵 A 横向重复 s 次，纵向重复 t 次的一个大矩阵 B，如果 A 的行数是 m，列数是 n，则 B 的行数和列数分别是 $m \times s$ 和 $n \times t$.

删除矩阵的某一行使用命令 $A(i, :) = [\ ]$，删除矩阵的某一列使用命令 $A(:，j) = [\ ]$. 若 i 或 j 是向量，则可删除多行或多列。

横向翻转矩阵使用命令 $B = A(:, \text{end}: -1:1)$ 或 $B = \text{fliplr}(A)$，该命令使矩阵的第 1 列与第 n 列交换，第 2 列与第 $n-1$ 列交换，以此类推. 纵向翻转矩阵使用命令 $B = A(\text{end}: -1:1, :)$ 或 $B = \text{flipud}(A)$. 更一般的矩阵翻转命令是 $B = \text{flipdim}(A, \text{dim})$，该命令可以按指定维数进行矩阵翻转.

旋转矩阵使用命令 $B = \text{rot90}(A, k)$，该命令将矩阵逆时针旋转 $k \times 90°$，其中 $k = \pm1$，±2, …

可以使用命令 $B = \text{reshape}(A, [s\ \ t])$ 改变矩阵的行数和列数，若 A 的行数是 m，列数是 n，则要求满足 $s \times t = m \times n$，矩阵 B 的行数是 s，列数是 t. 如果希望将矩阵的所有元素按列序优先排成一列，则可以使用命令 $B = A(:)$，其结果与 $B = \text{reshape}(A, [\text{numel}(A)\ \ 1])$ 相同，这里 numel(A) 表示矩阵 A 的元素个数.

示例如下：

```
A = [1 2 3; 4 5 6; 7 8 9];
B = [1 0 0; 0 1 0; 0 0 1];
H = A(:);      %将数组 A 的所有元素排成一列
H'             %将列向量转置成行向量
ans =
    1    4    7    2    5    8    3    6    9
C = [A, B]     %横向合并两个矩阵
C =
    1    2    3    1    0    0
    4    5    6    0    1    0
    7    8    9    0    0    1
D = [A; B]     %纵向合并两个矩阵
D =
    1    2    3
```

```
        4      5      6
        7      8      9
        1      0      0
        0      1      0
        0      0      1
```

C(1, :) = []   %删除第一行

C =

```
        4      5      6      0      1      0
        7      8      9      0      0      1
```

D(:, end) = []   %删除最后一列

D =

```
        1      2
        4      5
        7      8
        1      0
        0      1
        0      0
```

fliplr(B)   %将 B 横向翻转

ans =

```
        0      0      1
        0      1      0
        1      0      0
```

rot90(A, 1)   %将 A 逆时针旋转 90 度

ans =

```
        3      6      9
        2      5      8
        1      4      7
```

reshape(C, [3 4])   %将 C 重新排列成 3 × 4 矩阵

ans =

```
        4      8      0      0
        7      6      0      0
        5      9      1      1
```

B = repmat(A, 1, 2)   %将 A 横向复制 1 遍, 纵向复制 2 遍

B =

```
        1      2      3      1      2      3
        4      5      6      4      5      6
        7      8      9      7      8      9
```

MATLAB 可以使用 size 函数来获取数组每一维的大小:

[m, n] = size(A)   %m 为行数, n 为列数

```
m = 3
n = 3
m=size(A, 1);        %获取行数
n=size(A, 2);        %获取列数
```

如果是向量，使用 length 函数来获取向量长度：

```
n = length(V);
```

还可以使用 ndims 获取数组的维数：

```
n = ndims(A);        %获取维数
```

不管数组维数是多少，使用 numel 可获取数组元素个数：

```
n = numel(A);        %获取元素个数
```

2.5　数　组　运　算

数组运算是指对数组元素进行的运算，可以看成是一种批量数据处理. 对于二元运算符，数组运算要求参与运算的两个运算数组是同维数组，或其中一个是标量. 如果两个是同维数组，则对应的元素进行运算，结果是同维数组；如果其中一个是标量，另一个是数组，则该标量与数组的每一个元素做运算，结果是与数组同维的数组. 如果两个都是标量，则结果也是标量. MATLAB 数组运算有算术运算、赋值运算、关系运算、逻辑运算、位运算、集合运算及数学函数运算等.

2.5.1　算术运算

数组算术运算有加(+)、减(-)、乘(.*)、除(./)、左除(.\ )及乘方(.^)，其基本运算规则是对数组中的元素作相应的算术运算。语法规则如下：

数组加法：A+B；

数组减法：A−B；

数组乘法：A.*B；

数组除法：A./B；

数组左除法：A.\B；

数组乘方：A.^n。

示例：

```
A = rand(3)     %生成 3 × 3 随机数组
A =
    0.5288    0.2491    0.8881
    0.0837    0.0001    0.9033
    0.3972    0.4520    0.5567
B = rand(3)
```

B =

0.4486	0.9603	0.1602
0.7880	0.8685	0.6873
0.8618	0.1077	0.4589

C = A + B

C =

0.9774	1.2094	1.0483
0.8717	0.8686	1.5905
1.2590	0.5596	1.0156

C = A-B

C =

0.0802	-0.7112	0.7279
-0.7043	-0.8684	0.2160
-0.4647	0.3443	0.0979

C = A.*B

C =

0.2372	0.2392	0.1423
0.0659	0.0001	0.6208
0.3423	0.0487	0.2555

C = A./B

C =

1.1788	0.2594	5.5426
0.1062	0.0001	1.3144
0.4609	4.1979	1.2133

C = A./B

C =

1.1788	0.2594	5.5426
0.1062	0.0001	1.3144
0.4609	4.1979	1.2133

C = A.\B

C =

1.0e+03 *

0.0008	0.0039	0.0002
0.0094	7.3699	0.0008
0.0022	0.0002	0.0008

A.^2

ans =

0.2796	0.0620	0.7887
0.0070	0.0000	0.8159

      0.1578　　　0.2043　　　0.3100

2.5.2　赋值运算

    MATLAB 可以对数组整体赋值，也可以对数组局部赋值，还可以利用赋值运算符实现一些特殊的操作.

    示例：

A = rand(3)	%生成 3 × 3 随机数组，并赋值给 A
A =	

      0.0180　　　0.5653　　　0.0323
      0.8166　　　0.4767　　　0.6875
      0.3345　　　0.7600　　　0.9762

A(1, :) = rand(1, 3)	%生成 1 × 3 随机数组，并赋值给 A 的第 1 行
A =	

      0.5045　　　0.7368　　　0.5352
      0.8166　　　0.4767　　　0.6875
      0.3345　　　0.7600　　　0.9762

A([1, 2], :) = A([2, 1], :)	%交换 A 的第 1 行和第 2 行
A =	

      0.8166　　　0.4767　　　0.6875
      0.5045　　　0.7368　　　0.5352
      0.3345　　　0.7600　　　0.9762

A(:, 2) = []	%删除 A 的第 2 列
A =	

      0.8166　　　0.6875
      0.5045　　　0.5352
      0.3345　　　0.9762

2.5.3　关系运算

    关系运算符有 6 个：

$$< \quad <= \quad > \quad >= \quad == \quad \sim=$$

用于比较两个数的大小，运算结果是逻辑值. 如果运算数中有一个是数组，则结果是一个同维的逻辑数组.

    示例：

A = rand(3)	
A =	

      0.3741　　　0.4844　　　0.0885
      0.7891　　　0.0638　　　0.7279
      0.1786　　　0.4322　　　0.1700

B = rand(3)	

B =

0.9045	0.7893	0.7334
0.2989	0.0588	0.3602
0.1589	0.4839	0.8257

C = A>B

C =

0	0	0
1	1	1
1	0	0

D = A>0.5

D =

0	0	0
1	0	1
0	0	0

2.5.4　逻辑运算

逻辑运算要求运算数是逻辑值，运算结果也是逻辑值. 如果运算数不是逻辑值，则会自动转换成逻辑值再进行运算. 逻辑运算规则如表 2.2 所示.

表 2.2　逻辑运算规则

a	b	a&b	a|b	xor(a,b)	~a
0	0	0	0	0	1
0	1	0	1	1	1
1	1	1	1	0	0

逻辑运算有数组逻辑运算和标量逻辑运算两类.

1. 数组逻辑运算

数组逻辑运算的运算数是数组，如果其中一个数组，另一个是标量，则数组中的每一个元素与标量进行逻辑运算，结果是一个逻辑数组.

逻辑与：A & B；

逻辑或：A | B；

逻辑异或：xor(A, B)；

逻辑非：~A。

示例：

A = rand(1, 4)<0.5 　　%生成随机 0-1 向量

A =

1	1	0	0

B = rand(1, 4)<0.5 　　%生成随机 0-1 向量

B =

```
        1       0       1       0
C = A&B
C =
        1       0       0       0
C = A|B
C =
        1       1       1       0
C = xor(A, B)
C =
        0       1       1       0
~A
ans = 0     0       1       1
```

2. 标量逻辑运算

标量逻辑运算的运算数只能是标量，运算结果是逻辑型标量. 标量逻辑运算常用在 if 语句和 while 语句的条件表达式中.

逻辑与：a && b

逻辑或：a || b

值得注意的是，标量逻辑运算具有"短路"特性，即当 a 为 false 时，a && b 的结果必然为 false，所以在执行过程中不再计算 b 的值，直接给出结果；当 a 为 true 时，a || b 的结果必然为 true，所以在执行过程中也不再计算 b 的值，直接给出结果. 这种特点可以提高执行速度，并且能够避免一些潜在的在运行时产生的错误. 而数组逻辑运算"&"和"|"不具有短路特性，所以当 a 和 b 都是标量时，虽然"&"与"&&"、"|"与"||"的运算结果相同，但是计算过程却不完全相同.

另外，MATLAB 还提供了两个与逻辑运算相关的函数，all( )和 any( ). all(V)当向量 V 的所有元素都为 true 时返回 true，否则返回 false；any(V)当向量 V 中存在一个元素为 true 时返回 true，否则返回 false.

示例：

```
x = -4; y = -3; z = -2;
x<y && y<z
ans =
    1
x<y<z        %注意与上面的结果不同
ans =
    0
x<y || a>0   %当 x < y 为真时，|| 短路了，a>0 不计算
ans =
    1
x<y | a>0    %|不具备短路功能，计算 a>0 时，因为 a 未定义出现错误
```

未定义函数或变量 'a'

A=[1 0 0];

all(A)

ans =

    0

any(A)

ans =

    1

2.5.5　位运算

位运算是按二进制位进行的运算，参与运算的对象必须是相同类型的数组. 有位与 (bitand)、位或(bitor)、位异或(bitxor)、位反(bitcmp)、位移(bitshift)、位获取(bitget)以及位 设置(bitset)等运算.

1. 位与

bitand(a, b)，返回 a 和 b 对应元素按位与的结果. 例如

int8(2)的二进制：	00000010
int8(7)的二进制：	00000111
位与结果：	00000010

2. 位或

bitor(a, b)，返回 a 和 b 对应元素按位或的结果. 例如

int8(2)的二进制：	00000010
int8(7)的二进制：	00000111
位或结果：	00000111

3. 位异或

bitxor(a, b)，返回 a 和 b 对应元素按位异或的结果. 例如

int8(2)的二进制：	00000010
int8(7)的二进制：	00000111
位异或结果：	00000101

4. 位反

bitcmp(a)，返回 a 元素按位取反的结果. 例如

| int8(2)的二进制： | 00000010 |
| 位反结果： | 11111101 |

5. 位移

bitshift(a, k)，返回 a 元素按位左移 k 位的结果. 例如

| int8(2)的二进制： | 00000010 |
| 左移 2 位： | 00001000 |

6. 位获取

bitget(a, k)，返回 a 元素二进制位的第 k 位的结果. 例如

int8(2)的二进制：　　　　　　00000010

获取第 2 位：　　　　　　　　1

7. 位设置

bitset(a, k)，返回 a 元素将二进制位的第 k 位设置为 1 的结果. 例如

int8(4)的二进制：　　　　　　00000100

设置第 2 位为 1：　　　　　　00000110

示例：

```
A=int8([1 2 3 4 5]);
B=int8([6 7 8 9 10]);
C=bitand(A, B)
C =
    0    2    0    0    0
C=bitor(A, B)
C =
    7    7   11   13   15
C=bitxor(A, B)
C =
    7    5   11   13   15
bitcmp(A)
ans =
   -2   -3   -4   -5   -6
bitshift(A, 2)
ans =
    4    8   12   16   20
bitget(A, 2)
ans =
    0    1    1    0    0
bitset(A, 2)
ans =
    3    2    3    6    7
```

2.5.6　集合运算

在进行集合运算时，MATLAB 将数组作为集合进行运算. 集合运算有集合并(union)、集合交(intersect)、集合差(setdiff)、集合异或(setxor)等运算.

1. 集合并

union(A, B)，返回集合 A 和 B 的并集，即 A 和 B 中所有元素去掉重复部分后的集合.

2. 集合交

intersect(A, B)，返回集合 A 和 B 的交集，即 A 与 B 中相同的元素.

3. 集合差

setdiff(A, B)，返回集合 A 和 B 的差，即在 A 中但不在 B 中的元素.

4. 集合异或

setxor(A, B)，返回集合 A 和 B 中不相同的元素.

5. 删除重复元素

unique(A)，返回集合 A 去掉重复元素后的集合，使每个元素都只有唯一一个.

6. 判断是否属于集合元素

ismember(A, B)，对每一个 A 中的元素 a_i，检测集合 B 是否包含 a_i，如果包含则返回 true，否则返回 false，结果是与 A 同维的逻辑数组.

示例：

```
A=[1, 1, 2, 2, 5, 5, 5, 6, 6, 6];
B=[2, 2, 3, 3, 4, 4, 5, 5];
C=union(A, B)
C =
     1     2     3     4     5     6
C=intersect(A, B)
C =
     2     5
C=setdiff(A, B)
C =
     1     6
C=setxor(A, B)
C =
     1     3     4     6
C=unique(A)
C =
     1     2     5     6
C=ismember(A, B)
C =   0     0     1     1     1     1     1     0     0     0
```

2.5.7 数学函数

MATLAB 提供了大量的数学函数，大大方便了科学工作者进行各种数学运算，包括三角双曲函数、统计函数、指数对数函数、复数函数、取整求余函数等.

1. 三角双曲函数

MATLAB 的三角函数和双曲函数比较丰富，函数名及含义如表 2.3 和表 2.4 所示.

表2.3　三 角 函 数

函数名	说　明	函数名	说　明
sin	正弦	sind	正弦，以度为单位
cos	余弦	cosd	余弦，以度为单位
tan	正切	tand	正切，以度为单位
cot	余切	cotd	余切，以度为单位
sec	正割	secd	正割，以度为单位
csc	余割	cscd	余割，以度为单位
asin	反正弦	asind	反正弦，以度为单位
acos	反余弦	acosd	反余弦，以度为单位
atan	反正切	atand	反正切，以度为单位
acot	反余切	cotd	反余切，以度为单位
asec	反正割	asecd	反正割，以度为单位
acsc	反余割	acscd	反余割，以度为单位
atan2	4 象限反正切		

表2.4　双 曲 函 数

函数名	说　明	函数名	说　明
sinh	双曲正弦	cosh	双曲余弦
tanh	双曲正切	coth	双曲余切
sech	双曲正割	csch	双曲余割
asinh	反双曲正弦	acosh	反双曲余弦
atanh	反双曲正切	acoth	反双曲余切
asech	反双曲正割	acsch	反双曲余割

例 2.2　绘制 $y = \sin(x)$，$x \in [-\pi, \pi]$ 的函数图像.

```
x=-pi:0.1:pi;      %从 -pi 到 pi，以 0.1 为步长进行取点，得到一个向量
y=sin(x);          %对 x 中的每一个数计算对应的 sin 函数值
plot(x, y);        %以 x 和 y 为坐标点绘图
```

运行结果如图 2.3 所示.

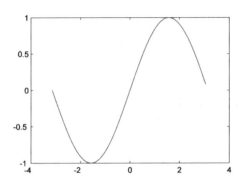

图 2.3　sin 函数图形

2. 统计函数

MATLAB 的统计函数非常多，表 2.5 列出一些常用的统计函数.

表 2.5　统　计　函　数

函数名	说明	函数名	说明
sum	求和	cumsum	累加
prod	求积	cumprod	累积
diff	差分	gradient	梯度
max	最大值	min	最小值
mean	平均值	median	中位数
var	方差	std	标准差
cov	协方差	corrcoef	相关系数
sort	排序		

示例:

```
A=rand(3)
A =
    0.2290    0.4429    0.1032
    0.0105    0.8950    0.1878
    0.6878    0.8021    0.7388
V = sum(A)        %将矩阵 A 的元素按列求和, 结果为一个行向量
V =
    0.9274    2.1400    1.0298
V = sum(A, 2)        %将矩阵 A 的元素按行求和, 结果为一个列向量
V =
    0.7752
    1.0933
    2.2287
x=sum(A(:))        %求数组 A 的所有元素之和
x =
    4.0972
V=rand(1, 6)
V =
    0.2705    0.5624    0.2541    0.5527    0.5628    0.4551
U = cumsum(V)        %对向量的元素进行累加, 最后一项等于 sum(V)
U =
    0.2705    0.8329    1.0870    1.6397    2.2025    2.6576
U = diff(V)        %差分, 即后项减前项
U =
```

```
        0.2920    -0.3083    0.2985    0.0101    -0.1077
```

[c, k] = min(V)	%求向量 V 的最小值及其位置

```
c =

      0.2541

k =

      3
```

[c, k] = max(V)	%求向量 V 的最大值及其位置

```
c =

      0.5628

k =

      5
```

[U, K] = sort(V)	%将向量 V 从小到大进行排序，并给出排序前各元素的位置

```
U =

     0.2541    0.2705    0.4551    0.5527    0.5624    0.5628

K =

        3     1     6     4     2     5
```

3. 指数对数函数

MATLAB 提供了一些指数函数和对数函数，如表 2.6 所示.

表 2.6　指数函数和对数函数

函数名	说明	函数名	说明
sqrt	平方根	pow2	以 2 为底的指数
exp	以 e 为底的指数	log	自然对数
log2	以 2 为底的对数	log10	常用对数

4. 复数函数

实际上 MATLAB 大多数的数学函数也都可以对复数进行运算，这里所说的复数函数是专门用于对复数进行一些操作的函数. 表 2.7 列出了一些复数函数.

表 2.7　复　数　函　数

函数名	说明	函数名	说明
complex	构造复数	isreal	判断是否为实矩阵
real	复数的实部	imag	复数的虚部
abs	复数的模或实数绝对值	conj	共轭复数
angle	复数的相角		

复数运算示例：

```
A=[1+2i, 4-2i, 1-6i, 4i]
```

A =

    1.0000 + 2.0000i　　4.0000 - 2.0000i　　1.0000 - 6.0000i　　0.0000 + 4.0000i

X=real(A)

X =

    1　　4　　1　　0

Y=imag(A)

Y =

    2　　-2　　-6　　4

abs(A)

ans =

    2.2361　　4.4721　　6.0828　　4.0000

5. 取整求余函数

MATLAB 有多种取整和求余函数，如表 2.8 所示.

表 2.8　取整、求余函数

函数名	说明	函数名	说明
floor	向下取整	ceil	向上取整
round	四舍五入取整	fix	零方向取整
mod	求余数	rem	求余数
sign	符号函数		

　　mod 和 rem 都可用于求余，当 x 和 y 的正负号一样的时候，mod(x, y)和 rem(x, y)两个函数结果是等同的；当 x 和 y 的符号不同时，rem(x, y)函数结果的符号和 x 的相同，而 mod(x, y)和 y 相同.

　　符号函数可用于判断数组元素的正、负或 0，如果元素值大于 0，则对应的结果为 1；如果元素值等于 0，则对应的结果为 0；如果元素值小于 0，则对应的结果为-1.

　　示例：

A=-10+20*rand(1, 10)　　　　%生成 10 个[-10, 10)之间的随机数

A =

-6.8643　　-4.3636　　5.7686　　8.0922　　5.9337　　-4.8623　　-9.0552　　-2.6619　　-6.7023

-4.9884

B=floor(A)

B =

    -7　　-5　　5　　8　　5　　-5　　-10　　-3　　-7　　-5

B=ceil(A)

B =

    -6　　-4　　6　　9　　6　　-4　　-9　　-2　　-6　　-4

B=round(A)

B =

-7	-4	6	8	6	-5	-9	-3	-7	-5

B=fix(A)

B =

-6	-4	5	8	5	-4	-9	-2	-6	-4

B=sign(A)

B =

-1	-1	1	1	1	-1	-1	-1	-1	-1

B=[-6　　-4　　5　　8　　5　　-4　　-9　　-2　　-6　　-4]

C=mod(B, 3)

C =

0	2	2	2	2	2	0	1	0	2

C=rem(B, 3)

C =

0	-1	2	2	2	-1	0	-2	0	-1

C=mod(B, -3)

C =

0	-1	-1	-1	-1	-1	0	-2	0	-1

C=rem(B, -3)

C =

0	-1	2	2	2	-1	0	-2	0	-1

2.6　矩　阵　运　算

　　矩阵运算是针对矩阵整体的数学运算，包括算术运算、矩阵分析、线性方程组、矩阵分解以及矩阵函数运算.

2.6.1　矩阵算术运算

　　矩阵加法：$A+B$，要求 A 与 B 同维.

　　矩阵减法：$A-B$，要求 A 与 B 同维.

　　矩阵乘法：$A*B$，要求 A 和 B 都是矩阵且 A 的列数与 B 的行数相同.

　　矩阵(右)除法：A/B，计算 AB^{-1}.

　　矩阵左除法：$A \backslash B$，计算 $A^{-1}B$.

　　矩阵乘方：$A\hat{\ }n$，计算 A 的 n 次方，n 是标量.

　　示例：

A=rand(3)

A =

0.2544	0.5565	0.3953
0.2094	0.0118	0.1048

0.8468	0.0497	0.6403

B=rand(3)

B =

0.4041	0.5995	0.5414
0.0679	0.9356	0.7196
0.7000	0.5297	0.2601

C=A+B

C =

0.6586	1.1560	0.9366
0.2773	0.9474	0.8244
1.5468	0.5794	0.9004

C=A-B

C =

-0.1497	-0.0429	-0.1461
0.1415	-0.9238	-0.6147
0.1467	-0.4800	0.3802

C=A*B

C =

0.4173	0.8826	0.6410
0.1588	0.1921	0.1491
0.7938	0.8933	0.6608

C=A/B

C =

0.0925	0.3810	0.2731
0.8852	-0.4599	-0.1672
4.9172	-2.3017	-1.4056

C=A*inv(B)

C =

0.0925	0.3810	0.2731
0.8852	-0.4599	-0.1672
4.9172	-2.3017	-1.4056

C=A*B^(-1)　　　　　% 与 A/B、A*inv(B)的计算结果相等

C =

0.0925	0.3810	0.2731
0.8852	-0.4599	-0.1672
4.9172	-2.3017	-1.4056

C=A\B

C =

-0.6398	11.6552	9.2795

-0.3796	6.4633	5.4575
1.9688	-15.0873	-12.2885

C=inv(A)*B	%与 A\B、A^(-1)*B 的计算结果相等	
C =		
-0.6398	11.6552	9.2795
-0.3796	6.4633	5.4575
1.9688	-15.0873	-12.2885

C=A^2		
C =		
0.5160	0.1678	0.4120
0.1445	0.1219	0.1511
0.7681	0.5037	0.7499

C=A*A	%与 A^2 计算结果相等	
C =		
0.5160	0.1678	0.4120
0.1445	0.1219	0.1511
0.7681	0.5037	0.7499

2.6.2 矩阵的初等变换

利用矩阵的算术运算可以实现矩阵的初等变换. 下面以初等行变换举例介绍, 初等列变换的方法与行变换类似.

(1) 交换两行: $A([i, j], :) = A([j, i], :)$;

(2) 某一行乘以一个常数: $A(i, :) = c * A(i, :)$;

(3) 某一行乘以一个常数加到另一行: $A(j, :) = c * A(i, :) + A(j, :)$.

示例:

A=rand(3)		
A =		
0.6065	0.0987	0.1918
0.0816	0.7204	0.6482
0.7286	0.9139	0.4076

A([1, 2], :)=A([2, 1], :)	%交换两行	
A =		
0.0816	0.7204	0.6482
0.6065	0.0987	0.1918
0.7286	0.9139	0.4076

A(2, :)= 2*A(2, :)	%第 2 行乘以 2	
A =		
0.0816	0.7204	0.6482

```
     1.2129    0.1974    0.3835
     0.7286    0.9139    0.4076
A(3, :)= 3*A(2, :)+ A(3, :)    %第 2 行乘以 3 加到第 3 行
A =
     0.0816    0.7204    0.6482
     1.2129    0.1974    0.3835
     4.3674    1.5061    1.5582
```

2.6.3　矩阵分析

矩阵分析主要是计算矩阵的各项特征属性，在矩阵论、线性代数中有重要的应用.

向量或矩阵的范数：norm(A)，默认是计算 2-范数，也可以通过设置参数计算指定的范数，如 1-范数 norm(A, 1)，2-范数 norm(A, 2)，无穷范数 norm(A, Inf)，p-范数 norm(A, p).

向量的 1-范数：

$$\|A\|_1 = \sum_{i=1}^{n} |a_i|. \tag{2.1}$$

向量的 2-范数：

$$\|A\|_2 = \sqrt{\sum_{i=1}^{n} a_i^2}. \tag{2.2}$$

向量的无穷范数：

$$\|A\|_\infty = \max_{1\leqslant i\leqslant n} |a_i|. \tag{2.3}$$

向量的 p-范数：

$$\|A\|_p = \left(\sum_{i=1}^{n} |a_i|^p\right)^{\frac{1}{p}}, p \geqslant 1. \tag{2.4}$$

矩阵的 1-范数：

$$\|A\|_1 = \max_{1\leqslant j\leqslant n} \sum_{i=1}^{n} |a_{ij}|. \tag{2.5}$$

矩阵的 2-范数：

$$\|A\|_2 = \sqrt{\max_{1\leqslant i\leqslant n} |\lambda_i|}, \tag{2.6}$$

其中λ_i是 $A^T A$ 的特征值.

矩阵的无穷范数：

$$\|A\|_\infty = \max_{1\leqslant i\leqslant n} \sum_{j=1}^{n} |a_{ij}|. \tag{2.7}$$

示例：

```
A=rand(1, 3)
A =
     0.2929     0.7553     0.4131
```

```
norm(A)
ans =
     0.9094
```

```
norm(A, 2)
ans =
     0.9094
```

```
norm(A, 1)
ans =
     1.4614
```

```
norm(A, Inf)
ans =
     0.7553
```

```
norm(A, 1.5)
ans =
     1.0530
```

```
A=rand(3)
A =
     0.8179     0.6351     0.6780
     0.7143     0.2434     0.2835
     0.7497     0.6457     0.3440
```

```
norm(A)
ans =
     1.7830
```

```
norm(A, 2)
ans =
     1.7830
```

```
norm(A, 1)
ans =
     2.2819
```

```
norm(A, Inf)
ans =
     2.1309
```

```
max(sum(abs(A)))          %根据定义求矩阵 1-范数
ans =
     2.2819
```

```
max(sum(abs(A), 2))        %根据定义求矩阵无穷范数
ans =
    2.1309
```

矩阵的秩：rank(A)；
行列式的值：det(A)；
矩阵的逆：inv(A)；
矩阵的伪逆：pinv(A)；
矩阵的迹：trace(A)，即主对角线上元素之和；
矩阵的简化梯形形式：rref(A)；
矩阵的条件数：cond(A)；
示例：

```
A=rand(3)
A =
    0.9229    0.1210    0.8310
    0.5195    0.8003    0.9892
    0.7947    0.6704    0.8314
```

```
rank(A)
ans =
    3
```

```
det(A)
ans =
   -0.1942
```

```
B=inv(A)
B =
   -0.0114   -2.3504    2.8082
   -1.8239   -0.5502    2.4777
    1.4816    2.6905   -3.4794
```

```
A*B
ans =
    1.0000   -0.0000    0.0000
    0.0000    1.0000    0.0000
    0.0000    0.0000    1.0000
```

```
C=pinv(A)
C =
   -0.0114   -2.3504    2.8082
   -1.8239   -0.5502    2.4777
    1.4816    2.6905   -3.4794
```

```
trace(A)
ans =
```

```
      2.5546
rref(A)
ans =

      1      0      0
      0      1      0
      0      0      1
cond(A)
```
ans = 14.2029

矩阵的特征值和特征向量如下：

[**V, D**] = eig(**A**)

返回结果 **V** 为特征向量构成的矩阵，每一列为一个特征向量，**D** 为对角矩阵，对角线上的元素为对应 **V** 中的特征向量的特征值.

示例：

```
A=[1 2 3; 4 5 6; 7 8 9];
rank(A)
ans =

      2
norm(A)
ans =

     16.8481
norm(A(1, :))        %计算 A 的第 1 行(向量)的 2 范数
ans =

      3.7417
det(A)               %A 的秩为 2, 行列式的值应该为 0, 这里的结果是近似值
ans =

      6.6613e-16
pinv(A)              %由于 A 是不可逆矩阵, 所以这里计算 A 的伪逆
ans =

    -0.6389   -0.1667    0.3056
    -0.0556    0.0000    0.0556
     0.5278    0.1667   -0.1944
trace(A)
ans =

     15
rref(A)
ans =

      1      0     -1
      0      1      2
```

```
                0      0      0
```

cond(A)   %计算条件数

```
ans =
    5.0523e+16
```

[V, D]=eig(A)   %V 的每一列为一个特征向量，D 的主对角线上元素为对应的特征值

```
V =
    -0.2320    -0.7858     0.4082
    -0.5253    -0.0868    -0.8165
    -0.8187     0.6123     0.4082
D =
    16.1168          0          0
          0    -1.1168          0
          0          0    -0.0000
```

A*V(:, 1)

```
ans =
    -3.7386
    -8.4665
    -13.1944
```

D(1, 1)*V(:, 1)   %根据特征值和特征向量的定义，有 AV=λV

```
ans =
    -3.7386
    -8.4665
    -13.1944
```

2.6.4　线性方程组

MATLAB 求解线性方程组总体上分为直接法和间接法两类. 直接法通过求线性方程组的系数矩阵的逆来求解方程，而间接法则是通过构造迭代公式，利用迭代法逐步逼近解.

1. 直接法

设有两个矩阵 A 和 B，求解 X，使得 $AX = B$. 若 A 可逆，则下面方法都可以求解.

X=A\B

X=A^(-1)*B

X=inv(A)*B

X=linsolve(A, B)

这些方法稍作修改也可以求 $XA = B$ 的解.

示例：

A=rand(3)

```
A =
```

0.3458	0.9677	0.3367
0.0343	0.4918	0.7502
0.4054	0.8294	0.6545

```
B=rand(3, 1)
```

B =

    0.3498

    0.5323

    0.9794

```
X=A\B
```

X =

    2.2972

  -0.8676

    1.1731

```
X=A^(-1)*B
```

X =

    2.2972

  -0.8676

    1.1731

```
X=inv(A)*B
```

X =

    2.2972

  -0.8676

    1.1731

```
X=linsolve(A, B)
```

X =

    2.2972

  -0.8676

    1.1731

```
A*X                 %验证
```

ans =

    0.3498

    0.5323

    0.9794

如果 A 不是方阵，或是奇异的方阵，则下面的方法可以求 $AX=B$ 的一个解或最小二乘意义下的最优解.

```
X=A\B
X=(A'*A)^(-1)*(A'*B)
X=pinv(A)*B
X=linsolve(A, B)
```

　　以上求线性方程组的方法统称为直接法，其特点是需要求系数矩阵的逆或伪逆，计算量较大，适合求解较小规划的线性方程组.

　　示例：

```
A=rand(5, 3)
A =
        0.0955      0.2926      0.9043
        0.0832      0.9092      0.8374
        0.1401      0.6809      0.4874
        0.1333      0.6970      0.4606
        0.3899      0.3711      0.4112
```

```
B=rand(5, 1)
B =
        0.4763
        0.8935
        0.9176
        0.2720
        0.6335
```

```
X=A\B                    %求最小二乘意义解
X =
        0.7272
        0.5529
        0.3157
```

```
X=(A'*A)^(-1)*(A'*B)
X =
        0.7272
        0.5529
        0.3157
```

```
X=pinv(A)*B
X =
        0.7272
        0.5529
        0.3157
```

```
X=linsolve(A, B)
X =
        0.7272
        0.5529
        0.3157
```

```
norm(A*X-B)              %误差
```

```
ans =

    0.4628
```

2. 间接法

　　MATLAB 还提供了多个使用间接法(迭代法)求解线性方程组的求解器，如表 2.9 所示. 这些求解器用于求解 $Ax = b$ 或使范数$\|Ax - b\|$最小，对求解大型线性方程组非常有效. 其中几种方法非常相似，并且基于相同的基础算法，但每种算法在特定情况下有各自的优点，在实际应用中应根据时间情况选择合适的求解器进行求解.

表 2.9　迭代法求解线性方程组

说　　明	注　　释
pcg(预条件共轭梯度法)	系数矩阵必须是对称正定矩阵. 由于只需要存储有限数量的向量，因此是最有效的对称正定方程组求解器
lsqr(最小二乘法)	可用于求解超定线性方程组. 在解析上等效于应用于标准方程 $(A^TA)x = A^Tb$ 的共轭梯度法
minres(最小残差法)	系数矩阵必须是对称矩阵，但无需是正定矩阵. 每次迭代都会最小化 2-范数中的残差，从而保证算法能够逐步取得进展
symmlq(对称 LQ)	系数矩阵必须是对称矩阵，但无需是正定矩阵. 求解投影方程组，并使残差与所有先前的残差正交
bicg(双共轭梯度法)	bicg 的计算成本低，但收敛不规则而且不可靠. bicg 具有很重要的历史地位，因为很多迭代算法都是基于它改进的
bicgstab(双共轭梯度稳定法)	系数矩阵必须是方阵. 交替使用 bicg 步骤与 GMRES(1)步骤，以提高稳定性
bicgstabl(双共轭梯度稳定法-1)	系数矩阵必须是方阵. 交替使用 bicg 步骤与 GMRES(2)步骤，以提高稳定性
cgs(共轭梯度二乘法)	系数矩阵必须是方阵. 需要与 bicg 相同的每次迭代操作数，但要避免通过操作平方残差来使用转置
gmres(广义最小残差法)	最可靠的算法之一，因为每次迭代都能最小化残差范数. 工作量和所需的存储量随迭代次数线性增加. 选择适当的 restart 值至关重要，以避免不必要的工作和存储
qmr(拟最小残差法)	系数矩阵必须是方阵. 每次迭代的开销略高于 bicg，但提供了更好的稳定性
tfqmr(无转置拟最小残差法)	系数矩阵必须是方阵. 当内存有限时，是尝试用于求解对称不定方程组的最佳求解器

　示例：

```
A=[5 2 1; 2 6 1; 1 1 9];   %A 是对称正定矩阵
B=[2; 6; 7];
X=pcg(A, B)            %求解方程 AX = B
```

　运行结果：

pcg 在解的迭代 3 处收敛, 并且相对残差为 0

X =

    -0.1057

    0.9207

    0.6872

```
x=[1; 2; 3; 4; 5; 6];
y=[1.0965; 4.0158; 9.0971; 16.0957; 25.0485; 36.0800];
A=[x.^2, x, ones(size(x))]        %生成由[x.^2   x   1]构成的矩阵
c=lsqr(A, y)                      %求解方程组 Ac=y
xx=linspace(1, 6);
yy=polyval(c, xx);                %将 c 作为多项式系数, 求多项式的值
plot(x, y, 'o', xx, yy);          %作图
```

运行结果:

A =

1	1	1
4	2	1
9	3	1
16	4	1
25	5	1
36	6	1

lsqr 在解的迭代 3 处收敛, 并且相对残差为 0.0016。

c =

    1.0008

    -0.0055

    0.0787

上面的代码实际上实现了对数据(x, y)的拟合, 相关理论见 5.1.3 节, 作图方法见 4.1 节. 数据拟合效果如图 2.4 所示.

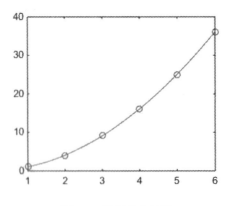

图 2.4　数据拟合效果

2.6.5　矩阵分解

矩阵分解是把一个矩阵分解成若干矩阵的乘积形式，利用矩阵分解可求解较大规模的线性方程组.

1. LU 分解

[L, U] = lu(A)

LU 分解是将方阵 A 分解为 $A = LU$，其中 L 是上三角矩阵，U 是下三角矩阵.

考虑线性方程组 $AX = B$，若对 A 进行 LU 分解，则有 $LUX = B$, $X = U^{-1}L^{-1}B$，利用命令 $X = U\backslash L\backslash B$，即可求出 X，并且因为 U 和 L 都是三角矩阵，求解速度比直接计算 $X = A\backslash B$ 的速度要快.

利用 LU 分解还可以快速计算 A 的行列式

$$|A| = |L\,||U|,\tag{2.8}$$

以及快速计算 A 的逆

$$A^{-1} = U^{-1}L^{-1}.\tag{2.9}$$

示例：

A=rand(3)

A =

0.1878	0.5945	0.5992
0.6137	0.9298	0.1697
0.1680	0.3342	0.1715

B=rand(3, 1)

B =

0.6349

0.0686

0.1085

[L, U]=lu(A)

L =

0.3060	1.0000	0
1.0000	0	0
0.2738	0.2568	1.0000

U =

0.6137	0.9298	0.1697
0	0.3100	0.5473
0	0	-0.0155

X=inv(U)*inv(L)*B

X =

7.6260

-5.7593

	4.3837		
inv(U)*inv(L)			
ans =			
	34.8449	33.3364	-154.7354
	-26.0201	-23.2246	113.8957
	16.5651	12.5954	-64.5109
inv(A)			
ans =			
	34.8449	33.3364	-154.7354
	-26.0201	-23.2246	113.8957
	16.5651	12.5954	-64.5109
det(L)*det(U)			
ans = 0.0029			
det(A)			
ans = 0.0029			

2. QR 分解

[Q, R] = qr(A)

QR 分解是将 $m \times n$ 的矩阵 A 分解为 $A = QR$, 其中 Q 是 $m \times n$ 的矩阵, 且满足 $Q^T Q = I$, I 是 n 阶单位阵, R 是 $n \times n$ 的上三角矩阵.

示例:

[Q, R]=qr(A)		
Q =		
-0.2830	0.9275	-0.2444
-0.9251	-0.3313	-0.1858
-0.2533	0.1735	0.9517
R =		
-0.6634	-1.1131	-0.3700
0	0.3013	0.5293
0	0	-0.0148

3. Cholesky 分解

R = chol(A)

Cholesky 分解是将对称正定矩阵 A 分解为 $A = R^T R$, 其中 R 是上三角矩阵.

示例:

A=[5 3 1; 3 6 2;1 2 7];		
R=chol(A)		
R =		
2.2361	1.3416	0.4472
0	2.0494	0.6831

0	0	2.5166

R'*R

ans =

5.0000	3.0000	1.0000
3.0000	6.0000	2.0000
1.0000	2.0000	7.0000

4. 奇异值分解

[U, S, V] = svd(A)

奇异值分解是将 $m \times n$ 的矩阵 A 分解为 $A = USV^{\mathrm{T}}$，其中 U 为 $m \times m$ 的酉矩阵，V 为 $n \times n$ 的酉矩阵，S 为 $m \times n$ 的矩阵，并且可表示为

$$S = \begin{pmatrix} \varLambda & 0 \\ 0 & 0 \end{pmatrix} \tag{2.10}$$

其中 $\varLambda = \mathrm{diag}(\lambda_1, \lambda_2, \cdots, \lambda_r)$，$r = \mathrm{rank}(A)$，$\lambda_i > 0(i = 1, 2, \cdots, r)$.

示例：

A=rand(3)

A =

0.8145	0.9151	0.0922
0.9869	0.2612	0.0717
0.1317	0.2775	0.5780

[U, S, V]=svd(A)

U =

-0.7633	0.1018	-0.6380
-0.6046	-0.4608	0.6498
-0.2278	0.8817	0.4133

S =

1.5698	0	0
0	0.5906	0
0	0	0.4147

V =

-0.7952	-0.4330	0.4244
-0.5858	0.3682	-0.7220
-0.1563	0.8228	0.5464

5. Schur 分解

[U, L] = schur(A)

Schur 分解是将复方阵 A 分解为 $A = ULU^{\mathrm{T}}$，其中 U 为酉矩阵，L 为上(下)三角矩阵，其对角线元素为 A 的特征值.

示例：

```
[U, L] = schur(A)
U =
    0.5726   -0.7619   -0.3025
   -0.8070   -0.5888   -0.0445
    0.1442   -0.2696    0.9521
L =
   -0.4519    0.0079    0.1530
        0     1.5603    0.1601
        0         0     0.5454
```

2.6.6 矩阵函数运算

矩阵函数是指一类以矩阵作为参数的函数，运算的对象为矩阵整体，而不是矩阵中的元素.

1. 矩阵指数

expm(A)

expm(A)将计算 e^A 的近似值，它是以矩阵 A 为指数的运算，即

$$e^A = \sum_{k=0}^{\infty} \frac{A^k}{k!} \tag{2.11}$$

注意 expm(A)与 exp(A)的区别，exp(A)是对 A 中的每个元素进行指数运算，属于数组运算.

示例：

```
A=rand(3)
A =
    0.5153    0.1713    0.0780
    0.9806    0.1449    0.5094
    0.2377    0.0534    0.0972
B=expm(A)
B =
    1.8206    0.2511    0.1681
    1.5017    1.2893    0.6487
    0.3717    0.0896    1.1349
```

2. 矩阵对数

logm(A)

logm(A)将计算矩阵对数，是矩阵指数运算的逆运算. 例如：

```
logm(B)
ans =
```

0.5153	0.1713	0.0780
0.9806	0.1449	0.5094
0.2377	0.0534	0.0972

3. 矩阵开方

sqrtm(A)

矩阵开方运算是矩阵平方运算的逆运算，也可以使用 A^(1/2)来获得，但是 sqrtm(A)的精度更高. 例如：

sqrtm(B)

ans =

1.3230	0.1026	0.0584
0.6016	1.1035	0.2841
0.1475	0.0345	1.0566

4. 通用矩阵函数

MATLAB 提供了通用矩阵运算函数 funm，实现作用在矩阵上的各类数学函数运算.

　　funm(A, fun_handle)

其中 fun_handle 可以是@exp，@log，@cos，@sin，@cosh，@sinh，也可以是自定义函数 fun，但是 fun(X, k)必须返回 fun 的 k 阶导数向量，向量维数与 X 相同. fun 必须包含具有无限收敛半径的泰勒级数.

示例：

funm(A, @sin)

ans =

0.4542	0.1549	0.0606
0.8752	0.1170	0.4789
0.2107	0.0462	0.0895

sin(A)　　　　%注意与 funm(A, @sin)的结果不同

ans =

0.4928	0.1704	0.0779
0.8309	0.1444	0.4876
0.2355	0.0534	0.0971

第 3 章　流程控制语句

　　MATLAB 提供了结构化程序设计所需的流程控制语句,有实现分支的 if 语句和 switch 语句,实现循环的 while 语句和 for 语句,以及辅助跳转语句 break 和 continue. 利用流程控制语句,编程人员可以编制程序以解决复杂的问题. 虽然使用循环语句可以解决问题,但是 MATLAB 更倾向于使用具备内秉循环功能的运算符和函数来完成相同的工作,不但使程序看起来更简短,而且还会尽可能地对这些运算进行优化,以提高运算速度.

3.1　if 语句

　　分支结构也称选择结构. 有时程序需要根据一定的条件来决定执行哪些指令,这就需要用到分支结构. MATLAB 有两个分支语句:if 语句和 switch 语句. if 语句功能全面,不管是简单的还是复杂的分支流程,if 语句都能实现,所以应用最为广泛.
　　格式 1:
　　if(条件表达式)
　　　　语句组
　　end
　　如果条件表达式为 true,则执行语句组;否则不执行. 其执行过程如图 3.1 所示. 格式 1 用于实现单分支语句.

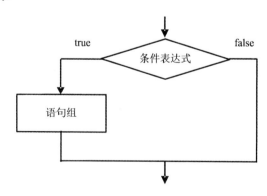

图 3.1　单分支语句流程图

　　例 3.1　输入一个日期,求该日期是当年的第几天.
　　基本思路:假设年、月、日分别为 y、m、d,首先计算该日期的前几个月的总天数,即 1 月,2 月,…,$m-1$ 月的天数之和,再加上 d 即可. 2 月的天数与当年是否是闰年有关,若是闰年，则为 29 天，若不是闰年，则为 28 天. 程序如下：

程序 3.1　YearDays.m

```
monthdays=[31 28 31 30 31 30 31 31 30 31 30 31];
date=input('请输入日期(格式[年 月 日]): ');
if(mod(date(1), 4)==0 && mod(date(1), 100)~=0 || mod(date(1), 400)==0)
    monthdays(2)=29;        %闰年 2 月份天数为 29
end
days = sum(monthdays(1:date(2)-1)) + date(3);
disp(['是当年第', num2str(days), '天']);
```

运行程序，输入：[2021 4 17]，输出：是当年第 107 天. 程序中使用了 sum 函数来进行累加，避免了循环.

格式 2：

if (条件表达式)
　　语句组 1
else
　　语句组 2
end

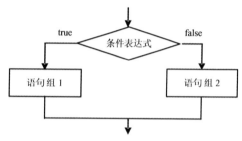

图 3.2　二分支语句流程图

格式 2 用于实现二分支语句. 如果条件表达式为 true，则执行语句组 1；否则执行语句组 2. 其执行过程如图 3.2 所示.

例 3.2　输入一个数，如果该数大于等于 0，则输出 1，否则输出 −1.

程序代码如下：

程序 3.2　Sing.m

```
x=input('请输入一个数: ');
if(x>=0)
    y=1;
else
    y=-1;
end
y
```

格式 3：

if (条件表达式 1)
　　语句组 1
elseif (条件表达式 2)
　　语句组 2
…
else
　　语句组
end

格式 3 用于实现多分支语句. 如果条件表达式 1 为 true, 则执行语句组 1; 否则判断条件表达式 2, 如果为 true, 则执行语句组 2; 依次判断各个 elseif 后面的条件表达式, 如果为 true, 则执行对应的语句组; 如果所有的条件表达式都为 false, 则执行 else 后面的语句组. 其执行过程如图 3.3 所示.

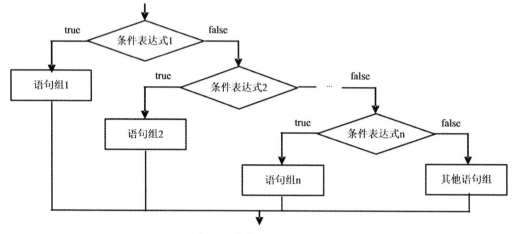

图 3.3　多分支语句流程图

例 3.3　使用 if 语句实现输入一个分数, 按分数输出其等级.

程序代码如下:

程序 3.3　GradeScore.m

```
x=input('请输入一个分数(百分制): ');
if(x>=90)
    y = '优';
elseif(x>=80)
    y = '良';
elseif(x>=70)
    y='中';
elseif(x>=60)
    y='及格';
else
    y='不及格';
end
disp(y);
```

在 if 语句中, 如果条件表达式的值是一个数组, 则只有当数组的所有元素的值都为 true 时, 该条件才为 true, 否则只要有其中一个元素为 false, 则该条件为 false. 例如:

```
x=[1, 5, 8];
if(x>=5)    %x>=5 的结果是逻辑数组[1, 1, 0]
    y=1;
else
    y=0;
```

```
  end
y
```

结果是 y = 0.

3.2　switch 语句

switch 语句适用于等待判断的变量只取少数可能的值的情况，不同的取值执行不同的流程.

语法格式：

```
switch (表达式)
    case 常量 1
        语句组 1
    case 常量 2
        语句组 2
    ...
    otherwise
        其他语句组
end
```

执行过程：计算表达式的值，按顺序依次判断表达式的值与 case 后面的常量是否相等，如果相等，则执行相应的语句组. 如果都不相等，则执行 otherwise 后面的语句，其执行过程与多分支的 if 语句类似. 一般来说，由于要判断表达式是否与某个常量相等，所以 switch 只适合用在表达式的值为整数、字符等离散值的情况.

例 3.4　使用 switch 语句实现输入一个分数，按分数输出其等级.

基本思路：由于 switch 语句只能判断有限种情形，所以不能直接使用原始分数来判断，这里先将百分制分数变成十分制，分值为 0, 1, …, 10, 共 11 种情形，然后再进行判断.

程序 3.4　GradeScore2.m

```
x=input('请输入一个分数(百分制): ');
switch(floor(x/10))        %将百分制转换成十分制
    case 10
        y = '优';
    case 9
        y = '优';
    case 8
        y = '良';
    case 7
        y='中';
    case 6
        y='及格';
```

```
        otherwise
            y='不及格';
    end
disp(y);
```

3.3 while 语句

当某些运算需要重复多次执行时,可以使用循环结构来实现. 使用循环可以简化程序, 提高效率. MATLAB 的循环语句有两个,while 语句和 for 语句.

while 语句适合用在循环次数事先无法确定, 需要根据某个条件是否成立来决定是否继续执行 循环体的情形. while 循环也称为当型循环.

语法格式:

while(条件表达式)

    语句组

end

执行过程: 当条件表达式为 true 时,执行语句 组,结束后再判断条件表达式是否为 true,如果为 true,则执行语句组. 重复这个过程,直到条件表 达式为 false 时结束. 其执行过程如图 3.4 所示.

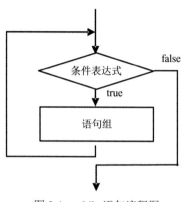

图 3.4 while 语句流程图

例 3.5 输入两个正整数,求其最大公约数.

基本思路: 求两个数 m 和 n 的最大公约数可以用 "辗转相除法",方法如下:

(1) 如果 $m < n$,则交换 m 和 n 的值;

(2) 计算 m 除以 n 的余数,记为 r;

(3) 令 $m = n$,$n = r$;

(4) 如果 $r = 0$,则 m 为最大公约数,结束. 否则转到(2).

程序如下:

程序 3.5   gcd2.m

```
x=input('请输入两个正整数(格式[x, y]): ');
if(x(1)<x(2))            %如果 x(1)<x(2)则交换 x(1)和 x(2)
        x([1 2])=x([2 1]);
end
%使用辗转相除法计算最大公约数
r=1;
while(r~=0)
        r=mod(x(1), x(2));
        x(1)=x(2);
        x(2)=r;
```

```
end
disp(['最大公约数是', num2str(x(1))]);
```

运行程序，输入：[45　35]

输出：最大公约数是 5

与 if 语句相同，在 while 语句中，如果条件表达式的值是一个数组，则只有当数组的所有元素的值都为 true 时，该条件才为 true，否则该条件为 false.

3.4　for 语句

for 语句是遍历型循环，类似于 C#中的 foreach 语句.

语法格式：

```
for 循环变量 = 数组
    语句组
end
```

执行过程：如果数组是一个一维数组，则循环变量依次取数组中的每一个元素，每取一个就执行一次语句组. 总执行次数就是数组元素个数. 如果数组是一个二维数组，则循环变量依次取数组中的每一列，每取一列就执行一次语句组. 总执行次数就是数组的列数.

例 3.6　输入一个正整数 n，输出其所有因子.

基本思路：依次判断 1，2，$\cdots$，n，如果是 n 的因子，则输出. 程序如下：

程序 3.6　factor.m

```
n=input('请输入一个正整数：');
f=[];
for i=1:n
    if(mod(n, i)==0)
        f=[f i];
    end
end
disp([num2str(n), '的因子为', num2str(f)]);
```

运行程序，输入：15

输出：15 的因子为 1　3　5　15

不管是 while 语句还是 for 语句，都可以使用 break 语句和 continue 语句来跳过某些语句，或者提前结束循环语句.

例 3.7　输入一个正整数，判断其是否是素数.

基本思路：根据素数的定义，如果一个正整数 n，除了 1 和 n 之外没有其他因子，则 n 是素数. 设置一个逻辑型变量 f 作为标志，初始化其为 true，依次判断 n 是否能被 2，3，5，7，9，$\cdots$，$\sqrt{n}$ 整除，如果 n 能被其中某一个数整除，则说明 n 不是素数，设置 f 为 false，停止判断过程. 最后根据 f 的值就可以知道 n 是否是素数.

程序如下：

```
x=input('请输入一个正整数： ');
f = true;
if(x<=1 || x~=2&&mod(x, 2)==0)     %1、2 以及 2 的倍数单独处理
    f = false;
end
for i=3:2:floor(sqrt(x))
    if(mod(x, i)==0)
        f = false;
    end
end
if(f)
    disp([num2str(x), '是素数']);
else
    disp([num2str(x), '不是素数']);
end
```

例 3.8　求 2～n 之间的所有素数.

方法一，对 2～n 之间的每一个整数依次使用上面的方法进行判断，如果是素数，则输出. 程序如下：

```
n=input('请输入一个正整数： ');
y=[ ];
for x=1:n
    f=true;
    if(x<=1 || x~=2&&mod(x, 2)==0)
        f=false;
    end
    for i=3:2:floor(sqrt(x))
        if(mod(x, i)==0)
            f=false;
        end
    end
    if(f)
        y=[y, x];
    end
end
y
```

方法二，使用筛法. 把 $2 \sim n$ 的一组正整数按照从小到大的顺序排列. 从中依次删除 2 的倍数、3 的倍数、5 的倍数，直到 $\sqrt{n}$ 的倍数为止，剩余的数即为 $2 \sim n$ 之间的所有素数. 程序如下：

程序 3.9　SievePrime.m

```
n=input('请输入一个正整数:');
y=2:n;                        %y 是待判断的整数
i=1;
N=floor(sqrt(n));
while(y(i)<=N)
    b=false(size(y));         %生成一个与 y 同维的全 0 数组
    %使用 y(i)来筛除所有 y(i)的倍数
    for j=i+1:length(y)
        if(mod(y(j),y(i))==0)
            b(j)=true;        %如果 y(j)是(i)的倍数,则设置 b(j)=1
        end
    end
    y(b)=[];                  %将不是素数的整数从 y 中删除
    i=i+1;
end
y
```

在求某个范围内的所有素数时，使用筛法的效率要优于逐个判断的方法.

值得一提的是，MATLAB 有很多具有"循环"功能的运算符和函数，很多循环语句可以使用这些运算符和函数来代替，代码非常简洁，并且运算速度更快. 例如：计算 $1 + 2 + 3 + \cdots + 100$，如果使用循环语句来实现，程序如下：

```
s=0;
for i=1:100
    s=s+i;
end
s
```

下面的代码也可以实现同样的功能.

```
s = sum(1:100)
```

在执行过程中，1:100 将生成一维数组$[1, 2, 3, \cdots, 100]$，然后使用 sum 函数对数组元素进行累加，结果赋值给变量 s，然后输出到命令窗口.

例 3.9　使用蒙特卡洛法计算圆的面积.

基本思路：蒙特卡洛法是一种随机模拟算法，基本原理是概率论中的大数定律，在相同条件下进行大量重复试验，一个事件发生的频率趋于事件的概率. 蒙特卡洛法通过模拟事件发生的过程，然后统计事件发生的频率，从而获得事件发生概率的近似值.

对于本例，用一个矩形将圆"框"起来，向矩形中随机投点，根据几何概率，落在圆内的概率为圆的面积与矩形面积之比，即 $p = \dfrac{S_\text{圆}}{S_\text{矩}}$. 设总投点数为 n，落在圆内的点数为 m，当 n 较大时，有 $p \approx \dfrac{m}{n}$，于是有 $\dfrac{m}{n} \approx \dfrac{S_\text{圆}}{S_\text{矩}}$，$S_\text{圆} \approx \dfrac{m}{n} S_\text{矩}$. 这种方法适用于任意已知边界的闭区域的情形，只是对于不同的闭区域，判断随机点是否落在闭区域内的方法不同.

程序如下：

程序 3.10　MonteCarloCircleArea.m

```
t=linspace(0, 2*pi);
plot(cos(t), sin(t));        %画圆
axis([-1 1 -1 1]);           %设置显示范围
axis equal                   %设置坐标比例为等比例
hold on
n=200;                       %总投点数
m=0;
for i=1:n
    x=2*rand(1)-1;    %随机点 x 坐标
    y=2*rand(1)-1;    %随机点 y 坐标
    if(x*x+y*y<1)     %如果随机点在圆内
        m=m+1;        %计数器增 1
        plot(x, y, 'b.');
    else
        plot(x, y, 'r.');
    end
end
hold off
S = 4*m/n                %计算面积
```

下面的代码也可以实现同样的功能：

程序 3.11　MonteCarloCircleArea2.m

```
t=linspace(0, 2*pi);
plot(cos(t), sin(t));
axis([-1 1 -1 1]);   axis equal;   hold on;
n=200;
x=2*rand(n, 1)-1;       %生成 n 个随机 x 坐标
y=2*rand(n, 1)-1;       %生成 n 个随机 y 坐标
c=x.*x+y.*y<1;          %根据坐标生成 0-1 数组, 在圆内的点对应 1, 圆外的点对应 0
m = sum(c);             %统计 1 的个数, 即落在圆内的点数
plot(x(c), y(c), 'b.', x(~c), y(~c), 'r.');   hold off
S = 4*m/n
```

运行结果如下，图形结果如图 3.5 所示.

S = 3.2400

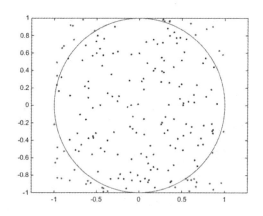

图 3.5 　蒙特卡洛法求圆的面积

程序 3.11 使用了向量化运算，避免了循环，程序更简洁，速度更快.

例 3.10　如图 3.6 所示，多圆体是由多个圆组成的一个复合体，多个圆可能重叠，其周长是各圆露在外面部分的弧长之和. 假设已知多圆体中各圆的中心坐标和半径，求该多圆体的周长.

基本思路：使用蒙特卡洛法. 向所有圆的圆周上随机投 n 个点，统计落在外边缘上的点数 m，根据几何概率，每个点落在外边缘上的概率 $p = \dfrac{L_{外}}{L_{总}}$，其中 $L_{外}$

是多圆体的周长，$L_{总}$ 是所有圆的总周长. 当 n 较大时，

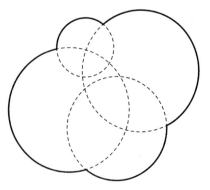

图 3.6 　多圆体

有 $\dfrac{m}{n} \approx \dfrac{L_{外}}{L_{总}}$，$L_{外} \approx \dfrac{m}{n} L_{总}$. 为了使随机点落在圆周上，

投点的方法如下：

(1) 随机选择一个圆，设该圆的圆心坐标为 (x_i, y_i)，半径为 r_i;

(2) 随机生成一个角度 $\theta \in [0, 2\pi)$;

(3) 计算 $x = x_i + r_i\cos(\theta)$，$y = y_i + r_i\sin(\theta)$.

则点 (x, y) 是圆周上的一个随机点. 为了使随机点均匀地分布在所有圆周上，在选择圆时按

概率 $p_i = \dfrac{L_i}{L_{总}}$ 进行选择，L_i 是第 i 个圆的周长，即周长越大的圆选中的概率越大.

程序代码如下：

程序 3.12 　MonteCarloCircumference.m

```
x=[1 2 3 1.5 2.4];    %圆心 x 坐标
y=[0 1 1.2 3 2.5];    %圆心 y 坐标
r=[2 4 3 5 1];        %圆的半径
```

```
%画圆
t=0:0.1:2*pi;
for i=1:length(x)
u=x(i)+r(i)*cos(t); v=y(i)+r(i)*sin(t);        %计算圆周上的坐标
plot(u,v);hold on
end
a = cumsum(r);      %对圆的半径进行累加
a = a/a(end);       %归一化,构造轮盘赌选择的刻度
m = 0;              %初始化计算器
n = 1000;           %总投点数
for I = 1:n
    q = find(rand(1)<a,1);     %以半径比例为概率随机选择一个圆
    theta = 2*pi*rand(1);        %产生一个 0~2pi 的随机数,表示一个随机角度
    u = x(q)+r(q)*cos(theta);   v = y(q)+r(q)*sin(theta);        %计算随机点的坐标
    b = (u-x).^2+(v-y).^2<r.^2; %
    b(q)=false;
    if(any(b))                  %判断随机点是否在某个圆内
        plot(u,v,'go');
    else
        m=m+1;
        plot(u,v,'ro');
    end
end
m*sum(2*pi*r)/n
axis equal;  hold off;
```

运行结果如下,图形结果如图 3.7 所示.

ans = 33.6465

上面程序中使用了 MATLAB 内建函数 find. find(X, 1)的作用是求向量 X 中第 1 个值为 true 的元素的下标. 该方法也可以推广到三维的情形,即求多球体表面积.

值得注意的是,蒙特卡洛法是解决问题的一种思路,并不是一个具体的算法,在编写程序时要具体问题具体分析,不能照搬上面的程序. 蒙特卡洛法的计算精度并不高,对于较简单的问题,使用蒙特卡洛法并没有什么好处. 对于那些非常复杂的问题,目前还没有有效的解决方法,但又希望找到问题大致的解,那么蒙特卡洛法就是一个不错的选择.

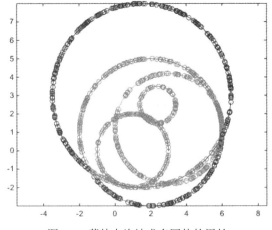

图 3.7　蒙特卡洛法求多圆体的周长

3.5　函　　数

函数是一段相对封闭独立的程序段，用于完成一个特定的功能. 函数有输入(函数参数)和输出(返回值)，在调用函数时，只需要知道函数名(或函数句柄)、函数参数以及返回值即可，不需要知道其内部结构. 使用函数可以大大提高代码的可重用性，只需要定义一次，就可以多次调用. MATALB 的大部分内置功能和工具箱都是以函数的形式存在的. MATLAB 有两种函数定义方式：匿名函数和 M 函数. 匿名函数是一种临时函数，一般在其定义的后面进行调用；M 函数是以文件的形式存储在磁盘文件中的，只要存放在搜索路径下或当前文件夹下，所有程序都可调用.

1. 匿名函数

语法格式：

函数句柄 = @(参数表) 函数表达式

匿名函数是一种轻量级的函数，方便快捷，适合用于函数体简单，能够用一个表达式表示的函数. 一般是在需要使用它的时候定义，也只在该程序内使用，不在多个程序之间共享. 由于匿名函数没有函数名，所以只能使用函数句柄来调用.

例 3.11　绘制函数 $y = x\sin(x)$，$x \in [-10, 10]$ 的图形.

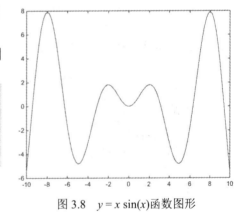

图 3.8　$y = x\sin(x)$ 函数图形

```
f=@(x)  x.*sin(x);    %定义匿名函数
x=linspace(-10,10);   %对区间[-10, 10]进行均匀剖分
y=f(x);               %对每一个分点,计算函数值
plot(x,y);            %根据数据点(x, y)画图
```

运行结果如图 3.8 所示.

2. M 函数

语法格式：

function [*函数值列表*] = *函数名*(*形式参数列表*)

函数体

end

例 3.12　使用 M 函数定义 $f(x) = x\sin(x)$.

在编辑器中输入下面的程序，并保存为 f.m.

```
function y = f(x)
y = x.*sin(x);
end
```

定义 $f(x)$ 后就可以在命令行或其他程序使用该函数了.

M 函数是定义在独立 M 文件中的函数，与一般的 M 程序文件不同的是，M 函数以关键字 function 开始，有输入参数和函数值(返回值). M 函数的函数名必需与文件名相同，并符合变量名命名规则.

　　M 函数通常用于实现一个相对完整的功能. 当遇到 return 语句或最后一条语句时，M 函数的执行过程结束，此时函数值列表中的变量取值就是函数值(返回值). 值得注意的是，MATLAB 允许有多个函数值.

　　M 函数属于共享函数，一旦定义好了，所有程序都可以调用. 但要求 M 函数文件存放在 MATLAB 的工作目录下，或者在 MATLAB 搜索路径下. MATLAB 大多数的工具箱都是由 M 函数文件构成的，用户可以打开这些 M 函数文件查看. 实际上，用户也可以把某个领域的多个相关功能的 M 函数文件做成一个工具箱，方便自己和别人使用.

　　M 函数具有独立的内部工作空间，函数外部的程序代码是无法访问函数内部的变量，M 函数与外部交换数据一般是通过函数参数(输入)和函数值(输出)进行的. 也可以使用全局变量在 M 函数和外部代码之间共享数据，但这会破坏程序的模块化，不建议使用.

　　相比 M 程序文件，使用 M 函数可以在一定程度上提高程序的运行效率. MATLAB 在执行一般的 M 程序文件时，每次执行都会重新加载到内存，这部分的开销比较大. 而如果是 M 函数，多次调用时只需要加载一次即可.

　　例 3.13　使用 M 函数定义 $f(x) = \begin{cases} 0, x \leqslant 0, \\ 2x, 0 < x \leqslant 1 \\ 2, x > 1. \end{cases}$

　　这是一个分段函数，有多种实现方式，比较简单的方式如下：

程序 3.13　myPiecewise1.m

```
function y= myPiecewise1(x)
% 分段函数
%　x 标量，自变量
%　y 标量，与 x 对应的函数值
if(x<=0)
    y=0;
elseif(x<=1)
    y=2*x;
else
    y=2;
end
end
```

　　上面的函数只能接受标量作为参数，也就是说一次只能计算一个函数值，这与 MATLAB 的数组运算习惯不相符，为此修改如下：

程序 3.14　myPiecewise2.m

```
function y= myPiecewise2(x)
% 分段函数
%x 数组，自变量
%y 数组，与 x 对应的函数值
```

```
y=zeros(size(x));
for i=1:numel(x)                    %numel(x) 获取数组 x 的元素个数
    if(x(i)>0 && x(i)<=1)
        y(i)=2*x(i);
    elseif(x(i)>1)
        y(i)=2;
    end
end
end
```

可以使用向量化运算来实现这个过程：

程序 3.15　myPiecewise3.m

```
function y= myPiecewise3(x)
% 分段函数
% x 数组，自变量
% y 数组，与 x 对应的函数值
y = (0<x & x<=1).*(2*x) + (1<x).*2;     %这种方式更加符合 MATLAB 的习惯
```

第三种方式的一般格式是：

(条件 1).*(表达式 1) + (条件 2).*(表达式 2) + … +(条件 n).*(表达式 n)

在条件表达式中如果需要使用逻辑与和逻辑或，应该使用数组逻辑运算符&、|，而不是标量逻辑运算符&&、||。

函数 myPiecewise2 和 myPiecewise3 都支持数组参数，这样可以一次计算多个函数值。例如：

```
myPiecewise3([-1 0 0.5 1 2])
```

ans = 0　　　0　　　1　　　2　　　2

myPiecewise3 比 myPiecewise2 程序更简洁，但是计算量较大，在实际应用中应选择最适合的方式实现.

如果一个问题可以通过求解该问题的更小规模问题来求解，那么这个问题就可以使用递归法来求解. 例如要求解 a_n，可以通过求解 a_{n-1}，a_{n-2}，…来实现，那么这个问题就可以使用递归法来求解. 如果只使用 a_{n-1}，则称为单递归；如果使用了 a_{n-1} 和 a_{n-2}，则称为双递归，以此类推. 递归法是通过递归函数来实现的. MATLAB 支持递归函数.

例 3.14　使用递归法求两个数的最大公约数.

定义 M 函数如下：

程序 3.16　gcd.m

```
function a = gcd(a,b)
if(a<b)
    t=a; a=b; b=t;
end
if(b~=0)
```

```
        a=gcd(b,mod(a,b));
end
```

例 3.15 使用递归函数求 fibnacci 数列 $f_n = \begin{cases} 1, & n \leqslant 2, \\ f_{n-1} + f_{n-2}, & n > 2. \end{cases}$

首先定义 M 函数:

```
function f = fibnacci(n)
%  递归法求斐波那契数列
%   n  整数
%   f  斐波那契数列的第 n 项
if (n<=2)
    f = 1;
else
    f = fibnacci(n-1) + fibnacci(n-2);        %递归
end
```

然后可以调用 fibnacci 函数求 fibnacci 数列各项:

```
for i=1:10
    f(i)=fibnacci(i);
end
f
```

运行结果:

```
f = 1        1        2        3        5        8        13        21        34        55
```

例 3.16 汉诺塔问题. 相传在古印度圣庙中, 有一种被称为汉诺塔(Hanoi)的游戏. 该游戏是在一块铜板装置上, 有三根杆(编号 A、B、C), 在 A 杆上, 按照自下而上、由大到小的顺序放置 $n(n \geqslant 3)$ 个金盘. 游戏的目标: 把 A 杆上的金盘全部移到 C 杆上, 并仍保持原有顺序叠好. 操作规则: 每次只能移动一个盘子, 并且在移动过程中三根杆上都始终保持大盘在下, 小盘在上, 操作过程中盘子可以置于 A、B、C 任一杆上.

这个问题是使用递归法求解. 算法描述为:

(1) 以 C 杆为中介, 从 A 杆将 1 至 $n-1$ 号盘移至 B 杆;

(2) 将 A 杆中剩下的第 n 号盘移至 C 杆;

(3) 以 A 杆为中介, 从 B 杆将 1 至 $n-1$ 号盘移至 C 杆.

其中第(1)、(3)步都是小规模的汉诺塔问题, 而第(2)步是简单问题. 程序如下:

```
function hanoi(n, A, B, C)
%  求解汉诺塔问题
%   n  盘子个数
```

```
%   A  盘子原来所在的柱子
%   B  中介柱子
%   C  目标柱子
if(n==1)
    disp([A, '-->', C]);
else
    hanoi(n-1, A, C, B);
    disp([A, '-->', C]);
    hanoi(n-1, B, A, C);
end
```

在命令窗口输入：hanoi(3, 'A', 'B', 'C');

输出：

A-->C

A-->B

C-->B

A-->C

B-->A

B-->C

A-->C

值得一提的是，虽然递归函数比较简单，但是其运行效率比较低，尤其是出现多递归的时候，效率显著降低. 如果存在非递归方式能够实现，建议尽量采用非递归方式.

例 3.17　使用非递归法求 fibnacci 数列的函数.

程序 3.19　fibnacci2.m

```
function f = fibnacci2(n)
% 求斐波那契数列的非递归实现
% n  整数
% f  斐波那契数列的第 n 项
if (n<=2)
    f = 1;
else
    f1=1;
    f2=1;
    for i=3:n
        f=f1+f2;
        f1=f2;  f2=f;  %更新
    end
end
```

使用递归法求 fibnacci 数列第 n 项的时间复杂度为 $O\left(\dfrac{1}{\sqrt{5}}\left[\left(\dfrac{1+\sqrt{5}}{2}\right)^n-\left(\dfrac{1-\sqrt{5}}{2}\right)^n\right]\right)$, 而

使用非递归法的时间复杂度为 $O(n)$.

　　MATLAB 允许在调用 M 函数时实际参数少于形式参数, 并在 M 函数内部使用 nargin 获取实际参数个数, 然后根据实参个数做相应处理, 常用于为函数参数提供默认值. 还可以使用 nargout 获取实际输出参数个数, 以便针对不同的调用方式返回不同的结果. 另外, 借助 varargin、varargout 还可以更灵活地处理参数和返回值.

　　例 3.18　定义函数, 对区间$[a, b]$进行 n 等分, 默认 $a = 0, b = 1, n = 50$.

程序 3.20　IntervalDivision.m

```
function x = IntervalDivision(a, b, n)
% 对区间[a, b]进行 n 等分
% [a, b] 待划分的区间
%n 等分数
% x 等分点
if(nargin<1), a = 0; end      %当实际参数少于 1 个时, 置 a = 0
if(nargin<2), b = 1; end      %当实际参数少于 2 个时, 置 b = 0
if(nargin<3), n = 50; end     %当实际参数少于 3 个时, 置 n = 50
h = (b-a)/n;     %小区间宽度
x = a:h:b;       %生成等分点, 共有 n+1 个分点, 与 linspace(a, b, n+1)等价
```

定义好上面的函数后, 可以通过以下方式调用:

```
x1 = IntervalDivision();            %对区间[0, 1]进行 50 等分
x2 = IntervalDivision(-1);          %对区间[-1, 1]进行 50 等分
x3 = IntervalDivision(-2, 2);       %对区间[-2, 2]进行 50 等分
x4 = IntervalDivision(0, 10, 100);  %对区间[0, 10]进行 100 等分
```

　　M 函数如果细分, 还可以分为主函数、子函数、嵌套函数、私有函数、重载函数, 由于使用较少, 在此不作详细介绍, 读者可自行参考 MATLAB 的相关帮助, 了解其定义方式及用途.

3.6　程序运行计时

　　在编写程序时, 经常要分析一段代码的运行时间, 比较程序的多种实现方式, 以提高代码质量. 如何计算一段代码的运行时间呢? MATLAB 提供了多种计时方式, (1)使用 tic、toc 命令; (2)使用 cputime 命令; (3)使用 etime、clock 命令; (4)使用探查器.
　　示例:

```
tic;    %开始计时
s = 0;
```

```
n = 100000000;
for i=1:n
    r = rand;
    s = s+r;
end
s = s/n
toc   %结束计时，并显示用时
```

运行结果：

s = 0.4999

时间已过 1.757939 秒。

tic 和 toc 函数协同工作以测量经过的时间. tic 开始计时，而 toc 结束计时，并保存两者之间所经历的时间.

```
t = cputime;    %开始计时
s = 0;
n = 100000000;
for i=1:n
    r = rand;
    s = s+r;
end
s = s/n
cputime - t   %结束计时，并显示用时
```

运行结果：

s =

　　0.5000

ans =

　　1.7656

cputime 返回自 MATLAB 启动以来 MATLAB 进程使用的 CPU 时间(以秒为单位)，程序中 t=cputime，使 t 获得当前 CPU 时间，程序即将结束时使用 cputime - t 即可获得两次获取的 CPU 时间差，也就是这段代码所使用的时间.

```
t1=clock; %开始计时
s=0;
n=100000000;
for i=1:n
    r=rand;
    s=s+r;
end
s=s/n
```

```
t2=clock;
etime(t2, t1)    %结束计时，并显示用时
```

运行结果：

s =   0.5000

ans =   1.7720

clock 返回当前系统时间，用一个 6 个元素的行向量表示. etime 可计算两个时间的差.

探查器的使用方式：点击主页工具栏上的工具 ![运行和计时] ，弹出探查器窗口，在"运行此代码"后输出要执行的程序，回车后开始执行程序，结束后即在下方显示各函数的执行时间. 如图 3.9 所示，其中的代码调用了程序 3.17 定义的函数，但需要事先保存该函数到当前目录下.

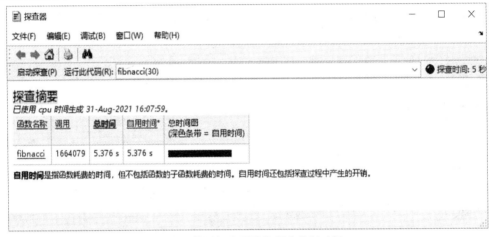

图 3.9　使用探查器计算程序执行时间

3.7　养成良好的编程习惯

好的编程习惯不仅可以提高工作效率，减少出现错误的概率，还能编写出优美的程序，让人赏心悦目. 笔者认为，养成好的编程习惯，需要注意以下几个方面：

(1) 预先设计算法，对算法进行必要的简化、优化；

(2) 采用合适的数据结构、数据类型；

(3) 尽量采用模块化设计，提高代码的可重用性；

(4) 为变量名、函数名取有意义的名字；

(5) 采用合适的缩进格式；

(6) 为关键代码添加注释；

(7) 尽量避免使用循环，可以使用向量化运算代替循环操作；

(8) 在多重循环时，外循环次数应小于内循环次数，并尽量减少内循环的代码；

(9) 为较大的数组预先分配好内存，避免每次临时扩充维数；

(10) 关闭不必要的输出.

第 4 章　绘　　图

MATLAB 的绘图功能非常强大，可以绘制一元函数图形、二元函数图形、统计图、几何图形以及动画，可以使用点、线、面来绘图，还可以给图形进行着色，添加文字说明等，几乎可以满足学生、教师、科研人员以及工程技术人员的所有需求.

MATLAB 绘图的基本思想是首先计算绘图所需要的数据，然后根据某种样式绘制图形. 图形的样式有颜色、形状、大小等. 还可以利用图形句柄修改图形的数据，从而实现动画.

4.1　曲　　线

曲线有平面曲线和三维空间中的曲线，绘制平面上的曲线使用 plot、fplot、ezplot，绘制三维空间中的曲线使用 plot3、ezplot3.

1. plot

plot 是 MATLAB 最基本的作图命令，可绘制函数图像、数据点图、几何形状等图形. 其基本格式为：

plot(X, Y)，使用默认的样式绘图，X 和 Y 是绘图数据，通常是两个长度相同的向量；

plot(X, Y, LineSpec)，使用指定的样式绘图，样式包括线型、点型和颜色；

LineSpec 是样式参数，为一个字符串，可以包括线型、点型和颜色. 三种样式的元素可以按任何顺序出现，并且可以省略一个或多个选项. 例如，':*r' 是一个带有星形标记的红色虚线. 表 4.1、表 4.2 和表 4.3 分别给出了可以使用的线型、点型和颜色.

表 4.1　线 型 表

符号	线型	符号	线型
-	实线(默认)	:	虚线
--	短划线	-.	点划线

表 4.2　点　型　表

符号	点型	符号	点型
o	圆(o)	^	正三角形(△)
+	加号	v	倒三角形(▽)
*	星号	>	右三角形(▷)
.	点	<	左三角形(◁)
x	叉(×)	p	五角星(☆)
s	方形(□)	h	六角星(✿)
d	菱形(◇)		

表 4.3　颜　色　表

符号	颜色	符号	颜色
y	黄色	g	绿色
m	品红	b	蓝色
c	青色	w	白色
r	红色	k	黑色

例 4.1　绘制函数 $y = \sin(x) + \cos(x)$，$-\pi \leqslant x \leqslant \pi$ 的图形.

基本思想：首先对区间 $[-\pi, \pi]$ 作剖分，然后对每一个分点计算对应的函数值，再使用 plot 函数作图.

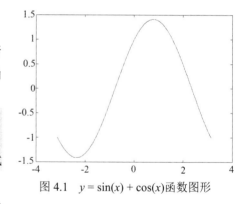

图 4.1　$y = \sin(x) + \cos(x)$ 函数图形

```
x=linspace(-pi, pi);   %对区间 [-π, π] 进行均匀剖分
y=sin(x)+cos(x);       %对每一个分点，计算函数值
plot(x, y, 'b');       %根据数据点(x, y)画图，并指定样式
```

运行结果如图 4.1 所示.

plot 函数默认使用直线将相邻的两个点连接起来，当剖分的点比较密时，图像看起来就像一条光滑的曲线. plot 函数可以一次画多条曲线，并且为每条曲线指定单独的样式. 例如：

```
x=linspace(-pi, pi);
y1=sin(x);
y2=cos(x);
plot(x, y1, 'r-.', x, y2, ':sg');     %在同一坐标系下绘制图形
legend('sin(x)', 'cos(x)');           %标识曲线
```

运行结果如图 4.2 所示.

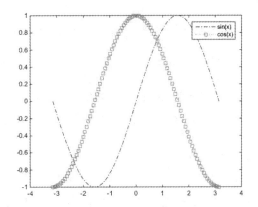

图 4.2 在同一坐标下绘制 sin 函数和 cos 函数图形

利用 plot 可以绘制一些平面中的几何图形. 下面举几个例子, 其他图形可按类似方法绘制.

画圆:

```
fr=2;                %半径
t=linspace(0, 2*pi);  %对角度进行剖分
x=r*cos(t);          %计算圆周上的点 x 坐标
y=r*sin(t);          %计算圆周上的点 y 坐标
plot(x, y);          %连接相邻的点,构成圆
axis([-3 3 -3 3])    %设置图形显示范围
axis equal           %设置图形显示横、纵坐标比例
```

运行结果如图 4.3 所示.

画三角形:

```
x=[1 4 2];            %三角形 3 个顶点的 x 坐标
y=[0 1 3];            %三角形 3 个顶点的 y 坐标
plot([x x(1)], [y y(1)]);  %连接相邻的点
axis equal
```

运行结果如图 4.4 所示.

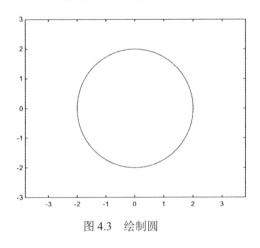

图 4.3 绘制圆

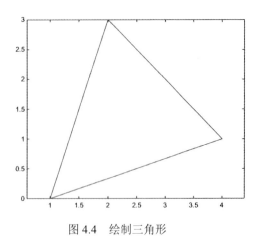

图 4.4 绘制三角形

2. fplot

fplot 函数用于快速绘制函数图形，可以不用事先计算函数值，只要给出函数句柄(或函数表达式)和自变量范围就可以了.

fplot 函数格式：

fplot(fun, limits)，绘制函数 fun 的 limits 范围内的图形；

fun 可以是函数句柄，也可以是字符串形式的函数表达式. limits 是一个长度为 2 的向量，表达绘图区间. 例如：

```
fplot('sin(x)*cos(x)', [-pi, pi]);
fplot(@(x) sin(x).*cos(x), [-pi, pi]);
```

上面两行代码都绘制了同样的图形(图 4.5). 建议使用第 2 种方式，即使用函数句柄.

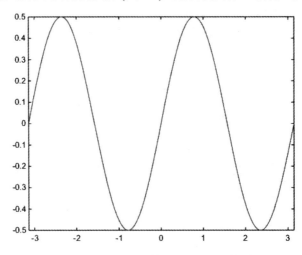

图 4.5　使用 fplot 绘制 sin(x)cos(x)函数图形

3. ezplot

ezplot 与 fplot 的功能相似，都可以使用函数句柄和函数表达式绘图. 不同的是，ezplot 还支持隐函数作图.

ezplot 函数格式：

ezplot(fun, limits)，绘制函数 fun 的 limits 范围内的图形.

示例：

```
ezplot('sin(x)+cos(y)=1', [0 pi -pi/2 pi/2]);
%隐函数作图
```

运行结果如图 4.6 所示.

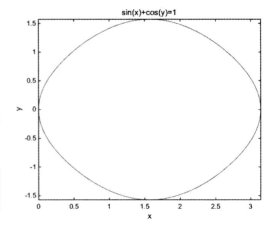

图 4.6　使用 ezplot 绘制隐函数图形

4. plot3

plot3 是绘制三维空间中的曲线的基本绘图函数，需要先计算数据点，然后使用指定样式绘图，使用方法与 plot 类似.

plot3 函数格式：

plot3(X，Y，Z)，使用默认的样式绘图，X、Y 和 Z 是绘图数据，通常是三个长度相同的向量;

plot3(X，Y，Z，LineSpec)，使用指定的样式绘图.

示例:

```
t = 0:pi/50:10*pi;
st = t.*sin(t);
ct = t.*cos(t);
plot3(st, ct, t)
```

运行结果如图 4.7 所示.

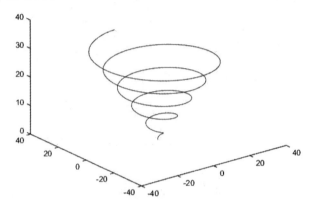

图 4.7 使用 plot3 绘制三维空间中的曲线

5. ezplot3

函数 ezplot3 也可以绘制三维空间中的曲线. 例如:

```
ezplot3('t*sin(t)', 't*cos(t)', 't', [0, 10*pi]);
ezplot3(@(t)t.*sin(t), @(t)t.*cos(t), @(t)t, [0, 10*pi]);
```

上面两行代码绘制了相同的图形.

6. polar

polar 是利用极坐标作图的函数，例如:

```
t = 0:0.01:2*pi;
polar(t, sin(t).*cos(2*t), '--b');
```

运行结果如图 4.8 所示.

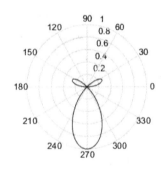

图 4.8 极坐标作图

7. rectangle

对于矩形、圆角矩形、圆、椭圆，可以使用 rectangle 函数来绘制. 使用格式为

绘制矩形: rectangle('Position', [x y w h], Curvature', [0 0]);

绘制圆或椭圆: rectangle('Position', [x y w h], Curvature', [1 1]);

绘制圆角矩形: rectangle('Position', [x y w h], Curvature', [a b]).

示例:

```
x=0; y=0; w=2; h=1;
```

```
rectangle('Position', [x-w/2 y-h/2 w h], 'Curvature', [0 0], 'EdgeColor', 'r');        %矩形
rectangle('Position', [x-w/2 y-h/2 w h], 'Curvature', [0.2 0.2], 'EdgeColor', 'g');    %圆角矩形
rectangle('Position', [x-w/2 y-h/2 w h], 'Curvature', [1 1], 'EdgeColor', 'b');        %椭圆
rectangle('Position', [x-h/2 y-h/2 h h], 'Curvature', [1 1], 'EdgeColor', 'c');        %圆
axis equal
```

运行结果如图 4.9 所示.

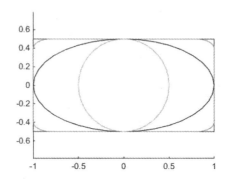

图 4.9   rectangle 绘制矩形、圆角矩形、圆和椭圆

4.2   曲　　面

绘制三维空间中的曲面的函数有 mesh、surf、meshc、meshz 及 waterfall 等，在绘制前需要计算曲面上各点的空间坐标，再使用直线、平面等基本形状将相邻的点连接起来，当曲面上的点足够多时，这些由直线、平面拼接起来的图形就可以逼近原曲面了.

MATLAB 绘制三维空间中的曲面 $z = f(x, y)$ 的一般步骤是：

(1) 对 2 个坐标轴进行剖分，得到两个向量 x，y；

(2) 利用 x，y 生成网格，得到两个矩阵 X，Y；

(3) 对每一对 X，Y 中的元素(网络中的一个结点)，计算对应的函数值 $Z = f(X, Y)$；

(4) 使用某种样式绘制 X，Y，Z 的图形.

例 4.2　绘制函数 $f(x, y) = x^2 + y^2$，$(-2 \leqslant x \leqslant 2, -3 \leqslant y \leqslant 3)$ 的图形.

基本思路：先对 x 轴和 y 轴进行剖分，再使用 meshgrid 生成网格，计算网格结点对应的函数值，再使用 mesh 函数绘制图形. 代码如下：

```
f=@(x, y) x.^2+y.^2;          %定义函数
x=linspace(-2, 2, 41);        %对 x 轴进行剖分
y=linspace(-3, 3, 61);        %对 y 轴进行剖分
[X, Y]=meshgrid(x, y);        %生成网格
Z=f(X, Y);                    %计算每个网络结点对应的函数值
mesh(X, Y, Z);                %绘制图形
```

运行结果如图 4.10 所示.

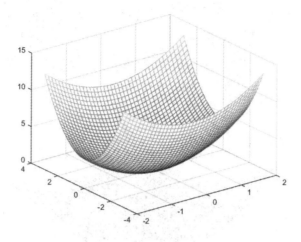

图 4.10 使用 mesh 绘制三维空间中的曲面

对坐标轴的剖分结果为

$$x = [-2 \quad -1.9 \quad -1.8 \quad -1.7 \quad \cdots \quad 2]$$
$$y = [-3 \quad -2.9 \quad -2.8 \quad -2.7 \quad \cdots \quad 3]$$

使用函数 meshgrid 生成的网络用两个矩阵来表示:

$$X = \begin{bmatrix} -2 & -1.9 & -1.8 & \cdots & 2 \\ -2 & -1.9 & -1.8 & \cdots & 2 \\ -2 & -1.9 & -1.8 & \cdots & 2 \\ \vdots & \vdots & \vdots & & \vdots \\ -2 & -1.9 & -1.8 & \cdots & 2 \end{bmatrix}, \quad Y = \begin{bmatrix} -3 & -3 & -3 & \cdots & -3 \\ -2.9 & -2.9 & -2.9 & \cdots & -2.9 \\ -2.8 & -2.8 & -2.8 & \cdots & -2.8 \\ \vdots & \vdots & \vdots & & \vdots \\ 3 & 3 & 3 & \cdots & 3 \end{bmatrix}$$

X 和 Y 是两个同维矩阵,对应位置上的元素构成的坐标(x_{ij}, y_{ij})表示网络上的结点坐标. X、Y 和 Z 就表示了空间中的网络结点,每个结点都是落在函数 $z = f(x, y)$ 上. 函数 mesh 只是把这些空间中的点用直线连接起来,形成一张弯曲的网络. 当剖分得足够细的时候,网络就逼近了函数 $z = f(x, y)$ 的图形.

在生成空间中的点之后,也可以使用其他方式来画图,用法与 mesh 基本一致. 表 4.4 列出了常用的曲面绘图函数.

表 4.4 常用的曲面绘图函数

函 数	功 能	函 数	功 能
mesh	三维网络图	surfl	基于彩色照明的三维曲面图
meshc	带等高线的三维网络图	surfnorm	三维曲面法线的计算与显示
meshz	带垂帘的三维网络图	waterfall	瀑布图
surf	三维曲面图	ribbon	色带图
surfc	带等高线的三维曲面图	contour3	三维等高线图

也可以使用简易方式绘制三维曲面图. ezmesh、ezmeshc、ezsurf、ezsurfc 分别绘制三维网络图、带等高线的三维网络图、三维曲面图、带等高线的三维曲面图.

例 4.3 绘制函数 $f(x, y) = \sqrt{x^2 + y^2}, -4 \leqslant x \leqslant 4, -4 \leqslant y \leqslant 4$ 的图形.

```
ezsurfc('sqrt(x^2 + y^2)',[-4, 4,-4, 4]);
ezsurfc(@(x, y)sqrt(x.^2 + y.^2), [-4, 4, -4, 4]);
```

上面两行代码绘制相同的图形，如图 4.11 所示.

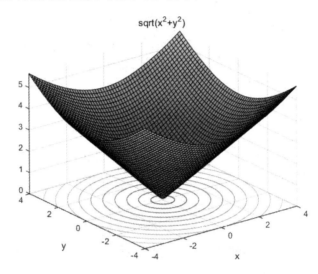

图 4.11　使用 ezsurfc 绘制三维空间中的曲面

4.3　填　充　图　形

fill 和 fill3 分别用于填充平面和三维空间中的封闭区域. 例如：

```
x=[1 4 2];         %三角形 3 个顶点的 x 坐标
y=[0 1 3];         %三角形 3 个顶点的 y 坐标
fill([x x(1)], [y y(1)], 'b');   %使用蓝色填充
                                 三角形区域
axis equal
```

运行结果如图 4.12 所示.

下面是三维空间中的平面填充示例：

```
X = [0 1 1 2; 1 1 2 2; 0 0 1 1];
Y = [1 1 1 1; 1 0 1 0; 0 0 0 0];
Z = [1 1 1 1; 1 0 1 0; 0 0 0 0];
C = [0.5000 1.0000 1.0000 0.5000;
     1.0000 0.5000 0.5000 0.1667;
     0.3330 0.3330 0.5000 0.5000];
fill3(X, Y, Z, C)
```

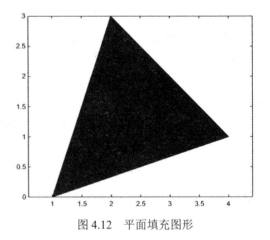

图 4.12　平面填充图形

运行结果如图 4.13 所示.

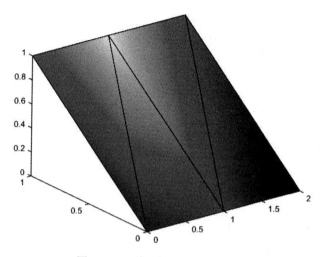

图 4.13　三维空间中的填充图形

可以增加参数 'facealpha' 来设置填充颜色的透明度，例如：

```
t=linspace(0, 2*pi);
x1=cos(t);
y1=0.5+sin(t);
x2=-0.5+cos(t);
y2=sin(t);
x3=0.5+cos(t);
y3=sin(t);
fill(x1, y1, 'r');      %使用红色填充圆
hold on;
fill(x2, y2, 'g', 'facealpha', 0.5);    %使用绿色填充圆,
                                         并设置透明度为 0.5
fill(x3, y3, 'b', 'facealpha', 0.5);    %使用蓝色填充圆,
                                         并设置透明度为 0.5
axis equal
hold off
```

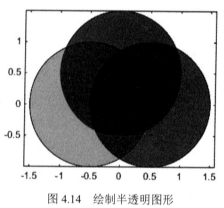

图 4.14　绘制半透明图形

运行结果如图 4.14 所示.

4.4　图 形 句 柄

图形句柄是一幅图形的标识，通过图形句柄可以获取、修改图形的参数，甚至实现简单的动画.

当画图时，将画图函数赋值给一个变量，那么这个变量就获得这个图形的句柄. 例如：

```
x = linspace(-pi, pi);
y = sin(x);
g = plot(x, y);
```

上面代码中，g 是图形的句柄，如果显示 g 的内容，即执行 get(g)，结果为：

g =

        Color: [0 0.4470 0.7410]

        LineStyle: '-'

        LineWidth: 0.5000

        Marker: 'none'

        MarkerSize: 6

        MarkerFaceColor: 'none'

        XData: [1x100 double]

        YData: [1x100 double]

        ZData: [1x0 double]

......

由此可以知道，g 实际上是一个结构体，包含了多个成员(上面只是显示了 g 的部分成员). 通过修改 g 的属性值，可以改变图形的外观. 例如：

```
g.Color = [0 0 1];
```

图形中的曲线将以蓝色显示. 也可以使用命令 set(g, 'Color', [0 0 1])来达到同样的目的.

4.5　图 形 修 饰

1. 图形窗口

使用 figure 命令可以新建图形窗口，并自动按次序命名为 Figure1，Figure2，…. 也可以使用 figure(n)来新建或选择指定的窗口，其中 n 为整数.

例 4.4　分别在两个图形窗口中显示不同的图形.

```
x=-2:0.1:2;
y=-2:0.1:2;
[X, Y]=meshgrid(x, y);
Z=X.^2+Y.^2;
figure(1);          %创建 Figure1 图形窗口
surf(X, Y, Z);      %在 Figure1 图形窗口上绘图
Z=X.^2-Y.^2;
figure(2);          %创建 Figure2 图形窗口
surf(X, Y, Z);      %在 Figure2 图形窗口上绘图
```

运行结果如图 4.15 所示.

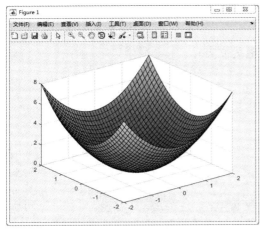 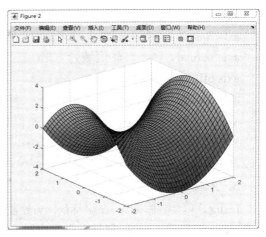

图 4.15   分别在两个窗口中显示图形

使用 subplot 可以在一个图形窗口中绘制多幅子图.

例 4.5   在同一窗口中显示两个图形.

```
x=-2:0.1:2;
y=x.^2;
z=x.^3;
subplot(1, 2, 1);        %1 行 2 列第 1 个图
plot(x, y, 'd:r')
subplot(1, 2, 2);        %1 行 2 列第 2 个图
plot(x, z, '-*g');
```

运行结果如图 4.16 所示.

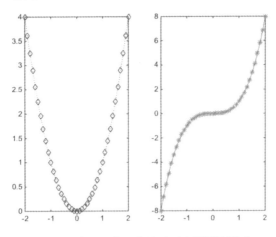

图 4.16   在同一窗口中显示两个不同的图形

2. 坐标

MATLAB 允许在绘图前或后设置图形的坐标显示范围、显示比例等.

axis([xmin xmax ymin ymax])，平面图形坐标显示范围；

axis([xmin xmax ymin ymax zmin zmax cmin cmax])，空间图形坐标显示范围；

axis equal，设置坐标轴为等比例；

axis square，设置坐标轴为等比例；

axis normal，使当前轴区域为方形(或三维时为立方)；

axis off，关闭坐标轴；

axis on，打开坐标轴；

xlim([xmin xmax])，设置 x 坐标显示范围；

ylim([ymin ymax])，设置 y 坐标显示范围；

zlim([zmin zmax])，设置 z 坐标显示范围.

3. 文本

text(x，y，'字符串')，在坐标(x，y)处显示字符串；

gtext('字符串')，使用鼠标在图形中确定字符串的显示位置；

title('字符串')，为图形添加标题；

xlabel('字符串')，为 x 坐标添加说明；

ylabel('字符串')，为 y 坐标添加说明；

zlabel('字符串')，为 z 坐标添加说明；

legend('字符串 1'，'字符串 2'，…)，为图形中多条曲线进行标示.

如果希望使用 latex 格式输入文本，可以增加参数'Interpreter'，并取值为'latex'.

4. 网格

 grid on，显示网格.

 grid off，隐藏网格.

5. 持续绘图

hold on，保持.

hold off，释放.

当新建图形窗口后(执行 figure 命令或执行绘图命令)，hold on 命令将使后面的图形在当前窗口中绘制，这样可以分步将多条曲线或曲面绘制在同一坐标系下. 如果希望新绘制的图形覆盖原有图形，可以执行一次 hold off 命令.

4.6　动　　画

使用 set 函数可以修改图形中的数据，如果在图形上以一定的时间间隔持续画图或修改图形的数据即可实现动画.

例 4.6　绘制伸缩的弹簧.

基本思路：首先根据参数方程

$$\begin{cases} x = r\cos(t) \\ y = r\sin(t) \\ z = c \cdot t \end{cases} \tag{4.1}$$

绘制三维空间中的螺旋线(弹簧)，不同的 c 表示弹簧的不同伸缩状态，只需定时更新 c 的值就可以实现弹簧的伸缩动画.

程序代码如下:

程序 4.1　TelescopicSpring.m

```
r=1;                              %弹簧半径
t=linspace(0, 20*pi, 10*50);
x = r*cos(t);
y = r*sin(t);
z = t;
g = plot3(x, y, z);               %绘制螺旋线
axis([-5 5 -5 5 0 40*pi])         %设置图形显示范围
v=1;                              %伸缩方向, v=1 时拉伸, v=-1 时压缩
c=1;                              %弹簧长度系数
while(1)
    if(v==1&&c>=2)                %如果拉伸到 2 倍长度
        v=-1;                     %改变为压缩
    elseif(v==-1&&c<=0.5)         %如果压缩到 0.5 倍长度
        v=1;                      %改变为拉伸
    end
    c=c+v*0.1;                    %计算新弹簧长度系数
    z=c*t;                        %计算新弹簧 z 坐标
    set(g, 'ZData', z);           %更新数据
    pause(0.1);                   %暂停 0.1 秒
end
```

运行结果如图 4.17 所示.

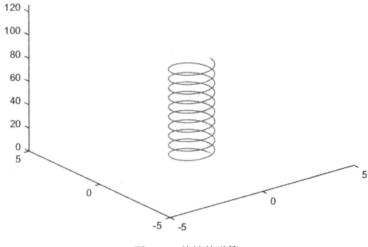

图 4.17　伸缩的弹簧

例 4.7　模拟扩散的水波波纹.

基本思路：二元函数

$$f(x, y) = \frac{|\sin(p(x^2 + y^2))|}{x^2 + y^2} \tag{4.2}$$

的图像就像一个水波，由中心向四周扩散，中心波峰最高，越远波峰越小. 其中的参数 p 用于调整波的频率.

将 $f(x, y)$ 的函数值作为一幅灰度图像的亮度，则该图像呈现出一个由很多个同心圆构成的明暗相间的图案. 定时地改变 p 值，就可以实现类似水波扩散的图案. 有关数字图像的相关内容请参阅第 7 章.

程序代码如下：

程序 4.2　WaterWave.m

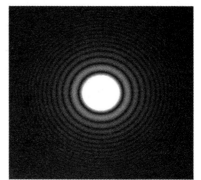

```
f=@(x, y, p) abs(sin(p*(x.^2+y.^2)).//(x.^2+y.^2));    %定义波纹函数
p=3;                      %频率系数
x=linspace(-5, 5, 800);   %对 x 轴进行剖分
y=linspace(-5, 5, 800);   %对 y 轴进行剖分
[X, Y]=meshgrid(x, y);    %生成网络
Z=f(X, Y, p);             %对每个网络结点计算的函数值
g = imshow(Z);            %以函数值为灰度显示图像
while(1)
    p=p-0.05;             %更新频率
    if(p<0.5), p=3; end
    Z=f(X, Y, p);         %重新计算波纹函数值
    set(g, 'CData', Z);   %更新数据
    pause(0.05);          %暂停
end
```

图 4.18　扩散的水波

运行结果如图 4.18 所示.

例 4.8　模拟人狗追逐过程. 一个人在圆形跑道上以恒定速率 a 沿着跑道行走，一只狗从跑道内部的某一点出发，以恒定速率 b 朝人跑过去，方向始终朝向人. 画出人和狗的实时运动轨迹.

基本思路：设圆形跑道是一个半径为 1 的圆，则跑道的参数方程为

$$\begin{cases} x = \cos(t) \\ y = \sin(t) \end{cases} \tag{4.3}$$

对 $[0, T]$ 范围内的时间进行离散化，得到时刻 $0 = t_0, t_1, t_2, \cdots, t_n = T$. 假设初始时刻人的位置为 $(1, 0)$，则时刻 t_i 人的位置为

$$\begin{cases} x_{\text{人}}^{(i)} = \cos(at_i) \\ y_{\text{人}}^{(i)} = \sin(at_i) \end{cases} \tag{4.4}$$

在一个较短时间内，狗的运动方式可以看作是匀速直线运动，设狗的初始位置为 $(x_狗^{(0)}, y_狗^{(0)})$，则 t_i 时刻狗的位置为

$$\begin{cases} x_狗^{(i)} = x_狗^{(i-1)} + bv_x^{(i)}(t_i - t_{i-1}) \\ y_狗^{(i)} = y_狗^{(i-1)} + bv_y^{(i)}(t_i - t_{i-1}) \end{cases} \tag{4.5}$$

其中，$v_x^{(i)} = \dfrac{x_人^{(i)} - x_狗^{(i-1)}}{\sqrt{(x_人^{(i)} - x_狗^{(i-1)})^2 + (y_人^{(i)} - y_狗^{(i-1)})^2}}$，$v_y^{(i)} = \dfrac{y_人^{(i)} - y_狗^{(i-1)}}{\sqrt{(x_人^{(i)} - x_狗^{(i-1)})^2 + (y_人^{(i)} - y_狗^{(i-1)})^2}}$．根据和就可以计算出各时刻人和狗的位置.

程序代码如下：

程序 4.3　Chase.m

```
person=[1 0];                        %人的初始位置
dog=[0 0];                           %狗的初始位置
a=1;                                 %人的速率
b=1.05;                              %狗的速率
T=100;                               %截止时间
dt=0.1;                              %离散化时间间隔
rectangle('Position', [-1 -1 2 2], 'Curvature', [1 1], 'EdgeColor', 'k');   %画圆形跑道
axis([-1 1 -1 1]);                   %设置坐标显示范围
axis equal;                          %设置横坐标和纵坐标的显示比例为1:1
hold on
g1=plot(person(1), person(2), 'dr'); %显示人的位置
g2=plot(dog(1), dog(2), 'ob');       %显示狗的位置
for t=0:dt:T
    person=[cos(a*t) sin(a*t)];      %人的位置
    V = (person - dog);
    d = norm(V);                     %人狗距离
    if(d<dt*b)         %如果人狗距离小于狗在一个时间间隔内跑过的距离，则认为已追上
        dog = person;
    else
        dog = dog + dt*b*V/d;        %更新狗的位置
    end
    set(g1, 'XData', person(1), 'YData', person(2));
    set(g2, 'XData', dog(1), 'YData', dog(2));
    pause(0.1);
    if(all(dog == person)), text(0, 0, '结束'); break; end
end
hold off
```

运行结果如图 4.19 所示.

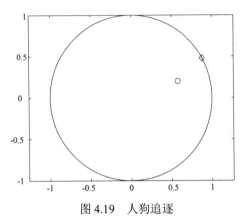

图 4.19　人狗追逐

4.7　图　形　保　存

绘制好图形后,可以将图形保存到磁盘文件中进行永久保存,或应用到其他软件当中. MATLAB 支持多种图像文件格式,表 4.5 列出了部分常用图形格式.

表 4.5　常用图形格式

格式	说　　明
fig	MATLAB 内部图形文件格式,如果希望以后使用 MATLAB 打开图形,最好使用这种格式
bmp	位图文件格式
jpg	有损压缩位图文件格式,具有较高的压缩比
eps	矢量图像格式,可实现任意比例的缩放而不会导致图像产生锯齿现象,是存储函数图形、几何图形的理想格式,常用于 Latex 排版中的插图
png	有损压缩位图文件格式,支持透明度

如果希望将图形应用于 Word 文件中,可以直接在图形窗口中复制图像,然后在 Word 中进行粘贴即可.

第二部分　MATLAB 应用

第二部分内容主要介绍 MATLAB 在数值计算、进化算法、数字图像处理和数学建模中的应用,先介绍算法的数学原理,再给出程序,最后通过实例验证算法的有效性. 第 8 章可用于数学建模竞赛培训,提高参赛学生的建模能力和计算能力。

第5章　数值计算

数值计算是指使用数字计算机求数学问题近似解的方法与过程. 数值计算的研究领域包括方程数值解、数值逼近、最优化方法、数值微分和数值积分、常微分方程数值解法、数值代数、积分方程数值解法、偏微分方程数值解法、计算几何、计算概率统计等. 随着计算机的广泛应用和发展，计算物理、计算力学、计算化学、计算经济学等计算领域的诸多问题都可归结为数值计算问题. 本章着重介绍 MATLAB 在解决数值逼近、方程求根、线性方程组数值解、最优化方法、数值积分、微分方程数值解等问题时的思路和方法.

5.1　插值与拟合

插值和拟合是两种重要的数据逼近方法. 插值是寻求一个函数，使函数在某些已知点的值等于已知的数值，即函数图像经过已知的数据点. 拟合是寻求一个函数，使函数在某些已知点的值尽量接近已知的数值. 两种方法适用范围不同，插值是假定已知的数据是精确的，所以要求函数经过数据点，而拟合是假定已知的数据存在误差，所以只需接近数据点即可.

插值和拟合的数据可以是一维的，也可以是多维的. 本节介绍的方法都是针对一维问题，多维数据的插值与拟合问题可参考一维的方法进行.

5.1.1　多项式插值

设在区间 $[a, b]$ 内有 $n+1$ 个节点，$a = x_0 < x_1 < \cdots < x_n = b$，每个节点对应的函数值 $y_i\ (i = 0, 1, \cdots, n)$ 已知，求一个 n 次多项式

$$f(x) = a_n x^n + a_{n-1} x^{n-1} + \cdots + a_1 x + a_0 \tag{5.1}$$

满足

$$f(x_i) = a_n x_i^n + a_{n-1} x_i^{n-1} + \cdots + a_1 x_i + a_0 = y_i,\ i = 0,1,\cdots,n \tag{5.2}$$

则称 $f(x)$ 为关于 (x_i, y_i) 的 n 次多项式插值，称 x_i 为插值节点，$f(x)$ 为插值函数. 式(5.2)是关于 $a_0, a_1, \cdots, a_n$ 的 $n+1$ 元线性方程组，有 $n+1$ 个方程，使用矩阵形式表示为

$$Xa = y \tag{5.3}$$

其中

$$\boldsymbol{X} = \begin{bmatrix} x_0^n & x_0^{n-1} & \cdots & 1 \\ x_1^n & x_1^{n-1} & \cdots & 1 \\ \vdots & \vdots & & \vdots \\ x_n^n & x_n^{n-1} & \cdots & 1 \end{bmatrix}, \quad \boldsymbol{a} = \begin{bmatrix} a_n \\ a_{n-1} \\ \vdots \\ a_0 \end{bmatrix}, \quad \boldsymbol{y} = \begin{bmatrix} y_0 \\ y_1 \\ \vdots \\ y_n \end{bmatrix}$$

$|\boldsymbol{X}|$ 是范德蒙(Vandermonde)行列式，$|\boldsymbol{X}| = \prod\limits_{0 \leqslant j < i \leqslant n} (x_i - x_j) \neq 0$，方程存在唯一解，即

$$\boldsymbol{a} = \boldsymbol{X}^{-1} \boldsymbol{y} \tag{5.4}$$

由此可确定插值函数 $f(x)$. 当 $n=1$ 时，插值函数为线性函数，称为线性插值.

例 5.1 使用多项式对下面的数据进行插值.

x	1	3	6	9	13
y	2	5	3	7	4

由于总共有 5 个点，所以使用 4 次多项式进行插值. 程序如下：

程序 5.1 PolynomialInterpolation.m

```matlab
x=[1 3 6 9 13]';
y=[2 5 3 7 4]';          %插值数据
n=length(x)-1;           %多项式次数
f=@(x) repmat(x, 1, n+1).^repmat(n:-1:0, n+1, 1);    %插值基函数[x^n, x^(n-1), ..., 1]
A=f(x);                  %生成系数矩阵
c=A\y;                   %求解线性方程组
xx=1:0.1:13;
yy=polyval(c, xx);       %以向量 c 作为多项式系数，求多项式在 xx 处的值
plot(x, y, 'o', xx, yy);
c'
```

运行结果如下，图形结果如图 5.1 所示.

```
ans =
    -0.0132    0.3475    -2.9412    9.2775    -4.6705
```

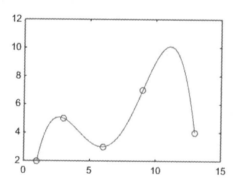

图 5.1 多项式插值

5.1.2 分段多项式插值

当数据点较多时，整体的多项式插值结果是一个高次多项式，容易出现"龙格现象"，导致插值函数在插值节点之间发生剧烈的波动，造成较大的误差. 为避免出现"龙格现象"，可使用次数较低的多项式，对数据点分段进行插值，在相邻两段之间满足一定的连续性、光滑性条件，这种方法称为分段多项式插值，常用的方法有分段线性插值、样条函数插值.

1. 分段线性插值

设在区间 $[a, b]$ 内有 $n + 1$ 个节点，$a = x_0 < x_1 < \cdots < x_n = b$，每个节点对应的函数值 $y_i\ (i = 0, 1, \cdots, n)$ 已知，若函数 $y = f(x)$ 满足

(1) $f(x_i) = y_i (i = 0, 1, \cdots, n)$；

(2) 在每一个小区间 $[x_{i-1}, x_i]\ (i = 1, 2, \cdots, n)$ 上，$f(x)$ 是线性函数.

则称 $f(x)$ 是关于 (x_i, y_i) 的分段线性插值. 分段线性插值函数在每个小区间上的表达式为

$$f(x) = \frac{x - x_i}{x_{i-1} - x_i} y_{i-1} + \frac{x - x_{i-1}}{x_i - x_{i-1}} y_i \tag{5.5}$$

其中，$x \in [x_{i-1}, x_i], i = 1, 2, \cdots, n$.

下面函数用于实现分段线性插值：

程序 5.2 linepiece.m

```
function yy = linepiece(x, y, xx)
%分段线性插值函数
% x,y        插值数据
%xx          插值函数自变量
% yy          插值函数因变量
yy=zeros(size(xx));
for i=1:length(x)-1
    yy = yy + (xx>=x(i) & xx<x(i+1)) .* ((xx-x(i+1)) ./ (x(i)-x(i+1))*y(i) + (xx-x(i))./(x(i+1)-x(i)) * y(i+1));
end
yy = yy+ (xx==x(end)).*((xx-x(end)) ./ (x(end-1)-x(end))*y(end-1) + (xx-x(end-1)) ./ (x(end) - x(end-1)) * y(end));
```

例 5.2 对例 5.1 中的数据进行分段线性插值.

只需要调用 linepiece 函数即可完成分段线性插值. 程序如下：

程序 5.3 PiecewiseLinearInterpolation.m

```
x=[1 3 6 9 13]';
y=[2 5 3 7 4]';
xx=1:0.1:13;
```

```
yy=linepiece(x, y, xx);    %调用分段线性插值函数
plot(x, y, 'o', xx, yy);
```

程序运行结果如图 5.2 所示.

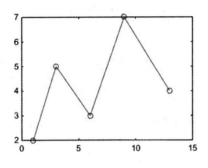

图 5.2　分段线性插值

2. 样条函数插值

样条函数是指分段的、具有一定整体光滑性的一类函数. 一般情况下是指多项式样条函数, 即每一段函数都是一个多项式, 相邻两段连接处要求连续且光滑.

设 $[a, b]$ 有限闭区间, Δ_n 是 $[a, b]$ 上的一个分割, 即

$$\Delta_n := \{a = x_0 < x_1 < \cdots < x_{n-1} < x_n = b\} \tag{5.6}$$

一元 m 次 r 阶多项式样条函数空间 $S_m^r(\Delta_n)$ 可定义为

$$S_m^r(\Delta_n) = \{s : s(x) = s_i(x) \in P_m, x \in [x_{i-1}, x_i), i = 1, 2, \cdots, n; s(x) \in C^r[a, b], r < m\} \tag{5.7}$$

其中 P_m 是一元 m 次多项式函数空间, $C^r[a, b]$ 是区间 $[a, b]$ 上的 r 阶光滑函数集. 也就是说, 若函数 $s(x) \in S_m^r(\Delta_n)$, 则 $s(x)$ 可分成 n 段, 在每一个小区间 $[x_{i-1}, x_i]$ 上, $s(x) - s_i(x)$ 是一元 m 次多项式, 且满足

$$s_i^{(j)}(x_i) = s_{i+1}^{(j)}(x_i), \ i = 1, 2, \cdots, n-1, \ j = 0, 1, \cdots, r \tag{5.8}$$

其中, $s_i^{(j)}(x)$ 表示函数 $s_i(x)$ 的 j 阶导数(0 阶导数即为函数本身).

下面以 $S_3^2(\Delta_n)$ 为例介绍样条函数插值法.

设在区间 $[a, b]$ 内有 $n + 1$ 个节点, $a = x_0 < x_1 < \cdots < x_n = b$, 每个节点对应的函数值 $y_i (i = 0, 1, \cdots, n)$ 已知, 记 $\Delta_n := \{x_0 < x_1 < \cdots < x_{n-1} < x_n\}$, 求 $f(x) \in S_3^2(\Delta_n)$, 满足

$$f(x_i) = y_i, \ i = 0, 1, \cdots, n \tag{5.9}$$

$f(x)$ 有 n 个 3 次多项式, 一共有 $4n$ 个待定系数, 根据式(5.8)和式(5.9)可建立 $3(n-1) + n + 1 = 4n - 2$ 个线性方程, 还需要根据其他条件才能完全确定插值函数, 通常使用边界条件来确定. 常用的边界条件有

$$f'(x_0) = 0, f'(x_n) = 0 \tag{5.10}$$

　　加上边界条件就可以建立一个 4n 阶的线性方程组，求解方程组即可得到满足插值条件的插值函数.

　　如果事先能够求出 $S_3^2(\varDelta_n)$ 的基函数，那么就可以简化求解过程. 幸运的是 de Boor C. 和 Cox M. G.分别独立地给出了样条函数空间基函数的递推公式，即著名的 de Boor-Cox 递推公式.

　　设 $[a,b]$ 是有限闭区间，$\varDelta_n$ 是 $[a,b]$ 上的一个分割，$\varDelta_n := \{a = x_0 < x_1 < \cdots < x_{n-1} < x_n = b\}$，$m$ 为给定的正整数，对 $\varDelta_n$ 进行扩展，即

$$\overline{\varDelta}_n := \{x_{-\left\lfloor \frac{m-1}{2} \right\rfloor}, \cdots, x_0, x_1, x_2, \cdots, x_n, \cdots, x_{n+\left\lceil \frac{m-1}{2} \right\rceil}\} \tag{5.11}$$

定义函数序列如下：

$$\begin{cases} B_{i,0}(x) = \begin{cases} 1, & x \in [x_{i-1}, x_i) \\ 0, & \text{其他} \end{cases} \\ B_{i,p}(x) = \dfrac{x - x_{i-1}}{x_{i+p-1} - x_{i-1}} B_{i,p-1}(x) + \dfrac{x_{i+p} - x}{x_{i+p} - x_i} B_{i+1,p-1}(x) \end{cases} \tag{5.12}$$

其中，$i = -\left\lfloor \dfrac{m-1}{2} \right\rfloor, \cdots, 0, 1, 2, \cdots, n, \cdots, n + \left\lceil \dfrac{m-1}{2} \right\rceil$，$p = 1, 2, \cdots, m$，则函数集

$$B_m = \left\{ B_{i,m}(x), i = -\left\lfloor \dfrac{m-1}{2} \right\rfloor, \cdots, 0, 1, 2, \cdots, n, \cdots, n + \left\lceil \dfrac{m-1}{2} \right\rceil \right\} \tag{5.13}$$

是样条函数空间 $S_m^{m-1}(\varDelta_n)$ 的一组基. 公式 (5.12) 称为 de Boor-Cox 递推公式. 利用 de Boor-Cox 递推公式计算出来的基函数称为 B 样条基函数. 需要注意的是，虽然在定义函数序列 B_m 时需要对区间进行扩展，但最终基函数的定义域仍取 $[a,b]$. 例如，对于给定区间 $[0,1]$ 上的剖分 $\varDelta_n = \{0, 0.25, 0.5, 0.75, 1\}$ 的 B 样条基函数图形如图 5.3 所示.

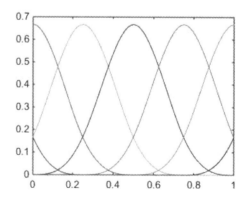

图 5.3　B 样条基函数图形

使用 $S_m^{m-1}(\Delta_n)$ 进行插值可以表述为求 $f(x) \in S_m^{m-1}(\Delta_n)$，即

$$f(x) = \sum_{i=-\left\lceil\frac{m-1}{2}\right\rceil}^{n+\left\lceil\frac{m-1}{2}\right\rceil} a_i B_{i,m}(x) \tag{5.14}$$

满足

$$f(x_j) = y_j, \quad j = 0,1,\cdots,n \tag{5.15}$$

易知 $S_m^{m-1}(\Delta_n)$ 的维数是 $m+n$，利用式(5.15)可得到 $n+1$ 个线性方程，如果要唯一确定所有系数，还需要另外增加 $m-1$ 个约束条件，一般是增加边界条件来约束.

例 5.3　对例 5.1 中的数据使用 3 次 B 样条函数进行插值.

首先定义 B 样条基函数：

程序 5.4　BSpline.m

```matlab
function y=BSpline(X, i, m, x)
% B 样条基函数
% X          分点
% i          基函数序号
% m          次数
% x          求值点
% y          与 x 对应的插值函数值
X0=X; i0=i;
h=X(2)-X(1);
n=length(X)-1;
q=0;
  if(i<1)
      X=[((i-1):1:-1)*h+X(1), X];          %在左边扩展点
      q=1-i;
  elseif(i+m>n)
      X=[X, X(end)+(1:(i+m)-n)*h];          %在右边扩展点
end
if(m==0)
      y = x>=X(i+q) & x <X(i+q+1);
else
      y=(x-X(i+q)) ./ (X(i+m+q) - X(i+q)) .* BSpline(X0, i0, m-1, x) + (X(i+q+m+1) - x) ./ (X(i+m+1+q) - X(i+1+q)) .* BSpline(X0, i0+1, m-1, x);
end
```

然后再进行插值：

程序 5.5　　ExampleSpline.m

```
x=[1, 3, 6, 9, 13];
y=[2, 5, 3, 7, 4];
n=length(x)-1;                    %分段函数段数
m=3;                              %使用 3 次样条插值
A=[];                             %构造系数矩阵
for i=-floor((m-1)/2)-1 : n+ceil((m-1)/2)-1
    A=[A; BSpline(x, i, m, x)];
end
plot(x, y, 'o'); hold on;
a=linsolve(A', y');               %求解方程
xx=x(1):0.1:x(end);
yy=zeros(size(xx));
for i=-floor((m-1)/2)-1:n+ceil((m-1)/2)-1
    yy=yy+a(i+1-(-floor((m-1)/2) -1))*BSpline(x, i, m, xx);
end
plot(xx, yy);
hold off;
a'
```

拟合结果如下，图形结果如图 5.4 所示.

ans = 0 　　1.4136 　　7.1678 　　0.2863 　　9.7759 　　5.5280 　　0

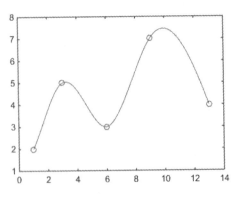

图 5.4　B 样条插值

需要说明的是，由于没有使用边界条件，因此得到的曲线并不唯一。另外，还可以使用 MATLAB 提供的 spline 或者 interp1 函数来实现样条函数插值。

5.1.3　曲线拟合

已知数据对 (x_i, y_i)，$i = 0, 1, \cdots, n$，求函数 $f(x)$，使 $f(x_i)$ 与 y_i 的误差尽可能小，这就是

拟合问题. "误差尽可能小" 通常使用最小二乘来表示, 即

$$\min \ z = \sum_{i=1}^{n} (f(x_i) - y_i)^2 \tag{5.16}$$

称 $f(x)$ 是关于 (x_i, y_i) 的最小二乘拟合.

　　由于能满足条件的函数有无穷多种, 故从所有类型的函数里寻找误差最小的函数非常困难, 所以一般是事先确定函数类型, 然后在规定的函数类型中寻找误差最小的函数.

　　设 Ω 是一个函数空间, 函数系 $\varphi_1(x), \varphi_2(x), \cdots, \varphi_m(x)$ 满足

　　(1)　$\varphi_1(x), \varphi_2(x), \cdots, \varphi_m(x)$ 线性无关;

　　(2)　Ω 中的任意函数 $f(x)$ 都可表示为 $\varphi_1(x), \varphi_2(x), \cdots, \varphi_m(x)$ 的线性组合.

则称 $\varphi_1(x), \varphi_2(x), \cdots, \varphi_m(x)$ 是 Ω 的一组基函数.

　　最小二乘曲线拟合问题可表述为: 对给定的数据 (x_i, y_i), $i = 0, 1, \cdots, n$, 设定一组基函数 $\varphi_1(x), \varphi_2(x), \cdots, \varphi_m(x)$, $m < n$, 求函数 $f(x) = \sum_{j=1}^{m} a_j \varphi_j(x) = a_1 \varphi_1(x) + a_2 \varphi_2(x) + \cdots + a_m \varphi_m(x)$, 满足

$$\min \ z(a_1, a_2, \cdots, a_m) = \sum_{i=1}^{n} (f(\boldsymbol{x}_i) - y_i)^2 \tag{5.17}$$

这是一个多元函数极值问题. 令

$$\frac{\partial z}{\partial a_j} = 0, \ j = 1, 2, \cdots, m \tag{5.18}$$

得

$$\sum_{i=1}^{n} \left(\varphi_j(x_i) \left(\sum_{k=1}^{m} a_k \varphi_k(x_i) - y_i \right) \right) = 0, \ j = 1, 2, \cdots, m \tag{5.19}$$

这是关于 $a_1, a_2, \cdots, a_m$ 的线性方程组, 用矩阵形式表示为

$$\boldsymbol{\Gamma}^{\mathrm{T}} \boldsymbol{\Gamma} \boldsymbol{a} = \boldsymbol{\Gamma}^{\mathrm{T}} \boldsymbol{y} \tag{5.20}$$

其中,

$$\boldsymbol{\Gamma} = \begin{bmatrix} \phi_1(x_1) & \phi_2(x_1) & \cdots & \phi_m(x_1) \\ \phi_1(x_2) & \phi_2(x_2) & \cdots & \phi_m(x_2) \\ \vdots & \vdots & & \vdots \\ \phi_1(x_n) & \phi_2(x_n) & \cdots & \phi_m(x_n) \end{bmatrix}, \quad \boldsymbol{a} = \begin{bmatrix} a_1 \\ a_2 \\ \vdots \\ a_n \end{bmatrix}, \quad \boldsymbol{y} = \begin{bmatrix} y_1 \\ y_2 \\ \vdots \\ y_n \end{bmatrix} \tag{5.21}$$

得

$$\boldsymbol{a} = (\boldsymbol{\Gamma}^{\mathrm{T}} \boldsymbol{\Gamma})^{-1} \boldsymbol{\Gamma}^{\mathrm{T}} \boldsymbol{y} \tag{5.22}$$

在插值之前，先要选择合适的基函数，那么如何选择呢？如果知道待拟合的数据符合某些已知的规律，只是其中的某些参数未知，那么可以根据这些规律构造基函数. 如果问题本身的规律不知道，则可以通过绘制数据图像，并根据图像的形状和变化趋势来构造基函数. 例如，如果数据点在某一条直线附近，则可以选择线性基函数 $\{1, x\}$，此时拟合称为线性拟合；如果图像类似于抛物线，则可以选取基函数 $\{1, x, x^2\}$，拟合结果为 2 次多项式；以此类推，可以进行 m 次多项式拟合. 如果图像呈现周期性变化趋势，则可以选择 $\{\sin(\omega_0 t), \sin(\omega_1 t), \cdots, \sin(\omega_m t)\}$ 为拟合基函数，拟合结果为不同频率、振幅的正弦波的叠加，还可以选择指数函数、对数函数、双曲函数等函数作为基函数.

例 5.4　使用多项式对下面的数据进行拟合.

x	0.000	0.100	0.200	0.300	0.400	0.500	0.600	0.700	0.800	0.900	1.000
y	0.447	1.978	3.280	6.160	7.080	7.340	7.660	9.560	9.480	9.300	11.20

经过观察，发现数据变化趋势符合抛物线，故采用二次拟合。程序如下：

程序 5.6　FitExample.m

```
x=(0:0.1:1)';
y=[0.447, 1.978, 3.28, 6.16, 7.08, 7.34, 7.66, 9.56, 9.48, 9.30, 11.2]';
f=@(x) [x.^2, x, ones(size(x)) ];    %拟合基函数 x^2, x, 1
A=f(x);       %系数矩阵
a=A\y       %求解线性方程组 Aa = y, 也可以使用 a=(A'*A)^(-1)*(A'*y)
yy=polyval(a, x);
plot(x, y, '+', x, yy);
```

运行结果如图 5.5 所示.

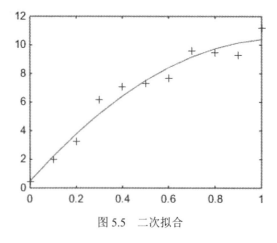

图 5.5　二次拟合

还可以使用 MATLAB 提供的 polyfit 函数进行多项式拟合。更一般的非线性拟合可以使用 lsqcurvefit、lsqnonlin 函数以及应用程序 Curve Fitting 来进行。

5.2　非线性方程求根

在解决科学、工程问题中，常常会遇到求解线性方程或非线性方程的问题. 对于线性方程和部分非线性方程，人们已经能够求出解析解，但仍然有很多非线性方程无法求出解析解，这时就需要使用数值解法来求解. 数值解法有多种，每种都有一定的使用条件、求解精度和计算量，要根据实际问题选择合适的方法. 非线性方程的根可以是实数，也可以是复数，本节介绍的数值解法只限于求方程的实数根.

5.2.1　有限穷举法

穷举法的基本思想是对所有可能的情况一一进行考察，从而找出问题的解. 但是由于区间内的点是无穷多的，不可能考虑到所有情况，因此必须对区间进行离散化. 设

$$a = x_0 < x_1 < x_2 < \cdots < x_n = b$$

则称$(x_0, x_1, x_2, \cdots, x_n)$为区间$[a, b]$的一个分割，$x_i (i = 0, 1, \cdots, n)$为分点. 若任意两个相邻分点的距离都相等，即

$$x_{i+1} - x_i = x_i - x_{i-1}, \ i = 1, 2, \cdots, n-1$$

则称$(x_0, x_1, x_2, \cdots, x_n)$为均匀剖分，此时有

$$x_{i+1} = x_i + h, \ i = 1, 2, \cdots, n-1$$

有限穷举法是先对求解区间$[a, b]$进行剖分，得到$(x_0, x_1, x_2, \cdots, x_n)$，对于预先设定的精度$\varepsilon > 0$和判别参数$\delta > 0$，依次计算$y_i = |f(x_i)|$，$i = 0, 1, \cdots, n$.

如果以$y_i = 0$为条件判断x_i是否是方程的根，则由于计算精度问题而无法求出根. 如果仅以$|y_i| < \varepsilon$就判定x_i是方程的根，则在根的附近会出现很多满足条件的"伪根"，所以需要增加一些判断条件.

(1) 若$y_0 = y_1 = \cdots = y_n < \varepsilon$，则所有$x_i$都是方程的根. 否则根据(2)、(3)、(4)进行判断；

(2) 若$y_0 < \varepsilon$，且$y_0 < y_1$，则x_0是方程的根；

(3) 当$0 < i < n$时，若$y_i < \varepsilon$，且$y_i < y_{i-1}$，$y_i < y_{i+1}$，则x_i是方程的根；若$y_i = y_{i+1} = \cdots = y_{i+k} < \varepsilon$，且$y_i < y_{i-1}$或$y_i < y_{i+k+1}$，$x_{i+k} - x_i \geqslant \delta$，则$x_i, x_{i+1}, \cdots, x_{i+k}$都是方程的根；若$x_{i+k} - x_i < \delta$，则选择$x_i, x_{i+1}, \cdots, x_{i+k}$中的任一个作为方程的根；

(4) 若$y_n < \varepsilon$，且$y_n < y_{n-1}$，则x_n是方程的根.

有限穷举法的优点是程序简单，对函数的要求不高(连续即可)，步长较小时可求出指定范围内的所有根. 缺点是计算量较大，精度较低. 因此可以在有限穷举法的基础上进行改进，得到更高效的算法.

程序如下：

程序 5.7　RootExhaustive.m

```
function root=RootExhaustive(f, a, b, step, delta, e)
```

```
%有限穷举法求方程 f(x) = 0 的根
% f           目标函数(句柄)
% [a,b]       搜索区间
% step        步长，剖分子区间长度
% delta       判别参数
% e           求解精度
% root        根
if(nargin<4), step=1E-2; end        %默认步长
if(nargin<5), delta=1E-2; end       %默认判别参数
if(nargin<6), e=1E-2; end           %默认精度
x = a:step:b;                       %对区间进行剖分
y = abs(f(x));                      %计算|f(x)|
n=length(x);
if(all(y<e)&&all(y(1)==y))
    %如果所有的 y 都小于 e，且 y0=y1=...=yn，则所有的 x 都是根
    root=x;
else
    root=[];
    %判断第 1 个 x 是否是根
    if(y(1)<e && y(1)<y(2))
        root=x(1);
    end
    %判断中间的 n-1 个点是否是根
    b=[];
    for i=2:n-1
        if(y(i)<e)
            if(y(i)<y(i-1))
                b=i;
            elseif(y(i)==y(i-1))
                b=[b i];
            end
        end
        if(~isempty(b)&&(y(i-1)<y(i)||i==n-1))
            if(length(b)==1)
                root=[root x(b)];
            elseif(length(b)>1)
                if(x(b(end))-x(b(1))<delta)
                    root=[root x(b(1))];
                else
```

```
                        root=[root x(b)];
                    end
                end
                b=[];
            end
        end
    %判断最后一个点是否是根
    if(y(end)<e && y(end)<y(end-1))
        root=x(end);
    end
end
end
```

例 5.5　使用穷举法求方程 $x\sin(x)=0$ 在区间 $[-10，10]$ 内的实根.

```
f=@(x) x.*sin(x);
RootExhaustive(f, -10, 10, 1E-4, 1E-4, 1E-2)
```

运行结果如下：

```
ans =
  -9.4248   -6.2832   -3.1416        0    3.1416    6.2832    9.4248
```

当区间剖分的步长较大时，有限穷举法可能会漏掉一些根. 可以对有限穷举法进行改进,若发现相邻两个函数值 $f(x_i)$ 和 $f(x_{i+1})$ 异号,则对区间 $[x_i, x_{i+1}]$ 进行细分. 细分方法有多种,二分法就是一种比较好的方法.

程序 5.8　RootExhaustive2.m

```
function root=RootExhaustive2(f, a, b, step, delta, e)
%改进的有限穷举法求方程 f(x)=0 的根
% f        目标函数(句柄)
% [a,b]    搜索区间
% step     步长，剖分子区间长度
% delta    判别参数
% e        求解精度
% root     根
if(nargin<4), step=1E-2; end        %默认步长
if(nargin<5), delta=1E-2; end       %默认判别参数
if(nargin<6), e=1E-5; end           %默认精度
x = a:step:b;                       %对区间进行剖分
y = abs(f(x));                      %计算|f(x)|
n=length(x);
if(all(y<e)&&all(y(1)==y))
    %如果所有的 y 都小于 e 且 y0 = y1 =...= yn，则所有的 x 都是根
```

```
        root=x;
    else
        root=[ ];
        %判断第 1 个 x 是否是根
        if(y(1)<e && y(1)<y(2))
            root=x(1);
        end
        %判断中间的 n-1 个点是否是根
        b=[];
        for i=2:n-1
            if(y(i)<e)
                if(y(i)<y(i-1))
                    b=i;
                elseif(y(i)==y(i-1))
                    b=[b i];
                end
            end
            if(~isempty(b)&&(y(i-1)<y(i)||i==n-1))
                if(length(b)==1)
                    root=[root x(b)];
                elseif(length(b)>1)
                    if(x(b(end))-x(b(1))<delta)
                        root=[root x(b(1))];
                    else
                        root=[root x(b)];
                    end
                end
                b=[];
            end
            if(y(i)>e&&y(i-1)>e&&f(x(i))*f(x(i-1))<0)      %如果相邻两个函数值异号
                x0=RootBisection(f,x(i-1),x(i),e);          %调用二分法求解
                root=[root x0];
            end
        end
        %判断最后一个点是否是根
        if(y(end)<e && y(end)<y(end-1))
            root=x(end);
        end
    end
end
```

例 5.6　使用改进的穷举法求方程 $x\sin(x)=0$ 在区间[-10，10]内的实根.

```
f=@(x) x.*sin(x);
x1=RootExhaustive(f, -10, 10, 1E-2, 1E-4, 1E-5)     %使用穷举法求解
x2=RootExhaustive2(f, -10, 10, 1E-2, 1E-4, 1E-5)     %使用改进的穷举法求解
```

运行结果如下：

x1 =

　　　0

x2 =

　　-9.4248　　-6.2832　　-3.1416　　0　　3.1416　　6.2832　　9.4248

以上例子说明，当使用较大步长、较高精度时，穷举法漏掉了一部分根，而改进的穷举法求出了指定范围内的所有根. 然而，如果是重根（$f(x^*)=0$，且 $f'(x^*)=0$），函数值在根的两侧同号，这种方法仍然可能会漏掉一部分根.

5.2.2　二分法

设函数 $f(x)$ 在 $[a, b]$ 上连续，且 $f(a)\cdot f(b)<0$，则 $f(x)$ 在 $[a, b]$ 内一定有实根. 如果 $f(x)$ 在 $[a, b]$ 内只有唯一的单实根，则可以使用下面的方法求解.

取 $x_0=(a+b)/2$，则 x_0 将区间 $[a, b]$ 分为前后两个小区间，如果 $f(a)\cdot f(x_0)\leqslant 0$，则根在区间 $[a, x_0]$ 上，令 $a_1=a$，$b_1=x_0$；否则根在 $[x_0, b]$ 上，令 $a_1=x_0$，$b_1=b$. 在新的区间 $[a_1, b_1]$ 上用同样的方法搜索. 由于新的区间每次减半，并且保证方程的根总是在新的区间里面，所以当区间宽度小于预先给定的精度 ε 时，区间内的任意一点都是满足精度要求的近似解.

程序代码如下：

程序 5.9　RootBisection.m

```
function x=RootBisection(f, a, b, e)
%二分法求方程 f(x)=0 的根
% f          目标函数(句柄)
% [a,b]      搜索区间
% e          求解精度
% x          根
if(nargin<4), e=1E-5; end                %默认精度
fplot(f, [a, b]); hold on;               %作图，仅用于算法演示，实际使用时可删除
f1=f(a); f2=f(b);
k=1;
while(f1*f2<0 && b-a>e)
    f1=f(a); f2=f(b);
    x=(a+b)/2;                           %区间中点
    plot(x, f(x), '*'); text(x, f(x), ['$x_', num2str(k), '$'], 'Interpreter', 'latex');   %在图形中显示解的位置
    f3=f(x);
```

```
        if(f1*f3<=0)              %如果根在前半区间
            b=x;                  %设置新的搜索区间在前半区
        else
            a=x;                  %设置新的搜索区间在后半区
        end
        k = k+1;
    end
x=(a+b)/2;                        %用最后的区间中点作为最终的解
hold off;
end
```

二分法的递归实现如下：

程序 5.10　RootBisectionRecursive.m

```
function x= RootBisectionRecursive(f, a, b, e)
%递归二分法求方程 f(x)=0 的根
% f          待求根的函数;
% [a b]      求解区间
% e          精度
% x          根
 if(nargin<=3), e=1e-5; end        %默认精度
f1=f(a); f2=f(b);
if(f1*f2>0)                        %如果不满足条件
    x=nan;
else
    x=(a+b)/2;
    if(b-a>e)                      %如果未满足精度要求
        if(f1*f(x)<=0)             %如果根在前半区
            x = RootBisectionRecursive(f, a, x, e);
        else
            x = RootBisectionRecursive(f, x, b, e);
        end
    end
end
end
```

例 5.7　使用二分法求方程 $x^3-x-1=0$ 在区间$[1, 1.5]$内的实根.

```
f=@(x) x.^3-x-1;
RootBisection(f, 1, 1.5, 0.01)    %或 RootBisectionRecursive(f, 1, 1.5, 0.01)
```

运行结果：

```
ans =
    1.3242
```

求解过程如图 5.6 所示，$x_1, x_2, \cdots, x_6$ 分别是求解过程中的逐步逼近解的近似解.

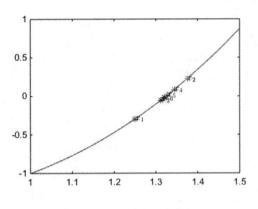

图 5.6　二分法求方程的根

5.2.3　不动点迭代法

不动点迭代法求方程 $f(x) = 0$ 的根是将方程等价地改写成 $x = g(x)$ 的形式，然后构造序列

$$x_{k+1} = g(x_k)$$

(5.23)

如果序列 $\{x_k\}$ 收敛于 x^*，则 x^* 是方程 $x = g(x)$ 的解，从而也是 $f(x) = 0$ 的解. 对于预先给定的精度 ε，必然存在正整数 **N**，对任意的 $n > \mathbf{N}$ 时，有

$$\left| x_n - x^* \right| < \varepsilon$$

也就是说，如果只是求近似解，对任意的 $x_n (n > \mathbf{N})$ 都是满足精度的解.

那么，选择什么样的函数 $g(x)$ 可以使 $\{x_k\}$ 收敛？下面的定理回答了这个问题.

压缩映像原理　设 $g(x)$ 在 $[a, b]$ 上具有连续的一阶导数，且满足下列两项条件：

(1) 封闭性条件　对任意的 $x \in [a, b]$ 总有 $g(x) \in [a, b]$;

(2) 压缩性条件　存在常数 $L \in [0, 1)$，使得对任意的 $x \in [a, b]$ 都满足

$$\left| g'(x) \right| \leqslant L$$

则迭代过程 $x_{k+1} = g(x_k)$ 对任意给定的初值 $x_0 \in [a, b]$ 均收敛于方程 $x = g(x)$ 的解.

程序代码如下：

程序 5.11　RootIteration.m

```
function x=RootIteration(g, x0, e)
%使用不动点迭代法求 x=g(x)的根
%g          迭代函数
%x0         迭代初值
%e          精度
% x         根
if(nargin<3), e=1e-5; end              %设定默认精度
```

```
x=g(x0);
hold on
plot([x0 x], [x x g(x)],'--r');              %作图，仅用于演示
while(abs(x-x0)>=e)
    x0=x;
    x=g(x0);                                 %迭代
    plot([x0 x], [x x g(x)], '--r');         %作图，仅用于演示
end
hold off
end
```

为了演示不动点迭代的几何意义，程序中加入了一些作图代码，实际使用时可以删除.

例 5.8　使用不动点迭代法求方程 $x - e^{-x} = 0$ 的根.

程序 5.12　ExampleRoot.m

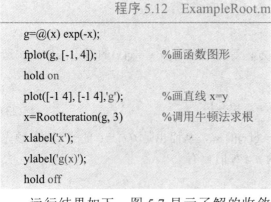

```
g=@(x) exp(-x);
fplot(g, [-1, 4]);          %画函数图形
hold on
plot([-1 4], [-1 4],'g');   %画直线 x=y
x=RootIteration(g, 3)       %调用牛顿法求根
xlabel('x');
ylabel('g(x)');
hold off
```

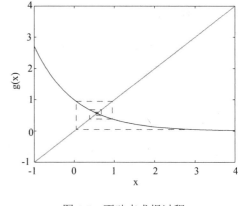

图 5.7　不动点求根过程

运行结果如下，图 5.7 显示了解的收敛过程.

x = 0.5671

5.2.4　牛顿法

在使用迭代法求解方程 $f(x) = 0$ 时，若令 $g(x) = x - \dfrac{f(x)}{f'(x)}$，则有如下迭代公式，即

$$x_{k+1} = x_k - \frac{f(x_k)}{f'(x_k)} \tag{5.24}$$

这就是著名的牛顿迭代公式. 可以证明牛顿迭代公式在 $f(x) = 0$ 的根 x^* 附近具有平方收敛性.

牛顿法是一种用切线近似曲线的求解方法，它的几何意义是过点 $(x_k, f(x_k))$ 作函数的切线，与 x 轴相交，交点的横坐标为 $x_k - \dfrac{f(x_k)}{f'(x_k)}$，将此作为新的近似解即可得到 Newton 迭代公式.

牛顿法要求函数可导，且在解的附近导数不为 0. 程序代码如下：

程序 5.13　RootNewton.m

```
function x=RootNewton(f, x0, e)
% 使用牛顿法求 f(x)=0 的根
%f    函数句柄
% x0  迭代初值
% e    精度
% x   根
if(nargin<3), e=1e-5; end          %设定默认精度
syms t;                            %定义符号变量
df=@(x) subs(diff(f(t)), t, x);    %求导
g=@(x) x-f(x)/double(df(x));       %牛顿公式
hold on
x=g(x0);
plot([x0 x0 x], [0 f(x0) 0], '--r');   %作图，仅用于演示
while(abs(x-x0)>=e)                %如果相邻两次结果差别小于精度要求，则结束
    x0=x;                          %保存上一次结果
    x=g(x0);                       %迭代
    plot([x0 x0 x], [0 f(x0) 0], '--r');   %作图，仅用于演示
end
hold off
```

上面的程序中，为了演示牛顿迭代法的几何意思，加入了一些作图的代码，在实际应用中可以删除.

牛顿法是一种特殊的不动点迭代法，可以在求出迭代函数 $g(x)$ 后直接调用不动点迭代法来求解. 修改之后代码如下：

程序 5.14　RootNewton2.m

```
function x=RootNewton2(f, x0, e)
% 使用牛顿迭代法求 f(x)=0 的根，调用不动点迭代法
%f    函数句柄
% x0  迭代初值
% e    精度
% x   根
if(nargin<3)
e=1e-5;
end     %设定默认精度
syms t;                                    %定义符号变量
g=@(x) x - f(x)/double(subs(diff(f(t)), t, x));    %牛顿迭代公式
x=RootIteration(g,x0,e);                   %调用不动点迭代法求解
```

例 5.9   使用牛顿法求方程 $f(x) = x^2 - 4\sin(x)$ 的根.

首先定义函数 $f(x) = x^2 - 4\sin(x)$，然后直接调用 RootNewton 函数即可. 程序如下:

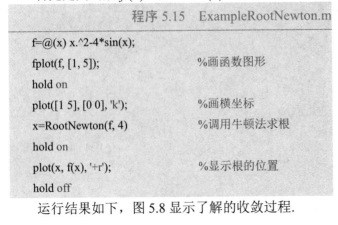

程序 5.15   ExampleRootNewton.m

```
f=@(x) x.^2-4*sin(x);
fplot(f, [1, 5]);                  %画函数图形
hold on
plot([1 5], [0 0], 'k');           %画横坐标
x=RootNewton(f, 4)                 %调用牛顿法求根
hold on
plot(x, f(x), '+r');               %显示根的位置
hold off
```

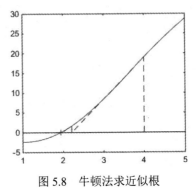

图 5.8   牛顿法求近似根

运行结果如下，图 5.8 显示了解的收敛过程.

x =

   1.9338

5.2.5   双点弦截法

设方程 $f(x) = 0$ 在区间 $[a, b]$ 内有根，且存在 $a \leqslant x_0 < x_1 \leqslant b$，使 $f(x_0)f(x_1) < 0$，则有如下迭代公式，即

$$x_{k+1} = x_k - (x_k - x_{k-1}) \frac{f(x_k)}{f(x_k) - f(x_{k-1})}, k = 1, 2, \cdots \tag{5.25}$$

式(5.25)称为双点弦截法迭代公式.

由于双点弦截法要求每次迭代时两个初值对应的函数值异号，所以每次迭代后对初值进行更新，即

$$x_{k-1} = \begin{cases} x_{k-1}, f(x_{k+1})f(x_{k-1}) < 0 \\ x_{k+1}, f(x_{k+1})f(x_k) < 0 \end{cases}$$
$$x_k = \begin{cases} x_k, f(x_{k+1})f(x_k) < 0 \\ x_{k+1}, f(x_{k+1})f(x_{k-1}) < 0 \end{cases} \tag{5.26}$$

双点弦截法有明确的几何意义，若 x_{k-1}, x_k 是 $f(x) = 0$ 的两个近似根，且 $f(x_{k-1})f(x_k) < 0$，过点 $(x_{k-1}, f(x_{k-1}))$ 和 $(x_k, f(x_k))$ 作一条直线

$$\frac{y - f(x_k)}{f(x_{k-1}) - f(x_k)} = \frac{x - x_k}{x_{k-1} - x_k} \tag{5.27}$$

该直线与 x 轴的交点的横坐标为

$$x = x_k - (x_k - x_{k-1}) \frac{f(x_k)}{f(x_k) - f(x_{k-1})} \tag{5.28}$$

将 x 作为新的近似根 x_{k-1} 即可得到式(5.25).

双点弦截法是牛顿法的一种变形，以差商 $\dfrac{f(x_k)-f(x_{k-1})}{x_k-x_{k-1}}$ 代替微分 $f'(x_k)$，避免了求

导，但其收敛速度不如牛顿法快，其收敛阶为 1.618.

程序代码如下：

程序 5.16　RootSecant.m

```
function x_3=RootSecant(f, a, b, e)
% 使用弦截法求 f(x)=0 的根
% f        函数句柄
% [a,b]    求解区间
% x0       迭代初值
% e        精度
% x_3      根
if(nargin<4), e=1e-5; end              %设定默认精度
x=[a, b];
fplot(f, x); hold on;                  %作函数图形
plot(x, zeros(size(x)));               %画 x 轴
x_3=NaN;
y=f(x);                                %计算函数值
if(y(1)*y(2)<0)                        %如果满足两个函数值异号条件,则使用双点弦截法求解
    y_3=1;
    while(abs(y_3)>=e)
        x_3=x(2) - (x(2)-x(1)) * y(2)/(y(2) - y(1));    %根据迭代公式计算新的近似根
        y_3=f(x_3);                    %新的近似根对应的函数值
        plot(x, y, ':');               %画弦
        plot([x_3,x_3],[0,y_3],':');   %作垂线
        plot(x_3,y_3,'or');            %显示新的近似根的位置
        if(y(1)*y_3<0)                 %如果 y(1)与新的函数值异号,则用新的根代替 x(2)
            x(2)=x_3;
            y(2)=y_3;
        elseif(y(2)*y_3<0)             %如果 y(2)与新的函数值异号,则用新的根代替 x(1)
            x(1)=x_3;
            y(1)=y_3;
        end
    end
else
```

```
        disp('初始值不满足要求');
    end
    hold off
```

例 5.10　使用双点弦截法求方程 $e^x - 3x^2 = 0$ 的根.

```
f=@(x) exp(x)-3*x.^2;          %待求解方程
x=RootSecant(f, 0, 1)          %使用双点弦截法求解
```

运行结果如下：

x = 0.9100

图 5.9 显示了解的收敛过程.

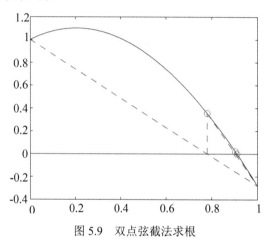

图 5.9　双点弦截法求根

5.3　迭代法求线性方程组数值解

当线性方程组的规模较大时，使用直接法需要的计算量太大，有时无法在有效的时间内求解，此时可采用迭代法求近似解. 迭代法的基本思想是：构造一个可收敛到精确解的迭代公式，从事先设定的初值开始迭代，逐步逼近精确解，当满足精度要求时停止迭代，此时即可得到近似解. 常见的迭代格式有 Jacobi 迭代法、Gauss-Seidel 迭代法和超松弛迭代法. 不同的收敛速度，其计算量不同.

5.3.1　Jacobi 迭代法

设有方程组

$$\begin{cases} a_{11}x_1 + a_{12}x_2 + a_{13}x_3 = b_1 \\ a_{21}x_1 + a_{22}x_2 + a_{23}x_3 = b_2 \\ a_{31}x_1 + a_{32}x_2 + a_{33}x_3 = b_3 \end{cases} \tag{5.29}$$

改写成

$$\begin{cases} x_1 = \dfrac{1}{a_{11}}(b_1 - a_{12}x_2 - a_{13}x_3) \\[2mm] x_2 = \dfrac{1}{a_{22}}(b_2 - a_{21}x_1 - a_{23}x_3) \\[2mm] x_3 = \dfrac{1}{a_{33}}(b_3 - a_{31}x_1 - a_{32}x_2) \end{cases} \tag{5.30}$$

由此构造迭代公式

$$\begin{cases} x_1^{(k+1)} = \dfrac{1}{a_{11}}(b_1 - a_{12}x_2^{(k)} - a_{13}x_3^{(k)}) \\[2mm] x_2^{(k+1)} = \dfrac{1}{a_{22}}(b_2 - a_{21}x_1^{(k)} - a_{23}x_3^{(k)}) \\[2mm] x_3^{(k+1)} = \dfrac{1}{a_{33}}(b_3 - a_{31}x_1^{(k)} - a_{32}x_2^{(k)}) \end{cases} \tag{5.31}$$

公式(5.31)可以推广到 n 元线性方程组，即

$$x_i^{(k+1)} = \frac{1}{a_{ii}}(b_i - \sum_{j=1, j \neq i}^{n} a_{ij}x_j^{(k)}), \ i = 1, 2, \cdots, n \tag{5.32}$$

公式(5.32)称为 **Jacobi 迭代公式**. 若用矩阵来表示，线性方程组 $\boldsymbol{Ax} = \boldsymbol{b}$ 的 Jacobi 迭代公式为

$$\boldsymbol{x}^{(k+1)} = \boldsymbol{B}_J \boldsymbol{x}^{(k)} + \boldsymbol{f}_J \tag{5.33}$$

其中，$\boldsymbol{B}_J$ 称为 Jacobi 迭代矩阵，$\boldsymbol{B}_J = \boldsymbol{D}^{-1}(\boldsymbol{L} + \boldsymbol{U})$，$\boldsymbol{f}_J = \boldsymbol{D}^{-1}\boldsymbol{b}$，

$$\boldsymbol{D} = \begin{pmatrix} a_{11} & 0 & \cdots & 0 \\ 0 & a_{22} & \cdots & 0 \\ \vdots & \vdots & & \vdots \\ 0 & 0 & \cdots & a_{nn} \end{pmatrix}, \quad \boldsymbol{L} = -\begin{pmatrix} 0 & 0 & \cdots & 0 \\ a_{12} & 0 & \cdots & 0 \\ \vdots & \vdots & & \vdots \\ a_{n1} & a_{n2} & \cdots & 0 \end{pmatrix}, \quad \boldsymbol{U} = -\begin{pmatrix} 0 & a_{21} & \cdots & a_{1n} \\ 0 & 0 & \cdots & a_{2n} \\ \vdots & \vdots & & \vdots \\ 0 & 0 & \cdots & 0 \end{pmatrix}.$$

Jacobi 迭代法求线性方程组的解的程序如下：

程序 5.17　LineSolveJacobi.m

```
function x=LineSolveJacobi(A,b,eps)
% 使用雅可比迭代法求线性方程组的解
% A          系数矩阵
% b          方程右边向量
% eps        精度，当相邻两次迭代结果的差小于 eps 时结束
% x          近似解
if(nargin<3)
    eps=1e-5;                        %设置默认精度
```

```
end
[~,n]=size(A);
x=rand(n,1);                        %从随机向量开始迭代
while(1)
    x0=x;
    for i=1:n
        s=A(i,:)*x0 - A(i,i)*x0(i);
        x(i)=(b(i) - s)/A(i,i);     %使用 Jacobi 迭代
    end
    if( max(abs(x-x0))<eps)         %满足终止条件,则退出迭代
        break;
    end
    if(any(abs(x)>1e10))            %检测是否发散
        x=zeros(size(b));
        disp('迭代过程不收敛');
        return;
    end
end
```

5.3.2　Gauss-Seidel 迭代法

在 Jacobi 迭代的过程中，如果在计算 $x_i^{(k+1)}$ 时使用最新的 $x_1^{(k+1)}, x_2^{(k+1)}, \cdots, x_{i-1}^{(k+1)}$ 来计算，则可以得到 **Gauss-Seidel 迭代**，得

$$x_i^{(k+1)} = \frac{1}{a_{ii}}(b_i - \sum_{j=1}^{i-1} a_{ij} x_j^{(k+1)} - \sum_{j=i+1}^{n} a_{ij} x_j^{(k)}), \ i=1,2,\cdots,n \qquad (5.34)$$

使用矩阵可表示为

$$\boldsymbol{x}^{(k+1)} = \boldsymbol{B}_{\mathrm{G}} \boldsymbol{x}^{(k)} + \boldsymbol{f}_{\mathrm{G}} \qquad (5.35)$$

其中，$\boldsymbol{B}_{\mathrm{G}}$ 称为 Gauss-Seidel 迭代法的迭代矩阵，$\boldsymbol{B}_{\mathrm{G}} = (\boldsymbol{D} - \boldsymbol{L})^{-1}\boldsymbol{U}$，$\boldsymbol{f}_{\mathrm{G}} = (\boldsymbol{D} - \boldsymbol{L})^{-1}\boldsymbol{b}$.

Gauss-Seidel 迭代法求线性方程组的解的程序如下：

程序 5.18　LineSolveGaussSeidel.m

```
function x=LineSolveGaussSeidel(A,b,eps)
% 使用 Gauss-Seidel 迭代法求线性方程组的解
% A      系数矩阵
% b      方程右边向量
% eps    精度,当相邻两次迭代结果的差小于 eps 时结束
% x      近似解
if(nargin<3)
```

```
        eps=1e-5;                           %设置默认精度
    end
    [~, n]=size(A);
    x=rand(n, 1);                           %从随机向量开始迭代
    while(1)
        x0=x;
        for i=1:n
            s=A(i, 1:i-1)*x(1:i-1)+A(i, i+1:n)*x0(i+1:n);
            x(i)=(b(i) - s)/A(i,i);          %使用 Gauss-Seidel 迭代
        end
        if( max(abs(x-x0))<eps), break; end  %满足终止条件，则退出迭代
        if(any(abs(x)>1e10))                 %检测是否发散
            x=zeros(size(b));
            disp('迭代过程不收敛');
            return;
        end
    end
```

当原方程的系数矩阵满足严格对角占优时，Jacobi 迭代和 Gauss-Seidel 迭代均收敛到方程的解.

5.3.3 超松弛迭代法

超松弛迭代法简称 SOR 方法，是对 Gauss-Seidel 迭代法的进一步改进. 根据 Gauss-Seidel 迭代公式得到

$$x_i'^{(k+1)} = \frac{1}{a_{ii}}(b_i - \sum_{j=1}^{i-1} a_{ij}x_j^{(k+1)} - \sum_{j=i+1}^{n} a_{ij}x_j^{(k)}) \tag{5.36}$$

引进加权因子 ω，将 $x_i'^{(k+1)}$ 和 $x_i^{(k)}$ 进行加权得到

$$\begin{aligned} x_i^{(k+1)} &= \omega x_i'^{(k+1)} + (1-\omega)x_i^{(k)} \\ &= x_i^{(k)} + \frac{\omega}{a_{ii}}\left(b_i - \sum_{j=1}^{i-1} a_{ij}x_j^{(k+1)} - \sum_{j=i}^{n} a_{ij}x_j^{(k)}\right) \end{aligned} \tag{5.37}$$

使用公式(5.37)求线性方程组 $\boldsymbol{Ax} = \boldsymbol{b}$ 解的方法称为带有松弛因子 ω 的松弛迭代法. 当 $\omega > 1$ 时，称为超松弛迭代法；当 $\omega < 1$ 时，称为低松弛迭代法；当 $\omega = 1$ 时，就是 Gauss-Seidel 迭代法. 使用矩阵可表示为

$$\boldsymbol{x}^{(k+1)} = \boldsymbol{B}_\omega \boldsymbol{x}^{(k)} + \boldsymbol{f}_\omega \tag{5.38}$$

其中，$\boldsymbol{B}_\omega = (\boldsymbol{D} - \omega\boldsymbol{L})^{-1}((1-\omega)\boldsymbol{D} + \omega\boldsymbol{U})$，$\boldsymbol{f}_\omega = \omega(\boldsymbol{D} - \omega\boldsymbol{L})^{-1}\boldsymbol{b}$，$\boldsymbol{B}_\omega$ 称为 SOR 方法的迭代矩阵.

超松弛迭代法求线性方程组的解的程序如下：

程序 5.19　LineSolveSOR.m

```
function x=LineSolveSOR(A, b, w, eps)
% 使用松弛迭代法求线性方程组的解
% A    系数矩阵
% b    方程右边向量
% w    松弛因子
% eps   精度，当相邻两次迭代结果的差小于 eps 时结束
% x    近似解
if(nargin<3)
    w=1.3;                          %设置默认松弛因子
end
if(nargin<4)
    eps=1e-5;                       %设置默认精度
end
[~,n]=size(A);
x=rand(n,1);                        %从随机向量开始迭代
while(1)
    x0=x;
    for i=1:n
        s=A(i,1:i-1)*x(1:i-1)+A(i,i:n)*x0(i:n);
        x(i)=x0(i)+w*(b(i) - s)/A(i,i);     %使用松弛因子迭代
    end
    if( max(abs(x-x0))<eps)                 %满足终止条件,则退出迭代
        break;
    end
    if(any(abs(x)>1e10))                    %检测是否发散
        x=zeros(size(b));
        disp('迭代过程不收敛');
        return;
    end
end
```

例 5.11　求解以下线性方程组

$$\begin{cases} 10x_1 - 2x_2 + 3x_3 - 2x_4 = 3 \\ x_1 - 15x_2 - 2x_3 - x_4 = -11 \\ 2x_1 + 4x_2 + 8x_3 + x_4 = 16 \\ -3x_1 - 4x_2 + 9x_3 + 20x_4 = 10 \end{cases}$$

程序代码如下:

程序 5.20	ExampleIterationLineSolve.m
A=[10, -2, 3, -2; 1, -15, -2, -1; 2, 4, 8, 1; -3, -4, 9, 20];	%系数矩阵
b=[3; -11; 16; 10];	%右边项
x1 = LineSolveJacobi(A, b)	%使用 Jacobi 迭代法求解
x2 = LineSolveGaussSeidel(A, b)	%使用 Gauss-Seidel 迭代法求解
x3 = LineSolveSOR(A, b)	%使用 SOR 迭代法求解
x4= A\b	%使用直接法求解

上面的代码使用了 4 种方法进行求解,求解结果都相同. 一般情况下,Jacobi 迭代法要比 Gauss-Seidel 迭代法的迭代次数多,SOR 迭代法的迭代次数与松弛因子有关,需要进行多次尝试才能得到比较好的因子.

5.4 无约束一维极值问题

无约束一维最小值问题可简单表述为

$$\min f(x), x \in [a,b] \tag{5.39}$$

满足上面问题的解 x^* 称为函数 $f(x)$ 在区间 $[a, b]$ 上的一个最小值点.

如果 $f(x)$ 在 x^* 的一个邻域 D 有定义,对任意 $x \in D$,都有 $f(x^*) \leqslant f(x)$,则称 x^* 是函数 $f(x)$ 的一个极小值点. 最小值点是全局的,极小值是局部的.

同样的方法也可以定义最大值点和极大值点.

如果函数 $f(x)$ 可微,那么它的极值点可通过其导数来确定. x^* 是函数 $f(x)$ 的极值点的充分必要条件是 $f(x)$ 在 x^* 的某邻域上可导,且 $f'(x^*) = 0$.

要确定 x^* 是极大值点还是极小值点,可以用一阶导数的符号来判断.

(1) 当 $x < x^*$ 时, $f'(x) > 0$,当 $x > x^*$ 时, $f'(x) < 0$,则 $f(x)$ 在 x^* 处取得极大值;

(2) 当 $x < x^*$ 时, $f'(x) < 0$,当 $x > x^*$ 时, $f'(x) > 0$,则 $f(x)$ 在 x^* 处取得极小值;

如果 $f(x)$ 存在二阶导数,还可以用下面的方法判断:

(1) 若 $f''(x^*) < 0$,则 $f(x)$ 在 x^* 处取得极大值;

(2) 若 $f''(x^*) > 0$,则 $f(x)$ 在 x^* 处取得极小值.

但是在很多实际问题中,极值点取得极大值还是极小值是显然的,在不严格的情况下是可以不作判断的.

当 $f(x)$ 不可导,或方程 $f'(x^*) = 0$ 难于求解时,常常使用近似算法求解. 本章默认求解的是极小值点.

5.4.1 有限穷举法

有限穷举法是对求解区间 $[a, b]$ 进行剖分,得到 $(x_0, x_1, x_2, \cdots, x_n)$,对每一个分点 x_i,依次计算 $y_i = f(x_i)$,求最小的 y_i 及与之对应的 x_i.

穷举法的优点是对函数的要求不高，只要函数连续即可. 缺点是计算量较大，精度较低.
程序如下：

程序 5.21   MinExhaustive.m

```
function [minx, miny]=MinExhaustive(f, a, b, e)
% 使用有限穷举法求函数最小值
% f              目标函数(句柄)
% [a,b]          搜索区间
% e              求解精度
% minx           最小值点
% miny           最小值
if(nargin<4), e=1E-2; end          %默认精度为 1E-2
x = a:e:b;                         %对区间进行剖分
y = f(x);                          %计算 y 值
[miny, mini] = min(y);             %求最小的 y 值及对应的下标
minx = x(mini);                    %求最小的 y 值对应的 x 值
fplot(f, [a, b]);                  %绘制函数图形
hold on
plot(minx, miny, '+r');            %显示极小值点
hold off
end
```

注：程序中首先求出所有剖分分点的函数值，然后利用内置函数 min() 求出最小值 miny
及对应的下标 mini，再根据下标获取对应的极小值点 minx.

例 5.12   使用穷举法求函数 $f(x) = -(x + 2\sin(x) + 3\cos(x))$ 在区间[−4, 4]内的最小值点.

```
f = @(x)-x-2*sin(x)-3*cos(x);
MinExhaustive(f, -4, 4)
```

运行结果如下，图 5.10 显示了解的位置.

```
ans =
    0.8700
```

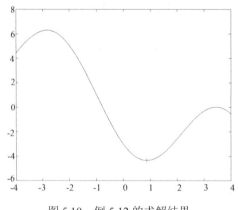

图 5.10   例 5.12 的求解结果

5.4.2　进退法

如果 $f(x)$ 在区间 $[a, b]$ 内连续且只存在一个极值点时，可以使用进退法求解. 给定初值 $x_0 \in [a, b]$，步长 $h(0 < h < x_0 - a$ 且 $h < b - x_0)$.

(1) 如果 $f(x_0) < f(x_0 + h)$，则后退到 $x_0 - kh$，使 $f(x_0 - kh) > f(x_0)$，k 为满足条件的最小的正整数，新的搜索区间为 $[x_0 - kh, x_0 + h]$. 如果找不到这样的 k，则新的搜索区间为 $[a, x_0 + h]$.

(2) 如果 $f(x_0) > f(x_0 + h)$，则前进到 $x_0 + kh$，使 $f(x_0) > f(x_0 + kh)$，k 为满足条件的最小的正整数，新的搜索区间为 $[x_0, x_0 + kh]$. 如果找不到这样的 k，则新的搜索区间为 $[x_0, b]$.

(3) 如果新的搜索区间宽度小于预先设定的精度，则结束搜索过程；否则缩小步长 h，在新的区间内继续搜索.

程序代码如下：

程序 5.22　MinAdvanceRetreat.m

```matlab
function [x,y]=MinAdvanceRetreat(f,a,b,e)
% 使用进退法求函数最小值
% f        目标函数(句柄)
% [a,b]    搜索区间
% e        求解精度
% x        最小值点
% y        最小值
if(nargin<4),e=1E-5;end          %默认精度为 1E-5
fplot(f,[a b]);                  %作函数图形
hold on;
x=a+(b-a)*rand(1);              %在搜索区间内随机生成一个初始点
h=(b-a)/5;                       %步长为区间宽度的 1/5
while(b-a>e)
    y=f(x);
    if(y < f(x+h))
        %后退
        %搜索满足 f(x-k*h)>=f(x)的最小的正整数 k
        x1=x-h:-h:a;
        y1=f(x1);
        k=find(y1>=y,1);
        if(~isempty(k))
            a=x1(k);
        end
        b=x+h;                   %修改搜索区间
    else
```

```
    %前进
    %搜索满足 f(x+k*h)>=f(x)的最小的正整数 k
    x1=x+h:h:b;
    y1=f(x1);
    k=find(y1>=y, 1);
    if(~isempty(k))
        b=x1(k);
    end
    a=x;                          %修改搜索区间
  end
  x=(a+b)/2;                      %取区间中点的新的解
  h=(b-a)/5;                      %收缩步长
  text(a, f(a), '['); text(b, f(b), ']');   %显示搜索区间
  %pause(0.5);                    %暂停
end
y=f(x);
plot(x, y, '+r');                 %显示极小值点
hold off
end
```

为了演示求解过程，以上程序中加入了作图功能，在实际应用中可将作图部分删除.

例 5.13　使用进退法求函数 $f(x) = x^2 + 2x + 1$ 在区间[-3, 1]上的极小值点.

```
f=@(x) x.^2+2*x+1;
MinAdvanceRetreat(f, -3, 1)
```

运行结果如下，图 5.11 显示了搜索区间的收缩过程.

```
x =
    -1.0000
```

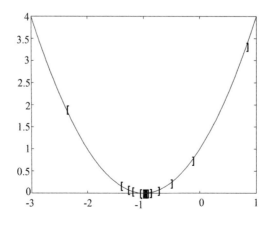

图 5.11　使用进退法求极小值点

5.4.3 黄金分割法

黄金分割法也叫 0.618 法，只适合 $f(x)$ 在区间 $[a, b]$ 内连续且只存在一个极值点的情形. 基本思想是，利用黄金分割点产生 $[a, b]$ 内的两个分点 x_1，x_2：

$$x_1 = a + 0.382(b - a)$$
$$x_2 = a + 0.618(b - a)$$

如果 $f(x_1) < f(x_2)$，则搜索区间为 $[a, x_2]$；如果 $f(x_1) > f(x_2)$，则搜索区间为 $[x_1, b]$. 然后在新的搜索区间用同样的方法继续搜索，直到区间宽度小于预先给定的精度为止.

程序代码如下：

程序 5.23　MinGoldenSection.m

```
function [x, y]=MinGoldenSection(f, a, b, e)
%  使用黄金分割法求函数最小值
% f          目标函数(句柄)
% [a,b]      搜索区间
% e          求解精度
% x          最小值点
% y          最小值
if(nargin<4),e=1E-5; end              %默认精度为 1E-5
fplot(f, [a b]);                      %作函数图形
hold on;
while(b-a>e)
    x1 = a+0.382*(b-a);              %分点 1
    x2 = a+0.618*(b-a);              %分点 2
    if(f(x1) < f(x2))
        b=x2;
    else
        a=x1;
    end
    text(a, f(a), '['); text(b, f(b), ']');   %显示搜索区间
    %pause(0.5);                      %暂停
end
x=(a+b)/2;
y=f(x);
plot(x, y, '+r');                     %显示极小值点
hold off
end
```

例 5.14 使用黄金分割法求函数 $f(x) = x^2 + 2x + 1$ 在区间 $[-3，1]$ 上的极小值点.

```
f=@(x) x.^2+2*x+1;
MinGoldenSection(f, -3, 1)
```

运行结果如下，图 5.12 显示了搜索区间的收缩过程.

x =

    -1.0000

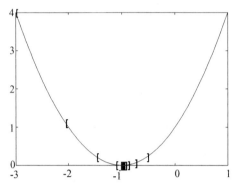

图 5.12   使用黄金分割法求极小值点

5.4.4　斐波那契法

斐波那契法首先是由美国数学家基弗(Kiefer，J.C.)在 1953 年提出来的，他利用相邻两个斐波那契数之比作为区间分点进行一维搜索.

设 $\{F_n\}$ 是斐波那契数列，对闭区间 $[a, b]$ 上的单谷函数 $f(t)$，按相邻两斐波那契数之比，使用对称规则进行搜索. 对于预先给定的精度 ε，求最小的 n，满足

$$F_n \geqslant \frac{b-a}{\varepsilon}$$

在区间 $[a, b]$ 内选择两个分点：

$$\begin{cases} a' = a + \dfrac{F_{n-2}}{F_n}(b-a) \\ b' = a + \dfrac{F_{n-1}}{F_n}(b-a) \end{cases}$$

若 $f(a') < f(b')$，则将区间 $[a, b']$ 作为新的搜索区间进行搜索；否则将 $[a', b]$ 作为新的搜索区间进行搜索. 如此不断重复，共做 n 次迭代，最终搜索区间长度缩短为 $1/F_n$. 在进行新的一轮搜索时，原来计算的两个分点的函数值有其中一个可以继续使用，不用重新计算.

程序代码如下：

程序 5.24　MinFibonacci.m

```
function [minx,miny]=MinFibonacci(f, a, b, e)
% 使用斐波那契法求函数最小值
% f          目标函数(句柄)
% [a,b]       搜索区间
% e          求解精度
```

```
% minx      最小值点
% miny      最小值
if(nargin<4), e=1E-5; end              %默认精度为 1E-5
fplot(f, [a, b]);                      %绘制函数图形
hold on
%%% 计算 Fibonacc 数列前 n 项
F(1)=1;    F(2)=1;
n=2;
N=(b-a)/e;
while(F(n)<N)
    n=n+1;
    F(n)=F(n-1)+F(n-2);
end
k=n;
a1=a+F(k-2)/F(k)*(b-a);                %计算两个初始分点
b1=a+F(k-1)/F(k)*(b-a);
ya1=f(a1);                             %计算分点的函数值
yb1=f(b1);
while(k>2)                             %迭代 n-2 次
    k=k-1;
    if(ya1<yb1)               %当左分点函数值小于右分点函数值时，将搜索区间设在[a, b1]
        b=b1;                          %设置新区间的右端点
        b1=a1;                         %新区间右分点为原区间的左分点
        yb1=ya1;
        a1=a+F(k-2)/F(k)*(b-a);        %计算新区间的左分点
        ya1=f(a1);
    else          %当左分点函数值大于等于右分点函数值时,将搜索区间设在[a1,b]
        a=a1;                          %设置新区间的左端点
        a1=b1;                         %新区间左分点为原区间的右分点
        ya1=yb1;
        b1=a+F(k-1)/F(k)*(b-a);        %计算新区间的右分点
        yb1=f(b1);
    end
end
minx=(a+b)/2;                          %取最小值点为最终区间的中点
miny=f(minx);
plot(minx, miny, '+r');               %显示极小值点
hold off
end
```

例 5.15   使用斐波那契法求函数 $f(x) = x^2 + 2x + 1$ 在区间[-3, 1]上的极小值点.

```
f=@(x) x.^2+2*x+1;
MinFibonacci(f, -3, 1)
```

运行结果如下:

x = -1.0000

5.4.5   牛顿法

如果 $f(x)$ 二阶可导,则可以使用牛顿法求解,其基本思想是利用牛顿法求方程 $f'(x) = 0$ 的根. 迭代公式为

$$x^{(k+1)} = x^{(k)} - \frac{f'(x^{(k)})}{f''(x^{(k)})}$$

牛顿迭代法收敛速度快,但收敛性依赖于初始点 $x^{(0)}$ 的选取.

程序 5.25   MinNewton.m

```
function [x,y]=MinNewton(f,a,b,e)
% 使用牛顿法求函数最小值
% f                目标函数(句柄)
% [a,b]            搜索区间
% e                求解精度
% x        最小值点
% y        最小值
if(nargin<4),e=1E-5; end          %默认精度为 1E-5
fplot(f,[a b]);                   %绘制函数图形
hold on;
syms t;                          %定义符号变量
symsdf=diff(f(t),t);             %求一阶导函数
symsdf2=diff(symsdf,t);          %求二阶导函数
df1=@(x) subs(symsdf,t,x);
df2=@(x) subs(symsdf2,t,x);
x=(a+b)/2;                       %使用区间中点做为迭代初值
dy=double(df1(x));
while(abs(dy)>e)
    x=x-dy/double(df2(x));       %迭代公式
    dy=double(df1(x));
    plot(x,f(x),'o');
    %pause;                      %暂停
end
```

```
y=f(x);
plot(x,y,'+r');
hold off
end
```

程序中使用了 diff 函数，diff(expr, t)可以求 expr 的导数，其中 expr 是关于 t 的符号表达式，t 是符号变量. subs 表示代入并计算结果，subs(expr, t, x)表示将表达式 expr 中的变量 t 替换成 x，并计算表达式的值.

例 5.16　使用牛顿法求函数 $f(x) = x^4 + 2x + 1$ 在区间[-2, 1]上的极小值点.

```
f=@(x) x.^4+2*x+1;
MinNewton(f, -2, 1)
```

运行结果如下，图 5.13 显示了迭代过程中各个解的位置.

```
ans =
    -0.7937
```

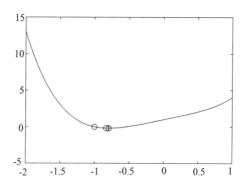

图 5.13　迭代过程中各个解的位置

5.4.6　割线法

割线法是在牛顿法的基础上，使用一阶倒数的差商代替二阶导数而得到的，其迭代公式为

$$x^{(k+1)} = x^{(k)} - (x^{(k)} - x^{(k-1)}) \frac{f'(x^{(k)})}{f'(x^{(k)}) - f'(x^{(k-1)})} \tag{5.40}$$

可以看出，割线法不需要求二阶导数. 在开始迭代时，需要给定两个初始解 x_0 和 x_1.

割线法的程序如下：

程序 5.26　MinSecant.m

```
function [x1, y]=MinSecant(f, a, b, e)
% 使用割线法求函数最小值
% f        目标函数(句柄)
% [a,b]    搜索区间
% e        求解精度
```

```
% x1        最小值点
% y         最小值
if(nargin<4), e=1E-5; end          %默认精度为 1E-5
fplot(f, [a b]);                   %绘制函数图形
hold on;
syms t;                            %定义符号变量
symsdf=diff(f(t), t);              %求一阶导函数
df1=@(x) subs(symsdf, t, x);
x0=(a+b)/3;                        %初值 1
x1=2*(a+b)/3;                      %初值 2
dy0=double(df1(x0));
dy1=double(df1(x1));
while(abs(dy1)>e)
    dy1=double(df1(x1));
    x2=x1-(x1-x0)*dy1/(dy1-dy0);   %迭代公式
    plot(x2, f(x2),'o');
    x0=x1;                         %更新
    x1=x2;
    dy0=dy1;
end
y=f(x1);
plot(x1, y, '+r');                 %显示解的位置
hold off
end
```

例 5.17　使用割线法求函数 $f(x) = x^4 + 2x + 1$ 在区间[-2，1]上的极小值点.

```
f=@(x) x.^4+2*x+1;
MinSecant(f, -2，1)
```

运行结果如下：

ans = -0.7937

5.5　无约束多维极值

无约束多维极值问题与无约束一维极值问题类似，都是求解函数 $f(x)$ 的极值，不同的是这里的 x 是向量. 其一般形式为

$$\min f(x), x \in \mathbf{R}^n$$

求解这类问题的方法非常多，总体上分为直接法和使用导数计算的间接法. 直接法有模式搜索法、Rosenbrock 法、单纯形法、Powell 法等. 间接法有最速下降法、共轭梯度法、牛

顿法、修正牛顿法、拟牛顿法、信赖域法、显示最速下降法等.

5.5.1 模式搜索法(Hooke-Jeeves 法)

模式搜索法主要由两种移动过程组成：探测移动和模式移动. 探测移动是沿坐标轴方向的移动，模式移动则是沿相邻两个探测点连线方向上的移动. 两种移动交替进行，目的是寻找使函数下降的最佳方向. 算法如下：

(1) 给定初始点 $x^{(0)}$，初始步长 $\delta > 0$，加速系数 $\alpha > 0$，收缩系数 $\theta \in (0, 1)$ 及精度 ε. 令 $k = 0$；

(2) 设 $x^{(k+1)} = x^{(k)}$. 从 $x^{(k)}$ 出发，依次沿坐标轴方向探测移动. 正向探测：若 $f(x^{(k)} + \delta e_j) < f(x^{(k)})$，则令 $x^{(k+1)} = x^{(k)} + \delta e_j$，否则做负向探测；负向探测：若 $f(x^{(k)} - \delta e_j) < f(x^{(k)})$，则令 $x^{(k+1)} = x^{(k)} - \delta e_j$；其中 e_j 为平行于第 j 个坐标轴方向的单位向量，$j = 1, 2, \cdots, n$；

(3) 若 $f(x^{(k+1)}) < f(x^{(k)})$，对 $x^{(k+1)}$ 沿 $p^{(k)} = x^{(k+1)} - x^{(k)}$ 方向作模式移动，$x^{(k+1)} = x^{(k+1)} + \alpha p^{(k)}$；

(4) 当 $f(x^{(k+1)}) \geqslant f(x^{(k)})$ 时，如果步长 $\delta > \varepsilon$，则减小步长 $\delta = \theta \delta$，$k = k + 1$，转到第(2)步继续搜索；当步长 $\delta < \varepsilon$ 时，结束搜索过程.

程序 5.27   MinHookeJeeves.m

```matlab
function [X,k] = MinHookeJeeves(f, X0, delta, sita, alpha, eps)
%  使用模式搜索法求多元函数极小值
% f          目标函数
% X0         初始点
% delta      初始步长
% sita       收缩系数
% alpha      加速系数
% e          求解精度
% X          极小值点
% k          迭代次数
if(nargin<6),eps=1E-5; end        %默认精度为 1E-5
k=0;
n=length(X0);
while(1)
    k=k+1;
    y0=f(X0);
    X1=X0;
    y1=f(X1);
    for i=1:n
        t = zeros(size(X0));
        t(i) = delta;                %探测步长
        if(f(X1+t) < y1)             %如果向前的结果更好
            X1=X1+t;                 %更新位置
            y1=f(X1);                %更新函数值
```

```
            elseif(f(X1-t) < y1)          %如果向后的结果更好
                X1=X1-t;                  %更新位置
                y1=f(X1);                 %更新函数值
            end
        end
        if( y1 < y0)         %如果新的位置更好
            if(f(X0+alpha*(X1-X0))<y1)
                X0=X0+alpha*(X1-X0);          %更新位置
            else
                X0=X1;
            end
        else
            if(delta<eps)         %如果满足精度要求
                X=X0;             %将 X0 作为最优解
                break;            %结束
            end
            delta=sita*delta;         %缩小搜索步长
        end
    end
end
```

例 5.18　使用模式搜索法求函数 $f(x) = x_1^4 + x_2^4 + 4x_1x_2 - 4x_1 - 3x_2$ 的极小值点.

程序 5.28　　ExampleMinHookeJeeves.m

```
f=@(x) x(:, 1).^4 + x(:, 2).^4 +4*x(:, 1)*x(:, 2) -4*x(:, 1) -3*x(:, 2);
[x1, x2]=meshgrid(-2:0.1:2, -2:0.1:2);
z=zeros(size(x1));
for i=1:size(x1, 1)
    for j=1:size(x1, 2)
        z(i, j)=f([x1(i, j) x2(i, j)]);
    end
end
mesh(x1, x2, z);
hold on;
X = MinHookeJeeves(f, [0 0], 1, 0.05, 1.5)
plot3(X(1), X(2), f(X), '*r');
hold off
```

运行结果如下，图形结果如图 5.14 所示.

```
    X =
        1.2101    -0.7720
```

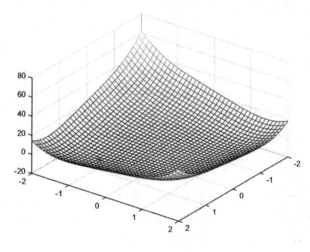

图 5.14 例 5.18 的结果

5.5.2 Rosenbrock 法

Rosenbrock 法是一种转轴法，其基本思想是在当前点构造 n 个正交方向，然后在每个方向做探测移动，找到函数值下降最快的方向，移动某个步长，再在新的点构造 n 个正交方向，如此循环. 算法如下：

(1) 给定初始点 $\boldsymbol{x}^{(0)}$，n 个单位正交方向向量 $\boldsymbol{d}_j$，$j = 1, 2, \cdots, n$，初始步长 $\delta_0 > 0$，放大系数 $\alpha > 1$，收缩系数 $\theta \in (0, 1)$ 及精度 ε. 令 $k = 0$；

(2) 设 $\boldsymbol{x}^{(k+1)} = \boldsymbol{x}^{(k)}$，$\delta = \delta_0$. 从 $\boldsymbol{x}^{(k)}$ 出发，依次沿 $\boldsymbol{d}_j$ 方向作反复探测移动：若 $f(\boldsymbol{x}^{(k)} + \delta \boldsymbol{d}_j) < f(\boldsymbol{x}^{(k)})$，则令 $\boldsymbol{x}^{(k+1)} = \boldsymbol{x}^{(k)} + \delta \boldsymbol{d}_j$，$\delta = \alpha \delta$；若 $f(\boldsymbol{x}^{(k)} + \delta \boldsymbol{d}_j) > f(\boldsymbol{x}^{(k)})$，则令 $\delta = -\theta \delta$；直到 n 个方向都在成功后出现了失败.

(3) 如果 $\| \boldsymbol{x}^{(k+1)} - \boldsymbol{x}^{(k)} \| <$，停止搜索过程，输出 $\boldsymbol{x}^{(k+1)}$；否则用 $\boldsymbol{x}^{(k+1)} - \boldsymbol{x}^{(k)}$ 替换 n 个单位正交方向向量 $\boldsymbol{d}_j$ 中的某一个，替换后应使 $\boldsymbol{d}_j$ 线性无关. 使用 Schmidt 正交化过程建立新的标准正交化向量，令 $k = k + 1$，转到第(2)步继续搜索.

运行程序如下：

程序 5.29 MinRosenBrock.m

```
function [X, k] = MinRosenBrock(f, X0, D, delta, theta, alpha, eps)
% 使用 Rosenbrock 法求多元函数极小值
% f            目标函数
% X0           初值
% D            初始正交向量组
% delta        初始步长
% theta        收缩系数
% alpha        放大系数
% eps          精度
% X            最优解
```

```
%k              迭代次数
k=0;
n=length(X0);
while(1)
    k=k+1;
    y0=f(X0);
    X1=X0;
    y1=f(X1);
    for i=1:n
        t = delta.*D(:, i)';        %沿着第 i 个方向探测
        if(f(X1+t) < y1)            %如果向前的结果更好
            X1=X1+t;               %更新位置
            y1=f(X1);              %更新函数值
        elseif(f(X1-t) < y1)       %如果向后的结果更好
            X1=X1-t;               %更新位置
            y1=f(X1);              %更新函数值
        end
    end
    if( y1 < y0)       %如果新的位置更好
        if(f(X0+alpha.*(X1-X0))<y1)
            X0=X0+alpha.*(X1-X0);       %更新位置
        else
            X0=X1;
        end
        %寻找一个合适的位置 p,用向量 X1-X0 替换第 p 个向量,使替换后的向量组线性无关
        p=1;
        for j=1:n
            W=D;
            W(:, j)=(X1-X0)';
            if(det(W)~=0)
                D=W;
                p=j;
                break;
            end
        end
        D(:, [1 p])=D(:, [p 1]);
        D=Schmidt(D);              %正交化和标准化
        D(:, [1 p])=D(:, [p 1]);
    else
```

```
        if(delta<eps)          %如果满足精度要求
            X=X0;              %将 X0 作为最优解
            break;             %结束
        end
        delta=theta.*delta;   %缩小搜索步长
    end
end
%下面函数完成矩阵的正交化和标准化
function B=Schmidt(A)
B=A;
n=size(A, 2);
%正交化
for i=2:n
    for j=1:i-1
        B(:, i) = B(:, i) - (A(:, i)'*B(:, j))/(B(:, j)'*B(:, j)) * B(:, j);
    end
end
%标准化
for i=1:n
    B(:, i)=B(:, i)/norm(B(:, i));
end
```

例 5.19　使用 Rosenbrock 法求函数 $f(x) = x_1^4 + x_2^4 + 4x_1 x_2 - 4x_1 - 3x_2$ 的极小值点.

程序 5.30　　ExampleMinRosenBrock.m

```
f=@(x) x(:, 1).^4 + x(:, 2).^4 +4*x(:, 1)*x(:, 2)-4*x(:, 1)-3*x(:, 2);
X0= [0, 0]; D=[1 0; 0 1];
delta=[1, 1];
theta=[0.5, 0.5];
alpha=[1.5, 1.5];
eps=1E-5;
[X, k] = MinRosenBrock(f, X0, D, delta, theta, alpha, eps)
```

运行结果如下：

X = 1.2101　　 -0.7720

k = 33

5.5.3　最速下降法

最速下降法是沿着目标函数的负梯度方向一直前进，直到到达目标函数的最低点. 算法如下：

(1) 给定初始点 $x^{(0)}$, 精度 ε, 令 $k = 0$;

(2) 计算负梯度方向 $v^{(k)} = -\nabla f(x^{(k)})$;

(3) 如果 $\|v^{(k)}\| < \varepsilon$, 停止搜索过程; 否则, 从 $x^{(k)}$ 出发, 沿 $v^{(k)}$ 进行一维搜索, 即求 λ^*, 使

$$f(x^{(k)} + \lambda^* v^{(k)}) = \min_{\lambda \geq 0} f(x^{(k)} + \lambda v^{(k)})$$

(4) 令 $x^{(k+1)} = x^{(k)} + \lambda^* v^{(k)}$, $k = k + 1$, 转到第(2)步继续搜索.

程序 5.31　　MinGradientDescent.m

```
function [x, k]=MinGradientDescent(f, x0, eps)
% 使用最速下降法求多元函数极小值
% f        目标函数
% x0       迭代初值
% eps      预设精度
% x        最优解
% k        迭代次数
n=length(x0);
t = sym('t', [1 n]);                    %定义符号向量
gradf = gradient(f(t), t)';             %梯度
v=[1, 0];
k=1;
x = x0;
while(norm(v)>eps)
    v=double(-subs(gradf, t, x));       %计算梯度向量在当前位置 x 的值
    psi=@(lambda) f(x+lambda*v);        %构造一维极值问题目标函数
    lambda = fminbnd(psi, -1, 1);       %求解最优步长
    x=x+lambda*v;                       %更新当前位置
    k=k+1;
end
```

例 5.20　使用最速下降法求函数 $f(x) = x_1^4 + x_2^4 + 4x_1 x_2 - 4x_1 - 3x_2$ 的极小值点.

程序 5.32　　MinGradientDescent.m

```
f=@(x) x(:, 1).^4 + x(:, 2).^4 +4*x(:, 1)*x(:, 2)-4*x(:, 1)-3*x(:, 2);
X0= [0 0];
eps=1E-5;
[x,k]=MinGradientDescent(f, X0, eps)
```

运行结果如下:

x = 1.2101   -0.7720

k = 24

5.5.4　Newton 法

Newton 法是基于多元函数的泰勒展开的，它将 $-[\nabla^2 f(x^{(k)})]^{-1}\nabla f(x^{(k)})$ 作为搜索方向，因此其迭代公式为

$$x^{(k+1)} = x^{(k)} - [\nabla^2 f(x^{(k)})]^{-1}\nabla f(x^{(k)}) \tag{5.41}$$

算法如下：

(1) 给定初始点 $x^{(0)}$，精度 ε，令 $k=0$；

(2) 计算搜索方向 $v^{(k)} = -\left[\nabla^2 f(x^{(k)})\right]^{-1}\nabla f(x^{(k)})$；

(3) 如果 $\|v^{(k)}\| < \varepsilon$，停止搜索过程；

(4) 令 $x^{(k+1)} = x^{(k)} + v^{(k)}$，$k=k+1$，转到第(2)步继续搜索.

程序 5.33　MinMultipleNewton.m

```
function [x, k]=MinMultipleNewton(f, x0, eps)
%          使用牛顿法求多元函数极小值
% f        目标函数
% x0       迭代初值
% eps      预设精度
% x        最优解
% k        迭代次数
n=length(x0);
t = sym('t',[1 n]);            %定义符号向量
gradf = gradient(f(t),t);      %梯度
jacf = jacobian(gradf,t);      %雅可比矩阵
v=[1 0];
k=1;
x = x0;
while(norm(v)>eps)
    v=double(-subs(gradf,t,x));     %计算梯度向量在当前位置 x 的值
    J=double(-subs(jacf,t,x));      %计算雅可比矩阵在当前位置 x 的值
    p = -inv(J)*v;       %搜索方向
    x=x+p';              %更新当前位置
    k=k+1;
end
```

例 5.21　使用 Newton 法求函数 $f(x) = x_1^4 + x_2^4 + 4x_1x_2 - 4x_1 - 3x_2$ 的极小值点.

f=@(x) x(:, 1).^4 + x(:, 2).^4 +4*x(:, 1)*x(:, 2)-4*x(:, 1)-3*x(:, 2);

```
X0= [0 0];
eps=1E-5;
[x, k]=MinMultipleNewton(f, X0, eps)
```

运行结果如下：

```
x =
     1.2101    -0.7720
k =
     189
```

5.6　数　值　积　分

定积分定义：设函数 $f(x)$ 在区间 $[a, b]$ 上连续，将区间 $[a, b]$ 分成 n 个子区间 $[x_0, x_1)$, $[x_1, x_2)$, $[x_2, x_3)$, $\cdots$, $[x_{n-1}, x_n]$，其中 $x_0 = a$，$x_n = b$. 可知各区间的长度依次是：$\Delta x_1 = x_1 - x_0$，

在每个子区间 $(x_{i-1}, x_i]$ 中任取一点 $\xi_i(i = 1, 2, \cdots, n)$，作和式 $\sum_{i=1}^{n} f(\xi_i)\Delta x_i$，该和式叫作积分和.

设 $\lambda = \max\{\Delta x_1, \Delta x_2, \cdots, \Delta x_n\}$ (λ 是最大的区间长度)，如果当 $\lambda \to 0$ 时，积分和的极限存在，则这个极限叫作函数 $f(x)$ 在区间 $[a, b]$ 的定积分，记为 $\int_a^b f(x)\mathrm{d}x$. 如果对 $[a, b]$ 做 n 等分，则

$x_i = a + \dfrac{i}{n}(b - a)$. 取 $\xi_i = x_i$，于是

$$\int_a^b f(x)\mathrm{d}x = \lim_{n\to\infty} \frac{b-a}{n} \sum_{i=1}^{n} f(x_i) \tag{5.42}$$

定积分是数学中的重要内容，在实际中有广泛的应用，有时定积分的精确值很难求，这时可以退而求其次，求出它的数值解.

5.6.1　矩形法

左矩形法是使用小区间的左端点函数值作为整个小区间函数值的平均值. 因此，每个小区间的积分为

$$\int_{x_i}^{x_{i+1}} f(x)\mathrm{d}x = (x_{i+1} - x_i)f(x_i) \tag{5.43}$$

于是

$$\int_a^b f(x)\,\mathrm{d}x = \sum_{i=0}^{n-1}(x_{i+1} - x_i)f(x_i) \tag{5.44}$$

如果是均匀剖分，则

$$\int_a^b f(x)\,\mathrm{d}x = h\sum_{i=0}^{n-1} f(x_i) \tag{5.45}$$

如图 5.15 所示，左矩形法是将小矩形面积之和作为函数曲线下方面积的近似值，小矩形的高度为小区间左端点的函数值，计算的误差是曲线下方与小矩形上方曲边三角形的面积($f(x)$为增函数时). 显然，剖分数越多，小区间的宽度越小，精度越高.

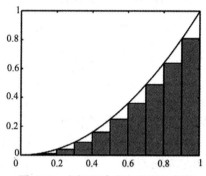

图 5.15　左矩形法求定积分示意图

使用左矩形法求函数定积分的程序如下：

程序 5.34　IntLeftBox.m

```
function S=IntLeftBox(f, a, b, n)
%  使用左矩形法求 f(x)在[a, b]上的定积分
% f        被积函数
% [a, b]   积分区间
% n        区间等分数
% S        积分
if(nargin<4), n=50; end
h=(b-a)/n;
S=0;
for i=0:n-1
    S=S+f(a+h*i);
end
S=h*S;
```

下面的程序可以实现同样的效果：

程序 5.35　IntLeftBox2.m

```
function S=IntLeftBox2(f, a, b, n)
%  使用左矩形法求 f(x)在[a, b]上的定积分
% f 被积函数
% [a, b] 积分区间
% n 区间等分数
% S 积分
if(nargin<4), n=50; end
h=(b-a)/n;
x=linspace(a, b, n+1);
```

```
y=f(x);
S=h*sum(y(1:end-1));
```

右矩形法是使用区间的右端点函数值作为整个
区间函数值的平均值.

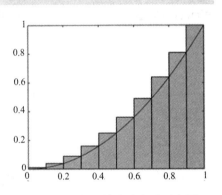

$$\int_a^b f(x)\mathrm{d}x = h\sum_{i=1}^n f(x_i) \qquad (5.46)$$

如图 5.16 所示，右矩形法也是将小矩形面积之和
作为函数曲线下方面积的近似值，小矩形的高度为小
区间右端点的函数值，计算的误差是曲线上方小矩形
内曲边三角形的面积($f(x)$为增函数时).

图 5.16　右矩形法求定积分示意图

使用右矩形法求函数定积分的程序如下：

程序 5.36　IntRightBox.m

```
function S=IntRightBox(f, a, b, n)
% 使用右矩形法求 f(x)在[a, b]上的定积分
%f  被积函数
% [a,b]  积分区间
%n  区间等分数
%S   积分
if(nargin<4)
    n=50;
end
h=(b-a)/n;
S=0;
for i=1:n
    S=S+f(a+h*i);
end
S=h*S;
```

下面的程序可以实现同样的效果：

程序 5.37　IntRightBox2.m

```
function S= IntRightBox2(f, a, b, n)
% 使用右矩形法求 f(x)在[a, b]上的定积分
%f  被积函数
% [a, b]  积分区间
%n  区间等分数
%S   积分
if(nargin<4)
```

```
    n=50;
end
h=(b-a)/n;
x=linspace(a, b, n+1);
y=f(x);
S=h*sum(y(2:end));
```

中点法是使用区间中点函数值作为整个区间函数值的平均值.

$$\int_a^b f(x)\,\mathrm{d}x = h\sum_{i=1}^n f(x_i + \frac{h}{2}) \tag{5.47}$$

如图 5.17 所示,中点法是将区间中点函数值作为小矩形高度,可以有效抵消小区间左半部分和右半部分的误差,提高整体的计算精度.

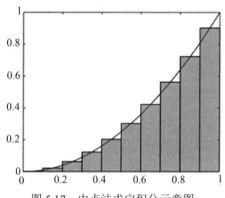

图 5.17 中点法求定积分示意图

使用中点法求函数定积分的程序如下:

程序 5.38 IntMiddleBox.m

```
function S=IntMiddleBox(f, a, b, n)
%  使用中点法求 f(x)在[a, b]上的定积分
% f         被积函数
% [a, b]    积分区间
% n         区间等分数
% S         积分
if(nargin<4)
    n=50;
end
h=(b-a)/n;
S=0;
for i=0:n-1
    S=S+f(a+h*i+h/2);
end
S=h*S;
```

下面的程序可以实现同样的效果：

程序 5.39　　IntMiddleBox2.m

```
function S= IntMiddleBox2(f, a, b, n)
% 使用中点法求 f(x)在[a, b]上的定积分
% f          被积函数
% [a, b]      积分区间
% n           区间等分数
% S           积分
if(nargin<4)
    n=50;
end
h=(b-a)/n;
x=linspace(a, b, n+1);
y=f(x(1:end-1)+h/2);
S=h*sum(y);
```

5.6.2　梯形法

梯形法是将区间两端的函数值的平均值作为整个区间函数值的平均值.

$$\int_a^b f(x)\mathrm{d}x = \frac{h}{2}\sum_{i=1}^{n}(f(x_i)+f(x_{i+1})) \tag{5.48}$$

如图 5.18 所示，梯形法是将小梯形面积之和作为函数曲线下方面积的近似值，梯形的两个侧边高度为小区间左端点和右端点的函数值.

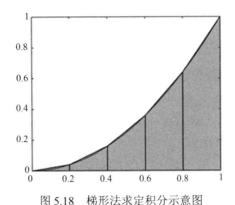

图 5.18　梯形法求定积分示意图

使用梯形法求函数定积分的程序如下：

程序 5.40　　IntTrapezoidBox.m

```
function S=IntTrapezoidBox(f, a, b, n)
% 使用梯形法求 f(x)在[a, b]上的定积分
```

```
% f          被积函数
% [a, b]     积分区间
% n          区间等分数
% S          积分
if(nargin<4)
     n=50;
end
h=(b-a)/n;
S=0;
for i=0:n-1
     S=S+(f(a+h*i)+f(a+h*i+h));
end
S=h/2*S;
```

5.6.3　Simpson 法

Simpson 法是将区间左右两端、中点的函数值进行加权平均得到区间内函数值的平均值的近似.

$$\int_a^b f(x)\mathrm{d}x = \frac{h}{6}\sum_{i=1}^{n}(f(x_i) + 4f(x_{i+1/2}) + f(x_{i+1})) \tag{5.49}$$

使用 Simpson 法求函数定积分的程序如下：

程序 5.41　　IntSimpson.m

```
function S=IntSimpson(f, a, b, n)
% 使用 Simpson 法求 f(x)在[a, b]上的定积分
% f          被积函数
% [a,b]      积分区间
% n          区间等分数
% S          积分
if(nargin<4)
     n=50;
end
h=(b-a)/n;
S=0;
for i=0:n-1
     S=S+(f(a+i*h) + 4*f(a+i*h+h/2) + f(a+i*h+h));
end
S=h/6*S;
```

例 5.22 求定积分 $\int_0^1 e^{\sin(x)x}\,\mathrm{d}x$ 的近似值.

程序 5.42   ExampleNumericalIntegration.m

```
f=@(x) exp(sin(x).*x);
a=0;  b=1;
S1=IntLeftBox(f, a, b)              %左矩形法
S2=IntRightBox(f, a, b)             %右矩形法
S3=IntMiddleBox(f, a, b)            %中点法
S4=IntTrapezoidBox(f, a, b)         %梯形法
S5=IntSimpson(f, a, b)              %Simpson 法
```

求解结果如下:

S1 = 1.3857

S2 = 1.4121

S3 = 1.3987

S4 = 1.3989

S5 = 1.3988

在相同剖分数的情况下，这 5 种算法按求解精度从低到高排序，结果是

左矩形法 = 右矩形法 < 中点法 < 梯形法 < Simpson 法

而按计算量排序，结果则相反.

5.7   微分方程数值解

考虑一阶常微分方程初值问题:

$$\begin{cases} y' = f(x, y) \\ y(x_0) = y_0 \end{cases} \tag{5.50}$$

对于简单问题可以求出解析解，但是对于很多的实际问题只能求数值解. 数值解法又有差分法和有限元法. 本章主要介绍差分法.

差分法是一类重要的数值解法，其基本思想是将求解区间离散化，然后用差分代替微分，建立离散函数值的迭代公式，进而求出函数的离散值.

设 $x \in [a, b]$，将区间离散成 n 个子区间，得到 $n+1$ 个分点，即

$$A = x_0 < x_1 < \cdots < x_n = b$$

$h_i = x_{i+1} - x_i$ 称为步长，如果所有的 h_i 都相等，则称该剖分为均匀剖分，步长记为 $h = h_i$. 本节的剖分方法全部都是均匀剖分.

目标是对每一个分点 x_i 计算对应的函数值 y_i. 如果能够构造一个递推公式

$$y_i = g(x, y_{i-k}, y_{i-k+1}, \cdots, y_{i-1})$$

那么就可以根据已知的 $y_{i-k}, y_{i-k+1}, \cdots, y_{i-1}$，计算出 y_i.

5.7.1　欧拉法

将区间$[x_n, x_{n+1}]$的左端点 x_n 代入方程 $y' = f(x, y)$ ，得

$$y'(x_n) = f(x_n, y(x_n)) \tag{5.51}$$

用差商 $\dfrac{y(x_{n+1}) - y(x_n)}{h}$ 代替其中的导数项，则有

$$y(x_{n+1}) \approx y(x_n) + hf(x_n, y(x_n)) \tag{5.52}$$

若用 $y(x_n)$ 的近似值 y_n 代入上式，并记所得结果为 y_{n+1}，这样就得到了迭代公式

$$y_{n+1} = y_n + h \cdot f(x_n, y_n) \tag{5.53}$$

这就是著名的欧拉格式. 若初值 y_0 已知，则利用欧拉格式可逐步算出数值解. 图 5.19 显示了求解过程，其中小三角形底边宽 h，斜边的斜率为 $f(x_n, y_n)$，增量 $\Delta y_n = hf(x_n, y_n)$.

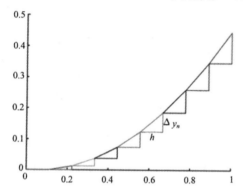

图 5.19　欧拉法求解微分方程初值问题示意图

使用欧拉法求微分方程数值解的程序如下：

程序 5.43　DsolveEuler.m

```
function [y,x]=DsolveEuler(f, a, b, y0, n)
%使用欧拉法求解微分方程初值问题
% f         方程右边项(函数导数)
% [a b]     定义域
% y0        初值条件
% n         剖分数
% y         函数值
% x         与 y 对应的 x
if(nargin<5)
    n=50;
end
h=(b-a)/(n-1);
x=linspace(a, b, n);
y=zeros(1, n);
```

```
y(1)=y0;
for i=2:n
    y(i)=y(i-1)+h*f(x(i-1), y(i-1));
end
```

5.7.2 梯形格式

将方程 $y' = f(x, y)$ 的两端从 x_n 到 x_{n+1} 求积分，得

$$y(x_{n+1}) = y(x_n) + \int_{x_n}^{x_{n+1}} f(x, y(x))\mathrm{d}x \tag{5.54}$$

如果能够计算积分项 $\int_{x_n}^{x_{n+1}} f(x, y(x))\mathrm{d}x$ 的近似值，就可以利用式(5.54)得到 $y(x_{n+1})$的近似值 y_n. 而选用不同的计算方法计算积分项，就会得到不同的差分格式.

例如，用矩形法计算积分项，得

$$\int_{x_n}^{x_{n+1}} f(x, y(x))\mathrm{d}x \approx hf(x_n, y(x_n)) \tag{5.55}$$

代入式式(5.54)，有

$$y(x_{n+1}) \approx y(x_n) + hf(x_n, y(x_n)) \tag{5.56}$$

离散化即得到欧拉格式.

为了提高精度，改用梯形法计算积分项，得

$$\int_{x_n}^{x_{n+1}} f(x, y(x))\mathrm{d}x \approx \frac{h}{2}\big(f(x_n, y(x_n)) + f(x_{n+1}, y(x_{n+1}))\big) \tag{5.57}$$

代入式(5.54)，有

$$y(x_{n+1}) \approx y(x_n) + \frac{h}{2}\big(f(x_n, y(x_n)) + f(x_{n+1}, y(x_{n+1}))\big) \tag{5.58}$$

将式(5.58)中的 $y(x_n)$和 $y(x_{n+1})$分别用 y_n 和 y_{n+1} 替代，作为离散化的结果，得到如下计算格式

$$y_{n+1} = y_n + \frac{h}{2}\big(f(x_n, y_n) + f(x_{n+1}, y_{n+1})\big) \tag{5.59}$$

这就是梯形格式. 式(5.59)右边含 y_{n+1}，所以梯形格式是一种隐式格式，不能直接通过 y_n 递推求出 y_{n+1}，需要求解代数方程，计算量大.

5.7.3 改进的欧拉法

欧拉法精度较低，梯形法虽然精度较高，但是却是隐式格式，不方便求解. 可以综合这两种方法，先用欧拉法求得一个初步的近似值 $\hat{y}_{n+1}$，称之为预报值；用它替代隐式格式中右端的 y_{n+1}，然后再计算得到新的 y_{n+1}，称之为校正值. 这样建立的迭代方法称为预报校正方法.

预报： $\hat{y}_{n+1} = y_n + hf(x_n y_n)$，

校正： $y_{n+1} = y_n + \frac{h}{2}\big(f(x_n, y_n) + f(x_{n+1}, \hat{y}_{n+1})\big)$.

使用改进的欧拉法求微分方程数值解的程序如下:

```
function [y, x]=DsolveImproveEuler(f, a, b, y0, n)
% 使用改进的欧拉法求解微分方程初值问题
% f         方程右边项(函数导数)
% [a b]     定义域
% y0        初值条件
% n         剖分数
% y         函数值
% x         与 y 对应的 x
if(nargin<5),n=50; end
h=(b-a)/(n-1);
x=linspace(a, b, n);
y=zeros(n, length(y0));
y(1, :)=y0;
for i=2:n
    ty=y(i-1, :)+h*f(x(i-1), y(i-1, :));    %预报
    y(i, :)=y(i-1, :)+h/2*(f(x(i-1), y(i-1, :))+f(x(i), ty)); %校正
end
```

5.7.4 中点法

如果用区间$[x_n, x_{n+1}]$的中点 $x_{n+1/2}$ 的斜率值 $y'_{n+1/2}$ 作为该区间上的平均斜率, 则可以设计出差分格式

$$y_{n+1} = y_n + h \cdot y'_{n+1/2} \tag{5.60}$$

如何生成 $y'_{n+1/2}$? 利用 Euler 格式可以预报 $y'_{n+1/2}$, 即

$$y_{n+1/2} = y_n + \frac{h}{2} y'_n \tag{5.61}$$

根据原方程有

$$y'_{n+1/2} = f(x_{n+1/2}, y_{n+1/2}) \tag{5.62}$$

于是可以设计出格式

$$y_{n+1} = y_n + h \cdot f(x_{n+1/2}, y_n + \frac{h}{2} f(x_n, y_n)) \tag{5.63}$$

称为中点格式.

使用中点法求微分方程数值解的程序如下:

```
function [y, x]=DsolveMiddle(f, a, b, y0, n)
```

```
% 使用中点法求解微分方程初值问题
% f          方程右边项(函数导数)
% [a b]      定义域
% y0         初值条件
% n          剖分数
% y          函数值
% x          与 y 对应的 x
if(nargin<5), n=50; end
h=(b-a)/(n-1);
x=linspace(a, b, n);
y=zeros(n, length(y0));
y(1, :)=y0;
for i=2:n
    K=f(x(i-1), y(i-1, :));
    y(i, :)=y(i-1, :) + h * f(x(i-1)+h/2, y(i-1, :)+h/2*K);
end
```

5.7.5 Runge-Kutta 法

二阶 Runge-Kutta 法有

$$\begin{cases} y_{n+1} = y_n + h\big[(1-\lambda)K_1 + \lambda K_2\big] \\ K_1 = f(x_n, y_n) \\ K_2 = f(x_{n+p}, y_n + phK_1) \end{cases} \tag{5.64}$$

其中，λ 和 p 满足 $\lambda \cdot p = \dfrac{1}{2}$.

使用二阶 Runge-Kutta 法求微分方程数值解的程序如下：

程序 5.46   DsolveRungeKutta2.m

```
function [y,x]=DsolveRungKutta2(f, a, b, y0, n, lambda)
% 使用二阶 Runge-Kutta 法求解微分方程初值问题
% f          方程右边项(函数导数)
% [a b]      定义域
% y0         初值条件
% n          剖分数
% lambda     权值
% y          函数值
% x          与 y 对应的 x
if(nargin<5),
    n=50;
```

```
end
if(nargin<6)
    lambda=1;
end
h= (b-a)/(n-1);
x=linspace(a, b, n);
y=zeros(n, length(y0));
y(1, :)=y0;
p=1/2/lambda;
for k=1:n-1
    K1=f(x(k), y(k, :));
    K2=f(x(k)+p*h, y(k, :)+p*h*K1);
    y(k+1, :)=y(k, :)+h*((1-lambda)*K1 + lambda*K2);
end
```

三阶 Runge-Kutta 法有

$$
\begin{cases}
y_{n+1} = y_n + \dfrac{h}{6}\left[K_1 + 4K_2 + K_3\right] \\
K_1 = f(x_n, y_n) \\
K_2 = f(x_{n+1/2}, y_n + \dfrac{h}{2}K_1) \\
K_3 = f(x_{n+1}, y_n + h(-K_1 + 2K_2))
\end{cases}
\tag{5.65}
$$

使用三阶 Runge-Kutta 法求微分方程数值解的程序如下：

程序 5.47　DsolveRungeKutta3.m

```
function [y,x]=DsolveRungKutta3(f, a, b, y0, n)
%使用三阶 Runge-Kutta 法求解微分方程初值问题
% f        方程右边项(函数导数)
% [a b]    定义域
% y0       初值条件
% n        剖分数
% y        函数值
% x        与 y 对应的 x
if(nargin<5)
    n=50;
end
h = (b-a)/(n-1);
x=linspace(a, b, n);
y=zeros(n, length(y0));
y(1, :)=y0;
```

```
for k=1:n-1
    K1=f(x(k), y(k, :));
    K2=f(x(k)+1/2*h, y(k, :)+1/2*h*K1);
    K3=f(x(k+1), y(k, :)+h*(2*K2-K1));
    y(k+1, :) = y(k, :)+1/6*h*(K1 + 4*K2 + K3);
end
```

四阶 Runge-Kutta 法有

$$
\begin{cases}
y_{n+1} = y_n + \dfrac{h}{6}\left[K_1 + 2K_2 + 2K_3 + K_4\right] \\[2mm]
K_1 = f(x_n, y_n) \\[2mm]
K_2 = f\left(x_{n+1/2}, y_n + \dfrac{h}{2}K_1\right) \\[2mm]
K_3 = f\left(x_{n+1/2}, y_n + \dfrac{h}{2}K_2\right) \\[2mm]
K_4 = f(x_{n+1}, y_n + hK_3)
\end{cases}
\tag{5.66}
$$

使用四阶 Runge-Kutta 法求微分方程数值解的程序如下：

程序 5.48　　DsolveRungeKutta4.m

```
function [y, x]=DsolveRungeKutta4(f, a, b, y0, n)
% 使用四阶 Runge-Kutta 法求解微分方程初值问题
% f          方程右边项(函数导数)
% [a b]      定义域
% y0         初值条件
% n          剖分数
% y          函数值
% x      与 y 对应的 x
if(nargin<5), n=50; end
h= (b-a)/(n-1);
x=linspace(a, b, n)';
y=zeros(n,length(y0));
y(1,:)=y0;
for k=1:n-1
    K1=f(x(k), y(k, :));
    K2=f(x(k)+1/2*h, y(k, :)+1/2*h*K1);
    K3=f(x(k)+1/2*h, y(k, :)+1/2*h*K2);
    K4=f(x(k+1), y(k, :)+h*K3);
    y(k+1, :)=y(k, :)+1/6*h*(K1 + 2*K2+2*K3+K4);
end
```

例 5.23 求解下列常微分方程的初值问题.

$$\begin{cases} x'(t) = -2tx(t), 0 \leqslant t \leqslant 2 \\ x(0) = 1 \end{cases}$$

可以使用上面介绍的任何一种方法求解，程序如下：

程序 5.49   ExampleDsolve1.m

```
f=@(t, x) -2*t*x;
[x,t]=DsolveEuler(f, 0, 2, 1);    %欧拉法
plot(t, x, 'b');
hold on;
[x,t]=DsolveImprovementEuler(f, 0, 2, 1); %改进的欧拉法
plot(t, x,' :g');
[x, t]=DsolveMiddle(f, 0, 2, 1);    %中点法
plot(t, x, '-.r');
[x, t]=DsolveRungeKutta2(f, 0, 2, 1); %二阶 Runge-Kutta 法
plot(t,x,'--c');
[x, t]=DsolveRungeKutta3(f, 0, 2, 1);%三阶 Runge-Kutta 法
plot(t, x, '--y');
[x, t]=DsolveRungeKutta4(f, 0, 2, 1);%四阶 Runge-Kutta 法
plot(t, x, '-pm');
legend('欧拉法', '改进的欧拉法', '中点法', '二阶 Runge-Kutta 法', '三阶 Runge-Kutta 法',
       '四阶 Runge-Kutta 法');
hold off
```

上面程序使用了 6 种方法求解，运行结果如图 5.20 所示.

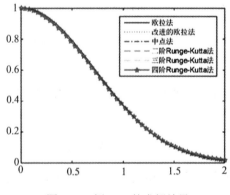

图 5.20   例 5.23 的求解结果

由于计算结果非常接近，图 5.20 中只看到一部分求解结果，其他结果被覆盖了。

对上面的 Runge-Kutta 法稍加推广，就可以用于求解高阶微分方程和微分方程组问题.

例 5.24 求解以下常微分方程组的初值问题.

$$\begin{cases} y_1'(t)=1.2y_1-0.1y_1y_2 \\ y_2'(t)=-0.5y_2+0.02y_1y_2 \\ y_1(0)=25 \\ y_2(0)=2 \end{cases}$$

程序 5.50　ExampleDsolve2.m

```
f=@(t,y) [1.2*y(:,1)-0.1*y(:,1).*y(:,2),-0.5*y(:,2)+0.02*y(:,1).*y(:,2)];
y0=[25,2];
[y,t]=DsolveRungeKutta4(f,0,15,y0);
plot(t,y);
legend('y_1(x)','y_2(x)','Location','North');
```

运行结果如图 5.21 所示.

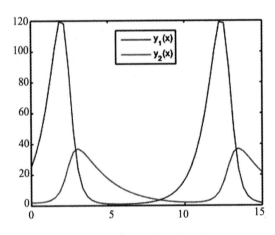

图 5.21　例 5.24 的求解结果

例 5.25 求解以下二阶常微分方程的初值问题.

$$\begin{cases} y''-3y'+2y=xe^{2x},0\leqslant x\leqslant 1 \\ y(0)=0,y'(0)=-1 \end{cases}$$

令 $z=y'$，则上面的二阶常微分方程转换成以下一阶方程组

$$\begin{cases} y'=z \\ z'=xe^{2x}+3z-2y \end{cases}$$

这样就可以通过求解一阶方程组来求解二阶常微分方程问题。

程序 5.51　ExampleDsolve3.m

```
f=@(t, y) [y(:, 2), t*exp(2*t)+3*y(:, 2) - 2*y(:, 1)];
y0=[0, -1];
```

```
[y, t]=DsolveRungeKutta4(f, 0, 1, y0);
plot(t, y);
legend('y(x)', 'y''(x)');
```

运行结果如图 5.22 所示.

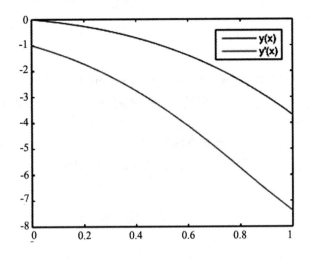

图 5.22   例 5.25 的求解结果

第 6 章　进 化 算 法

进化算法是效仿自然界中生物进化和遗传过程，按照"生存竞争，优胜劣汰"的原则，由初始状态经过多次迭代，逐步逼近所研究问题最优解的一类算法. 如果在进化过程中每代只有一个个体，则称为单个体进化算法，例如模拟退火法、(1+1)-进化策略均属于单个体进化算法；如果每代有多个个体，个体之间可以交互信息，则称为群智能算法，例如$(\mu + \lambda)$-进化策略、遗传算法、粒子群算法均属于群智能算法.

6.1　模 拟 退 火 法

模拟退火法(Simulated Annealing Algorithm，SAA)是一种通用随机模拟算法，用来在一个大的搜索空间内寻找问题的最优解. 退火是冶金学的专有名词，是指将材料加热后冷却. 材料中的原子原来会停留在使内能有局部最小值的位置. 加热使能量变大，原子会离开原来的位置，而随机在其他位置中移动. 退火冷却时速度较慢，使原子有较多可能可以找到内能比原先更低的位置. 模拟退火法是利用退火的原理，寻找函数的最小值. 模拟退火法的思想最早由 Metropolis 等人于 1953 年提出，1983 年 Kirkpatrick 等人成功将其运用于组合优化问题，随后人们又提出了热浴退火法、快速退火法、极快速退火法以及极快速再退火法等多种改进的模拟退火法，并广泛应用于管理科学、地球物理、地震资料分析等多个学科领域.

模拟退火法的一般步骤是：

(1) 初始化；

(2) 按某种规则产生新解；

(3) 以一定的准则接受新解为当前解；

(4) 如果满足终止条件则转第(6)步；否则降低温度，转第(2)步.

(5) 输出当前解.

不同的模拟退火法主要是在新解的生成方法、新解接受准则、降温策略和终止条件上有些不同.

6.1.1　经典 Metropolis 退火法

经典 Metropolis 退火法在求解不同问题时产生新解的方式不同. 对于 n 维连续函数的极小值问题，采用高斯型随机扰动的方法产生新解：

$$x_k'^{(i)} = x_{k-1}^{(i)} + \tau^{(i)}, \ i = 1, 2, \cdots, n \tag{6.1}$$

其中，$\tau^{(i)} \sim N(0, \sigma^2)$.

在接受新解时采用 Metropolis 准则，即

$$P(x_k = x_k') = \begin{cases} 1, & \Delta E < 0 \\ \dfrac{1}{1 + \exp\left(\dfrac{\Delta E}{T}\right)}, & \Delta E \geqslant 0 \end{cases} \tag{6.2}$$

即当新解更优时，接受新解；当新解不如当前解时，以概率 $\dfrac{1}{1 + \exp(\Delta E / T)}$ 接受新解.

降温策略：$T_k = \dfrac{T_0}{\ln(k+1)}$，$k \geqslant 1$.

终止条件：当连续 N 次没有找到更好解时结束.

经典 Metropolis 退火法的算法如下：

(1) 初始化：设定目标函数 $f(x)$，初始温度 T_0，初始状态 x_0，$k = 1$；

(2) 产生新解 $x_k'^{(i)} = x_{k-1}^{(i)} + \tau^{(i)}, i = 1, 2, \cdots, n$；

(3) 计算 $\Delta E = f(x_k) - f(x_{k-1})$；

(4) 按照 Metropolis 准则更新 x_k；

(5) 若满足终止条件，则转第(6)步；否则令 $k = k + 1$，降低温度 $T_k = \dfrac{T_0}{\ln(k+1)}$，则转第(2)步；

(6) 输出 x_k.

下面是求一元或多元函数最小值的模拟退火法的程序：

程序 6.1　MinSimulatedAnnealing.m

```
function [glx, gly, k] = MinSimulatedAnnealing(f, x, sigma)
% 使用模拟退火法求函数最小值
% f        目标函数(句柄)
% x        迭代初值
% sigma    扰动系数
% glx      历史最优解
% gly      最优解的函数值
% k        迭代次数
if(nargin<3),sigma=1; end
h=@(delta,T) 1/(1+exp(delta/T));        %接受新解的概率密度函数
y=f(x);
glx=x;
gly=y;
```

```
N=0;
k=1;
T0=100;                                %初始温度
T=T0;
while(N<=10)
    x1=x+1/(N+1)*sigma^2*randn(size(x));   %产生新解
    y1=f(x1);                          %计算新解的函数值
    delta=y1-y;
    if(delta<0)                        %如果新解更优,则接受新解为当前解
        x=x1;    y=y1;
        N=0;
        if(gly>y)                      %历史最优保存策略
            glx=x;
            gly=y;
        end
    else
        if(rand<h(delta,T))            %以一定概率接受新解
            x=x1;
            y=y1;
        end
        N=N+1;                         %计算连续没有找到更好的解的次数
    end
    k=k+1;
    T=T0/log(k);                       %降温
end
end
```

注：上面的程序对经典 Metropolis 退火法作了两个小的改变:

(1) 增加了历史最优保存策略;

(2) 在生成新解时采用公式(6.3).

$$x_k'^{(i)} = x_{k-1}^{(i)} + \frac{1}{N+1}\tau^{(i)}, \ i = 1, 2, \cdots, n \tag{6.3}$$

其中, N 为连续没有找到更好解的次数, 其作用是当 N 增加时, 适当减小新解的扰动系数, 这样可以在后期增加稳定性.

公式(6.4)也是一种常用的接受新解的准则, 即

$$P(x_k = x_k') = \begin{cases} 1, & \Delta E < 0 \\ \exp(-\dfrac{\Delta E}{T}), & \Delta E \geqslant 0 \end{cases} \tag{6.4}$$

降温策略为

$$T_k = c^k T_0 \tag{6.5}$$

其中，c 为衰减系数，$0 < c < 1$.

例 6.1 使用模拟退火法求函数 $f(x) = \sqrt{(1 - 4\cos(10\pi x))^2 + (4\sin(10\pi x))^2 + (1 - 5x)^2}$ 的极小值.

程序代码如下：

程序 6.2 ExampleMinSimulatedAnnealing.m

```
f=@(x) sqrt((1 - 4*cos(10*pi*x)).^2 + (4*sin(10*pi*x).^2+(1 - 5*x).^2));
[x, y] = MinSimulatedAnnealing(f, 0)
fplot(f, [-1, 1]);
hold on
plot(x, y, '+r');
hold off
```

运行结果如下，图 6.1 显示了函数图像及所求解的位置.

x = 0.2397

y = 1.9259

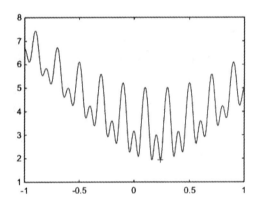

图 6.1 使用经典 Metropolis 退火法求函数最小值

6.1.2 快速退火法

快速退火法(Fast Annealing)是在经典 Metropolis 退火法的基础上修改了产生新解的方法和降温策略，它采用柯西型随机扰动的方法产生新解，即

$$x_k'^{(i)} = x_{k-1}^{(i)} + \xi^{(i)}, \ i = 1, 2, \cdots, n \tag{6.6}$$

其中，$\xi^{(i)} \sim C(0, \gamma)$ 是服从柯西分布的随机数. 柯西分布 $C(x, \gamma)$ 的概率密度函数为

$$f(x; x_0, \gamma) = \frac{1}{\pi}\left(\frac{\gamma}{(x - x_0)^2 + \gamma^2}\right) \tag{6.7}$$

若 $\mu \sim U(-\dfrac{\pi}{2},\dfrac{\pi}{2})$，$\xi = \tan\mu$，则 $\xi \sim C(0,1)$. 利用均匀分布随机数可以得到柯西分布随机数.

快速退火法的降温策略为 $T_k = \dfrac{T_0}{k+1}$，$k \geqslant 1$.

在经典 Metropolis 退火法的程序(程序 6.1)的基础上只需做少量修改即可得到快速退火法的程序，如下所示：

程序 6.3   MinFastSimulatedAnnealing.m

```
function [glx,gly,k] = MinFastSimulatedAnnealing(f,x,sigma)
... ...
x1=x+1/(N+1)*sigma^2* tan(-pi/2+pi*rand(size(x)));     %产生新解
... ...
T=T0/k;     %降温
... ...
```

例 6.2   使用快速退火法求函数 $f(x) = \sqrt{\cos(2\pi x)^2 + \sin(3\pi x)^2 + x^2}$ 的极小值.

程序代码如下：

程序 6.4   ExampleMinFastSimulatedAnnealing.m

```
f=@(x) sqrt((cos(2*pi*x)).^2+(sin(3*pi*x).^2+x.^2));
[x,y] = MinFastSimulatedAnnealing(f,0)
fplot(f, [-1, 1]);
hold on
plot(x, y, '+r');
hold off
```

程序运行结果如下，图 6.2 显示了函数图像及所求解的位置.

x = -0.3039

y = 0.5270

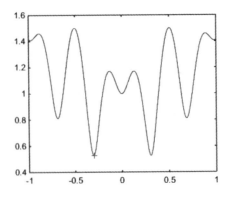

图 6.2   例 6.2 运行结果

6.1.3 极快速退火法

极快速退火法(Very Fast Annealing)产生新解的方式为

$$
\begin{cases}
x_k'^{(i)} = x_{k-1}^{(i)} + \zeta^{(i)}(b^{(i)} - a^{(i)}), \ i = 1, 2, \cdots, n \\
\zeta^{(i)} = \mathrm{sgn}(v) T_k((1 + \dfrac{1}{T_k})^{u^{(i)}} - 1)
\end{cases}
\tag{6.8}
$$

其中，$\mathrm{sgn}(\cdot)$是符号函数，$v \sim U(-1,1)$，$u^{(i)} \sim U(0,1)$，T_k是第 k 代温度，$x_{k-1}^{(i)} \in [a^{(i)}, b^{(i)}]$. 为使 $x_k'^{(i)} \in [a^{(i)}, b^{(i)}]$，将式(6.8)的 $x_k'^{(i)}$ 改为

$$
x_k'^{(i)} = \frac{1}{3}(x_{k-1}^{(i)} + \zeta^{(i)}(b^{(i)} - a^{(i)}) + a^{(i)} + b^{(i)}), \ i = 1, 2, \cdots, n
\tag{6.9}
$$

降温策略为

$$
T_k = T_0 \exp(-c k^{1/n}), \ k > 1
\tag{6.10}
$$

其中，c 为衰减因子. 新解的接受概率为

$$
P(x_k = x_k') =
\begin{cases}
1, & \Delta E < 0 \\
(1 - (1-h)\Delta E / T)^{\frac{1}{1-h}}, & \Delta E \geqslant 0
\end{cases}
\tag{6.11}
$$

其中，h 为常数，当 $h \to 1$ 时，$(1 - (1-h)\Delta E / T)^{\frac{1}{1-h}} \to \exp(-\dfrac{\Delta E}{T})$.

程序代码如下：

程序 6.5　MinVeryFastSimulatedAnnealing.m

```
function [glx, gly, k] = MinVeryFastSimulatedAnnealing(f, x, a, b, c)
% 使用极快速模拟退火法求函数最小值
% f          目标函数(句柄)
% x          迭代初值
% [a,b]      变量取值范围,若f是多元函数,则a和b都是向量
% c          衰减因子
% glx        历史最优解
% gly        最优解的函数值
% k          迭代次数
if(nargin<5), c=0.7; end
n=size(x, 2);
h=1/2;
H=@(delta, T) (1-(1-h)*delta./T).^(1/(1-h));        %接受新解的概率密度函数
y=f(x);
```

```
glx=x; gly=y;
N=0; k=1;
T0=100; T=T0;                            %初始温度
while(N<=10)
    upsilon=2*rand()-1;
    u=rand(size(x));
    zeta=sign(upsilon)*T*((1+1/T).^u-1);
    x1= 1/3*(x+ zeta.*(b-a) +a+b);       %产生新解
    y1=f(x1);                            %计算新解的函数值
    delta=y1-y;
    if(delta<0)                          %如果新解更优,则接受新解为当前解
        x=x1;   y=y1;
        N=0;
        if(gly>y)                        %历史最优保存策略
            glx=x;
            gly=y;
        end
    else
        if(rand<H(delta, T))             %否则以一定概率接受新解
            x=x1;   y=y1;
        end
        N=N+1;                           %计算连续没有找到更好的解的次数
    end
    k=k+1;
    T=T0*exp(-c*k^(1/n));                %降温
end
end
```

例 6.3　求二元函数 $f(x, y) = x^2 + \cos(y^2)$ 的最小值.

已知 $f(x, y)$ 的最小值在 $x \in [-1, 1]$ 和 $y \in [-10, 10]$ 的区域内取得，所以设置搜索区域为 $[-1, 1] \times [-10, 10]$.

程序 6.6　ExampleMinVeryFastSimulatedAnnealing.m

```
f=@(x) x(:, 1).^2+cos(x(:, 2).^2);      %定义目标函数
[X,Y]=meshgrid(-1:0.1:1, -10:0.1:10);   %生成网格
Z=zeros(size(X));
for i=1:size(Z,2)
    Z(:, i)=f([X(:, i), Y(:, i)]);      %计算函数值
end
mesh(X, Y, Z);   hold on;               %画图
```

[x,y] = MinVeryFastSimulatedAnnealing(f, [0 0], [-1 -10], [1 10])　　　%调用极快速模拟退火法

plot3(x(1), x(2), y, '+r');　hold off　　　%显示解的位置

运行结果如下：

x = -0.0053　　　-3.9639

y = -1.0000

图 6.3 显示了函数的图像，可以看出，该函数存在非常多的极小值点，若使用传统方法求解，则容易陷入局部极小值.

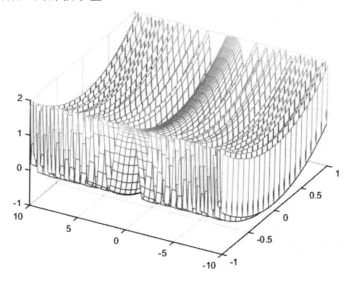

图 6.3　函数 $f(x, y) = x^2 + \cos(y^2)$ 的图像

6.2　进 化 策 略

1963 年，德国的 I. Rechenberg 和 H.P.Schwefel 为了研究风洞中的流体力学问题，提出了进化策略(Evolution Strategies，ES). 最早的进化策略是(1 + 1)-ES，进化过程中只有 1 个个体，并且只有突变这一种产生新解的算子. 随后，Rechenberg 又提出了 $(\mu + 1)$-ES，引入了群体，增加了重组算子，使进化策略有了明显改进. 1975 年，Schwefel 又提出 $(\mu + \lambda)$-ES 和 (μ, λ)-ES 两种进化策略，并且增加了选择算子，进一步完善了进化策略算法，使进化策略得到广泛应用.

6.2.1　(1 + 1)-ES

(1 + 1)-ES 在迭代过程中每一代只有一个个体，经过变异产生新个体，如果新个体优于原来个体，则用新个体替换原个体，否则保留原个体. 如此不断重复，直到满足终止条件.

变异操作是对原个体做随机扰动，即

$$x_k = x_{k-1} + \zeta_{k-1} \tag{6.12}$$

其中，$\zeta_{k-1} \sim N(0, \sigma_{k-1}^2)$，$\sigma_{k-1}$ 的大小决定变异程度，当 σ_{k-1} 较大时，变异程度大，系统处于不稳定的跳跃状态，适合迭代初期从一个区域跃迁到另一个区域；当 σ_{k-1} 较小时，变异程度小，系统处于较稳定的状态，适合后期精确搜索.

可以看出，进化策略在进化过程中，除了表示解的个体 x 在变化，变异参数 σ 也在变化，且 x 的变异明确依赖于 σ，所以在表示一个完整个体时使用 (x, σ) 来表示.

为了控制收敛速度，Rechenberg 提出了 "1/5 成功定律"，他认为新个体成功变异(变异后个体更优)的比例 φ 应为 1/5，若 φ 大于 1/5，则适当加大 σ；反之，减小 σ，即

$$\sigma_k = \begin{cases} c_d \sigma_{k-1}, & \varphi < 1/5 \\ \sigma_{k-1}, & \varphi = 1/5 \\ c_i \sigma_{k-1}, & \varphi > 1/5 \end{cases} \tag{6.13}$$

其中，φ 是变异成功次数与总变异次数之比，c_d 为小于 1 的系数，c_i 为大于 1 的系数. 一般情况下，从第 10 代之后再按此方式修改 σ.

终止条件可以是规定迭代的次数、连续变异失败的次数等.

使用 $(1+1)$-ES 求函数最小值的程序代码如下：

程序 6.7　MinES_1_1.m

```
function [x, y, k]=MinES_1_1(f, x0, sigma)
% 使用(1+1)-ES 求函数最小值
% f          目标函数(句柄)
% x0         迭代初值
% sigma      扰动系数
% x          最优解
% y          最优解的函数值
% k          迭代次数
if(nargin<3),sigma=1; end
cd=0.8;      %扰动系数收缩系数
ci=1.2;      %扰动系数放大系数
y=f(x);
N=0;         %连续失败次数
M=0;         %成功变异次数
k=1;         %迭代次数
x = x0;
while(N<=20)
    x1=x+sigma/(N+1)*randn(size(x));    %产生新解
    y1=f(x1);                           %计算新解的函数值
    delta=y1-y;
    if(delta<0)                         %如果新解更优,则接受新解为当前解
        x=x1;
```

```
        y=y1;
        N=0;
    M=M+1;                              %计算成功变异次数
    else
        N=N+1;                          %计算连续没有找到更好的解的次数
    end
    %根据"1/5 定律"修改 sigma
    if(k>10)
        if(M/k<1/5)
            sigma=cd*sigma;
        elseif(M/k>1/5)
            sigma=ci*sigma;
        end
    end
    k=k+1;
    end
end
```

例 6.4　使用(1+1)-ES 求函数 $f(x) = -\dfrac{1}{2}\cos(x) - \dfrac{1}{3}\cos(3x) + \sin(\dfrac{1}{2}x)$ 的极小值.

程序 6.8　ExampleMinES_1_1.m

```
f=@(x) -1/2*cos(x) -1/3*cos(3*x)+sin(x/2);
[x,y]=MinES_1_1(f,1)
fplot(f,[-10,10]);
hold on
plot(x,y,'+r');
hold off
```

运行结果如下，图 6.4 显示了函数图像及所求解的位置.

x = -2.0326

y = -0.9550

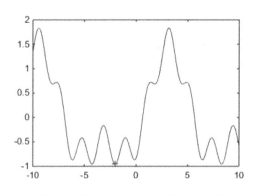

图 6.4　使用(1 + 1)-ES 求最小值结果

6.2.2　$(\mu+1)$-ES

由于$(1+1)$-ES 在迭代过程中只有一个个体，没有群体的作用，因此具有明显的局限性. 随后，Rechenberg 又提出了$(\mu+1)$-ES，每代的群体中有μ个个体，并引入重组算子(Recombination)，使不同个体之间可以交换信息，从而提高进化效率. 在执行重组时，从父代群体中随机选择两个个体，即

$$\begin{cases} (X^0,\sigma^0)=((x_1^0,x_2^0,\cdots,x_n^0),(\sigma_1^0,\sigma_2^0,\cdots,\sigma_n^0)) \\ (X^1,\sigma^1)=((x_1^1,x_2^1,\cdots,x_n^1),(\sigma_1^1,\sigma_2^1,\cdots,\sigma_n^1)) \end{cases} \tag{6.14}$$

从这两个个体的各分量中随机选取某一个分量，重组成新个体，即

$$(X,\sigma)=((x_1^{q_1},x_2^{q_2},\cdots,x_n^{q_n}),(\sigma_1^{q_1},\sigma_2^{q_2},\cdots,\sigma_n^{q_n})) \tag{6.15}$$

其中，$q_i=0$ 或 1，这种重组方式称为离散型重组. 也可以表示为

$$\begin{cases} x_i=q_ix_i^0+(1-q_i)x_i^1 \\ \sigma_i=q_i\sigma_i^0+(1-q_i)\sigma_i^1 \end{cases} \tag{6.16}$$

此时新的个体的分量是被选中的两个个体中的某一个分量，是二选一，无法产生中间态，特别是对一维问题其弊端更为明显.如果允许q_i取 0~1 范围内的小数，即$q_i\sim U(0,1)$，则重组算子变成对两个个体进行随机加权平均，这种重组方式称为广义中值型重组.

对重组产生的个体进行变异操作，变异方式与$(1+1)$-ES 相同.

将变异后的个体与父代个体进行比较，若优于父代中最差个体，则变异后的个体成为下一代群体中的一个新成员.

由于每次迭代有μ个旧个体和一个新个体，并且是从这$(\mu+1)$个个体中选择最优的μ个体进入下一代，所以称为$(\mu+1)$-ES.

使用$(\mu+1)$-ES 求函数最小值的程序代码如下:

程序 6.9　MinES_u_1.m

```
function [history_x, history_y, k] = MinES_u_1(f, x0, u, sigma)
%  使用(μ+1)-ES 求函数最小值
% f              目标函数(句柄)
% x0             迭代初值
% sigma          扰动系数
% history_x      历史最优解
% history_y      最优解的函数值
% k              迭代次数
if(nargin<3), u=10; end
if(nargin<4), sigma = ones(u, size(x0, 2)); end
```

```
cd=0.8;        %扰动系数放大系数
ci=1.2;        %扰动系数收缩系数
m=size(x0, 2);
if(size(sigma, 1)==1)
    sigma = repmat(sigma, u, 1);
end
x=repmat(x0, u, 1)+sigma.*randn(u, m);        %产生初始群体
y=f(x);                                       %计算初始群体的函数值
[history_y, mini]=min(y);
history_x=x(mini, :);
N=0;
M=1;
k=1;
while(N<=20)
    %随机选择两个个体,然后进行重组
    q1=floor(1+u*rand());
    q2=floor(1+u*rand());
    w=rand(1,m);
    x1=w.*x(q1, :) + (1-w).*x(q2, :);        %重组，采用加权平均
    sigma1=w.*sigma(q1, :) + (1-w).*sigma(q2, :);
    if(k>10)
        if(M/k<1/5)
            sigma1=cd*sigma1;
        elseif(M/k>1/5)
            sigma1=ci*sigma1;
        end
    end
    x1=x1+sigma1/(N+1).*randn(1, m);         %变异
    y1=f(x1);                                %计算新解的函数值
    [maxy, maxi]=max(y);                     %查找群体中最差个体
    if(y1<maxy)                              %如果新个体比最差个体好，则替换最差个体
        x(maxi, :)=x1;
        y(maxi)=y1;
        sigma(maxi, :)=sigma1;
        N=0;
        M=M+1;
        if(history_y>y1)                     %历史最优保存策略
            history_x=x1;
            history_y=y1;
```

```
        end
    else
        N=N+1;
    end
    k=k+1;
end
end
```

例 6.5　使用 $(\mu+1)$-ES 求函数 $f(x) = -\dfrac{1}{2}\cos(x) - \dfrac{1}{3}\cos(3x) + \sin(\dfrac{1}{2}x)$ 的极小值.

程序 6.10　ExampleMinES_u_1.m

```
f=@(x) -1/2*cos(x) -1/3*cos(3*x)+sin(x/2);
[x,y] = MinES_u_1(f,1)
fplot(f,[-10, 10]);
hold on
plot(x, y, '+r');
hold off
```

运行结果如下, 图 6.5 显示了解的位置.

```
x =
    -2.0380
y =
    -0.9550
```

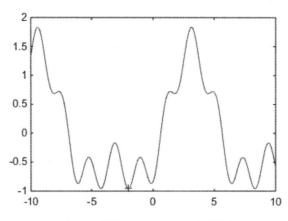

图 6.5　使用 $(\mu+1)$-ES 求最小值结果

6.2.3　$(\mu + \lambda)$-ES 和 (μ, λ)-ES

1975 年, Schwefel 在 $(\mu + 1)$-ES 的基础上提出了 $(\mu + \lambda)$-ES 和 (μ, λ)-ES 两种算法. $(\mu+1)$-ES 每代只生成一个新个体, 而 $(\mu + \lambda)$-ES 和 (μ, λ)-ES 都是每代生成 λ 个新个体, 不同的是在选择个体进入下一代群体时, $(\mu + \lambda)$-ES 是从 μ 个旧个体和 λ 个新个体(共 $(\mu + \lambda)$

个个体)中选择 μ 个个体进入下一代群体，而(μ, λ)-ES 仅从 λ 个新个体中选择 μ 个个体进入下一代群体(这时要求 $\mu > \lambda$).

同时，Schwefel 还引入了新的变异算子，σ 也不再按"1/5 成功定律"来更新，而是使用公式

$$\sigma_k = \sigma_{k-1} \exp(\zeta_1 + \zeta_2) \tag{6.17}$$

其中，$\zeta_1 \sim N(0, \tau_1^2), \zeta_2 \sim N(0, \tau_2^2)$，$\tau_1^2 = \dfrac{1}{2\sqrt{n}}$，$\tau_2^2 = \dfrac{1}{2n}$. 也可以使用更简单的公式

$$\sigma_k = \sigma_{k-1} \exp(\zeta) \tag{6.18}$$

其中，$\zeta \sim N(0, \tau^2)$，$\tau^2 = \dfrac{1}{n}$.

使用($\mu + \lambda$)-ES 求函数最小值的程序代码如下：

程序 6.11   MinES_mu_lambda.m

```
function [history_x, history_y, k] = MinES_mu_lambda(f, x, mu, lambda)
%  使用(μ+λ)-ES 求函数最小值
% f              目标函数(句柄)
% x              迭代初值
% mu             群体规模
% lambda         新个体数
% history_x      最优解
% history_y      最优解的函数值
% k              迭代次数
if(nargin<3), mu=10; end
if(nargin<4), lambda=2*mu; end
n=size(x, 2);
tao1=1/sqrt(2*sqrt(n));
tao2=1/sqrt(2*n);
sigma = exp(tao1*randn(mu,n)+tao2*randn(mu,n));     %产生初始群体的σ值
x=repmat(x, mu, 1)+sigma.*randn(mu, n);             %产生初始群体
y=f(x);                                             %计算初始群体的函数值
history_x=x(1,:);
history_y=y(1);
N=0;            %连续失败迭代次数
k=1;
while(N<10)
    %随机选择 2λ个个体,然后两两配对进行重组
    q1=floor(1+mu*rand(lambda, 1));
    q2=floor(1+mu*rand(lambda, 1));
```

```matlab
        w=rand(lambda, n);
        x1=w.*x(q1, :) + (1-w).*x(q2, :);              %重组，采用广义中值重组
        sigma1=w.*sigma(q1, :) + (1-w).*sigma(q2, :);
        %对 σ 进行变异
        sigma1=sigma1.*exp(tao1*randn(lambda,n)+tao2*randn(lambda,n));
        x1=x1+sigma1/(N+1).*randn(lambda,n);           %对 x 进行变异
        y1=f(x1);                                      %计算新解的函数值
        x2=[x; x1];                        %将新生成的λ个个体与原u个个体组成 u+λ个个体
        y2=[y; y1];
        sigma2=[sigma; sigma1];
        [~, ind]=sort(y2);                 %对 u+λ个个体进行排序
        x=x2(ind(1:mu),:);                 %选择前 u 个个体
        y=y2(ind(1:mu));
        sigma=sigma2(ind(1:mu), :);
        if(history_y>y(1))                 %历史最优保存策略
            history_x=x(1, :);
            history_y=y(1);
            N=0;
        else
            N=N+1;
        end
        k=k+1;
    end
end
```

使用(μ, λ)-ES 求函数最小值的程序代码如下：

程序 6.12　MinES_mulambda.m

```matlab
function [history_x, history_y, k] = MinES_mulambda(f, x, mu, lambda)
% 使用(μ, λ)-ES 求函数最小值
% f            目标函数(句柄)
% x            迭代初值
% u            群体规模
% lambda       新个体数
% history_x    历史最优解
% history_y    最优解的函数值
% k            迭代次数
if(nargin<3), mu=10; end
if(nargin<4), lambda=2*mu; end
n=size(x, 2);
```

```
tao1=1/sqrt(2*sqrt(n));
tao2=1/sqrt(2*n);
sigma = exp(tao1*randn(mu, n)+tao2*randn(mu, n));              %产生初始群体的σ值
x=repmat(x, mu, 1)+sigma.*randn(mu, n);                        %产生初始群体
N=0;
k=1;
history_y=inf;
while(N<10)
    %随机选择 2λ 个个体，然后两两配对进行重组
    q1=floor(1+mu*rand(lambda, 1));
    q2=floor(1+mu*rand(lambda, 1));
    w=rand(lambda,n);
    x1=w.*x(q1, :) + (1-w).*x(q2, :);          %重组，采用广义中值重组
    sigma1=w.*sigma(q1,:) + (1-w).*sigma(q2, :);
    sigma1=sigma1.*exp(tao1*randn(lambda, n)+tao2*randn(lambda, n));    %对σ进行变异
    x1=x1+sigma1/(N+1).*randn(lambda, n);        %对 x 进行变异
    y1=f(x1);                           %计算新解的函数值
    [~, ind]=sort(y1);                  %对λ个个体进行排序
    x=x1(ind(1:mu),:);                  %选择前 u 个个体
    y=y1(ind(1:mu));
    sigma=sigma1(ind(1:mu), :);
    if(history_y>y(1))                  %历史最优保存策略
        history_x=x(1, :);
        history_y=y(1);
        N=0;
    else
        N=N+1;
    end
    k=k+1;
end
end
```

例 6.6 使用$(\mu+\lambda)$-ES 和(μ, λ)-ES 求 $f(x_1,x_2)=x_1^2+x_2^2-10(\cos(2\pi x_1)+\cos(2\pi x_2)))$ 的最小值.

程序 6.13 ExampleMinMuLambda_ES.m

```
f=@(x) sum(x.^2, 2)-10*sum(cos(2*pi*x), 2);
[X, Y]=meshgrid(-5:0.1:5, -5:0.1:5);
Z=zeros(size(X));
for i=1:size(Z, 2)
```

```
        Z(:, i)=f([X(:, i), Y(:, i)]);
end
subplot(1, 2, 1);
mesh(X, Y, Z);              %画函数 f(x)的三维曲面图
subplot(1, 2, 2);
contour(X, Y, Z);          %画等高线图
hold on
disp('(μ+λ)-ES 结果:')
[x, y]=MinES_mu_lambda(f, [5 5])        %使用(μ+λ)-ES 求解
plot(x(1), x(2), '+r');                  %标示解的位置
disp('(μ,λ)-ES 结果:')
[x, y]=MinES_mulambda(f, [5 5])          %使用(μ,λ)-ES 求解
plot(x(1), x(2), '*g');                  %标示解的位置
hold off
```

运行结果如下:

$(\mu + \lambda)$-ES 结果:

x =

1.0e-03 *

    0.1006   -0.4446

y =   -20.0000

(μ, λ)-ES 结果:

x =   0.0371   -0.0116

y =   -19.7015

图 6.6 是函数 $f(x_1, x_2)$的图像,可以看出该函数包含了非常多的极小值点,在求解时容易陷入局部极小值. 结果显示$(\mu + \lambda)$-ES 和(μ, λ)-ES 都具有较好的全局搜索能力.

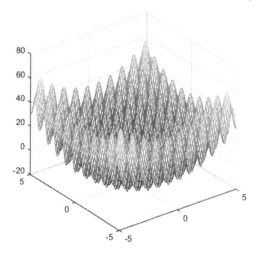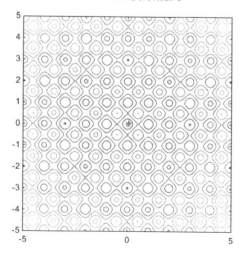

图 6.6   函数 $f(x_1, x_2)$ 的图形及其等高线

6.3 遗 传 算 法

遗传算法(Genetic Algorithm，GA)是目前使用最广泛的群智能算法，它模拟生物优胜劣汰的进化过程，主要包含选择、交叉、变异 3 个算子. 选择算子负责优胜劣汰，交叉算子负责利用优秀的基因生成新的个体，变异算子负责产生新的基因. 遗传算子就是在不断地进行选择、交叉、变异，使一个最初是完全随机的群体向优秀的群体发展，最终达到最优状态的过程，这个过程称为进化.

群体(Population)是由多个个体(Individual)组成的，群体中的个体数量称为群体规模。群体规模太小，基因数量就少，就有可能进化不到最优解；群体规模太大，则计算量就会大，所以要选择合适大小的群体规模.

个体的表示称为编码(Coding). 有二进制编码、格雷编码、实值编码、序号编码、符号编码等，具体采用什么编码，需要根据实际问题来确定. 二进制编码、格雷编码和实值编码适合应用于一般的方程求根、函数极值问题；符号编码适用于非数值的特殊问题；序号编码适用于排列组合问题. 不同编码使用的交叉算子、变异算子也各不相同，需要为特定编码设计相应的算子.

编码的每一位称为一个基因位，其状态称为基因(Gene). 多个基因组成的集合称为染色体(Chromosome)，染色体决定了个体的表现.

评判个体的优劣采用适应度函数(Fitness). 不同问题的适应度函数不同，但一般要求越优的个体适应度值越大，适应值在[0，1]之间. 在计算个体的适应度值之前需要对个体进行解码(Decoding)，获得个体的表现型(Phenotype).

遗传算法的一般步骤如下：

(1) 产生初始群体；

(2) 计算每个个体的适应度值；

(3) 选择；

(4) 交叉；

(5) 变异；

(6) 判断是否满足终止条件，如果满足，则停止，否则转第(2)步.

如果采用二进制编码或格雷编码，在计算适应度值之前还应该进行解码，将二进制形式转换成实值形式.

选择完成后，将被选择的个体组成新的群体，这个过程称为复制.

交叉有可能破坏原有的优秀个体，如果每次交叉所有的个体都参与，就会导致群体过于动荡，所以通常还会设计一个交叉概率，只在一定的概率下进行交叉运算. 变异也会破坏原有的个体，所以需要设置一个变异概率.

为了确保在进化过程中产生的最优个体能够保存下来，可以设置最优保存策略. 大变异策略能够避免群体过于集中，避免出现过早收敛的情况.

6.3.1　二进制编码遗传算法

1. 编码

二进制编码(Binary Code)是最早采用的编码方式，也是遗传算法中理论基础最完善的一种编码方式，其应用也最为广泛. 设编码长度为 n，一个个体就是一个 n 位的 0-1 串，记为 $G = (g_{n-1}\cdots g_1 g_0)$，其中 $g_i = 0$ 或 1. 设求解区间为 $[a, b]$，则可将个体 G 解码为 $[a, b]$ 内的实数，即

$$x = a + \frac{b-a}{2^n - 1}\sum_{i=0}^{n-1} g_i 2^i \tag{6.19}$$

编码长度 n 的个体最多有 2^n 个不同的状态，对应 $[a, b)$ 内的实数也是 2^n 个，所以 n 越大，求解精度越高. 求解精度 ε (相邻两个数之间的间距)与编码长度 n 有如下关系：

$$\varepsilon = \frac{(b-a)}{2^n - 1} \tag{6.20}$$

$$n = \left\lceil \frac{b-a}{\varepsilon} + 1 \right\rceil \tag{6.21}$$

一般设 $8 \leqslant n \leqslant 128$，$n$ 越大，计算量也越大.

在解决多维问题时，先对每一维单独进行编码，然后拼接成一个较长的编码. 解码时先将个体按维度分解成多个子编码，再分别转换成实值即可. 下面程序可以将二进制编码转成指定范围内的实值.

程序 6.14　Decoding.m

```
function x=Decoding(G, a, b)
% 解码，将二进制编码的群体转换成实值形式
% G 二进制编码的群体
% [a, b] 转换后的取值范围，当 a 和 b 是向量时，说明是多维问题
% x 解码后个体
[m, n]=size(G);
d=length(a); %维度
if(d==1)
    %如果是一维问题,则直接解码
    K=repmat(2.^(n-1:-1:0), m, 1);      %权值, 2^i, i=n-1, n-2, …, 0
    x=a+(b-a)*sum(G.*K, 2)/(2^n-1);     %转换公式
else
    %如果是多维问题,则对个体进行分解，再解码
    L=n/d;            %子串长度
    x=zeros(m,d);
    for i=1:d
```

```
        x(:, i)=Decoding(G(:, L*(i-1)+1:L*i), a(i), b(i));        %取第 i 个子串进行解码
    end
end
end
```

格雷编码(Gray Code)也是一种 0-1 编码，最早应用在通信领域. 格雷编码的特点是任意两个相邻整数的编码只有一位二进制数不同. 在遗传算法中使用格雷编码的好处是在进行交叉、变异等操作时，不会因为某一个位的变化导致解码后的数值差异太大. 在对格雷编码进行解码时，先将格雷编码转换成二进制编码，再按式(6.19)转换成对应的实值.

设二进制编码为$(b_{n-1}\cdots b_1 b_0)$，对应的格雷编码为$(g_{n-1}\cdots g_1 g_0)$，可以使用下面方法将二进编码转换成格雷编码：

$$\begin{cases} g_{n-1}=b_{n-1} \\ g_i=b_{i+1}\oplus b_i, i=0,1,\cdots,n-2 \end{cases} \tag{6.22}$$

其中，$\oplus$ 表示异或运算，$0\oplus 0=0, 1\oplus 0=1, 0\oplus 1=1, 1\oplus 0=0$. 例如，二进制编码 11010010 转换成格雷编码为 10111011. 其 MATLAB 程序为：

程序 6.15　BinaryToGrayCode.m

```
function gray=BinaryToGrayCode(binary)
% 将二进制编码转换成格雷编码
% binary   二进编码
% gray     格雷编码
gray=zeros(size(binary));
gray(:, 1)=binary(:, 1);
gray(:, 2:end)=xor(binary(:, 1:end-1), binary(:, 2:end));
```

反之，使用下面的方法将格雷编码转换为二进制编码，即

$$\begin{cases} b_{n-1}=g_{n-1} \\ b_{i-1}=g_{i-1}\oplus b_i, i=1,\cdots,n-1 \end{cases} \tag{6.23}$$

例如，格雷编码 01001101 转换成二进制编码为 01110110. 其 MATLAB 程序为：

程序 6.16　GrayCodeToBinary.m

```
function binary=GrayCodeToBinary(gray)
% 将格雷编码转换成二进制编码
% gray     格雷编码
% binary   二进制编码
binary=zeros(size(gray));
binary(:, 1)=gray(:, 1);
n=size(gray,2);
for i=2:n
```

```
binary(:, i)=xor(gray(:, i), binary(:, i-1));
end
```

2. 初始群体

初始群体是算法搜索的出发点. 为了使迭代初期能在较广的范围内寻优, 初始群体应尽可能均匀地分散在整个搜索空间. 一般采用随机的方式生成每一个个体的每一位, 每一位取 0 和 1 的概率都是 1/2. 下面的程序可以生成编码长度为 n, 有 m 个个体的随机群体.

程序 6.17　GA_Initial.m

```
function G = GA_Initial(m, n)
%生成初始群体
% m  个体数
% n  编码长度
% G  群体, 是一个 m×n 的 0-1 矩阵
G=rand(m, n) < 0.5;
```

3. 选择算子

选择算子(Selection)负责从群体中选择较优良的个体进入下一代, 是算法向前发展的最主要算子. 为了保持群体的整体优良性和多样性, 通常采用随机选择法, 每个个体都有一定的概率被选中, 较优的个体被选中的概率较大, 较差的个体被选中的概率较小. 最经典的选择算子是轮盘赌选择(Roulette Wheel Selection), 它模拟一种博彩游戏, 在圆形轮盘上有若干个大小不一的格子, 轮盘上面有一颗珠子(有时也使用指针), 轮盘旋转后珠子在轮盘上滚动, 当轮盘停止时, 珠子停在哪个格子就可以选中相应的奖项, 格子越大, 选中该奖项的概率就越高. 轮盘赌选择就是通过这种方式以较大的概率选择较好的个体.

设共有 m 个个体, 第 i 个个体的选择概率为 p_i, 令 $P_0 = 0$, $P_i = \sum_{j=1}^{i} p_j$, $i = 1, 2, \cdots, m$.

显然有 $P_m = 1$. 轮盘赌选择可以表述为: 生成随机数 $r \sim U(0,1)$, 若 $P_{i-1} \leqslant r < P_i$, 则选择第 i 个个体.

选择概率 p_i 通常由适应度函数值来计算:

$$p_i = \frac{f_i}{\sum_{j=1}^{m} f_j} \tag{6.24}$$

其中, f_i 为第 i 个个体的适应度值, 且 $f_i > 0$.

使用轮盘赌选择每次可以选择一个个体, 重复这个过程, 就可以选择所需的个体数目. 轮盘赌选择的程序代码如下:

```
function S=RWS(F)
%轮盘赌选择
% F    适应度
% S    选择结果(个体序号)
n=length(F);
p=F./sum(F);       %适应度值归一化
P=cumsum(p);       %适应度值累加
r=rand(n, 1);      %产生 n 个随机数
S=zeros(n,1);
for i=1:n
    S(i)=find(r(i)<P, 1);        %查找满足 P(j-1)<r<P(j)的 j
end
```

常用的选择算子还有分级选择、竞技选择等.

分级选择(Ranking Selection)是对轮盘赌选择的一种改进. 在轮盘赌选择中, 个体的选择概率依赖于适应度值的大小, 当个体的适应度值差别很大时, 个别特别优的个体会被多次选中, 减少群体的多样性, 这在迭代初期是不利的. 为了避免个体的选择概率相差太大, 采用分级的方法, 为个体赋予指定的选择概率.

将适应度值从大到小进行排序, 设为 $f_1, f_2, \cdots, f_m$, 对应的选择概率为 $p_1, p_2, \cdots, p_m$, 根据"适者生存"的原则应该有 $p_1 > p_2 > \cdots > p_m$. 可以采用线性分级法, 事先设定最优个体选择概率 p_1, 其他个体选择概率可以按下式计算, 即

$$p_i = p_1 - \frac{i-1}{m-1}\left(2p_1 - \frac{2}{m}\right), \ \ i = 2,\cdots,m \tag{6.25}$$

最后一个个体的选择概率为 $p_m = \frac{2}{m} - p_1$, 为使 $p_m \geqslant 0$, 事先设定的 p_1 应满足 $p_1 \leqslant \frac{2}{m}$.

还可以使用非线性分级法, 即

$$p_i = p_1(1 - p_1)^{i-1} \tag{6.26}$$

当 m 较大时, $\sum_{i=1}^{m} p_i \approx \sum_{i=1}^{\infty} p_i = 1$.

确定了选择概率, 就可以按照轮盘赌选择法进行选择. 分级选择法的程序代码如下:

```
function S=RankingSelection(F, p1)
%分级选择法
% F        适应度
% p1       最优个体选择概率
% S        选择结果(个体序号)
```

```
m=length(F);
if(nargin<2),p1=2/m; end
[~,J]=sort(F,'descend');            %对适应度降序排序
i=1:m;
p=p1-(i-1).*(2*p1-2/m)/(m-1);       %按线性分级法计算个体的选择概率
s=RWS(p);         %使用轮盘赌选择法选择
S=J(s);           %获取实际选择个体序号
end
```

竞技选择(Tournament Selection)又称锦标赛选择，从群体中随机选择 q 个个体，再从这 q 个个体中选择最优的个体进入下一代，重复 m 次即可得到下一代群体. 被选择的个体仍然放进群体中候选，允许多次被选中. 参数 q 体现了选择强度，q 越大，每次选择出的优胜个体就越集中. 反之，q 越小，选中的个体就越分散，随机性就越强. 一般取 $2 \leqslant q \leqslant 4$.

竞技选择法的程序代码如下：

程序 6.20　　TournamentSelection.m

```
function S=TournamentSelection(F, q, n)
%竞技选择法
% F        适应度，列向量
% q        每次选择 q 个个体，再从 q 个个体中选择最优个体
% S        选择结果(个体序号)
if(nargin<2), q=4; end
if(nargin<3), n=length(F);end
r=floor(1+n*rand(n, q));            %生成 n*q 随机矩阵
[~, J]=max(F(r), [], 2);            %求每行最大值的下标，其中 F(r)为随机选择的 n*q 个适应度值
S=r((1:n)'+n*(J-1));               %获取选择的实际个体序号
end
```

4. 交叉算子

交叉(Crossover)算子是遗传算法产生新个体的主要算子，通过交换个体的基因来实现交换信息. 最基本的交叉算子是单点交叉(One-point Crossover)，对于两个个体，随机选择一个交叉位，交换该位置之后的所有基因，得到两个新的个体.

例如：

交叉前	交叉位	交叉后
0 1 1 0 1 1 1 0	3	0 1 1 1 0 0 1 1
1 0 1 1 0 0 1 1		1 0 1 0 1 1 1 0

单点交叉的程序代码如下：

程序 6.21　　OnePointCrossover.m

```
function G=OnePointCrossover(G, Pc)
%单点交叉
```

```
% G  群体
% Pc  交叉概率
if(nargin<2), Pc=0.7; end
[m,n]=size(G);          %群体规模
k = randperm(m);          %生成一个 1~n 的随机排列，用于随机配对
for i=1:m
    if (rand()<Pc &&i~=k(i))       %以概率 Pc 交叉
        r=floor(1+n*rand());       %生成交叉位
        G([i k(i)], r:end)=G([k(i) i], r:end);   %交换 r 位之后的基因
    end
end
end
```

常用的交叉算子还有多点交叉和均匀交叉. 多点交叉(Multi-point Crossover)是随机选择多个交叉位，将奇数交叉位之后、偶数点交叉位之前的基因进行交换.

例如：

交叉前	交叉位	交叉后
01101110	3 7	01110010
10110011		10101111

多点交叉的程序代码如下：

程序 6.22   MultiPointCrossover.m

```
function G=MultiPointCrossover(G, q, Pc)
%多点交叉
% G 群体
% Pc 交叉概率
% q 交叉位数
if(nargin<2), q=2; end
if(nargin<3), Pc=0.7; end
[m, n]=size(G);   %群体规模
k = randperm(m);          %生成一个 1~n 的随机排列，用于随机配对
Odd=mod(q, 2)==1;
for i=1:m
    if (rand()<Pc &&i~=k(i))       %以概率 Pc 交叉
        if(Odd)
            r=[sort(randperm(n-1, q)), n];    %生成交叉位
        else
            r=sort(randperm(n-1, q));         %生成交叉位
        end
        for j=1:2:q
```

```
        G([i k(i)], r(j):r(j+1))=G([k(i) i], r(j):r(j+1));        %交换基因
        end
      end
   end
 end
```

均匀交叉(Uniform Crossover)是对每一个基因位都以概率 0.5 进行交换,通常是生成一个等长的 0-1 串(称为掩码),再根据 0-1 状态决定是否交换.

例如:

交叉前	掩码	交叉后
0 1 1 0 1 1 1 0	0 1 1 0 1 1 0 1	0 0 1 0 0 0 1 1
1 0 1 1 0 0 1 1		1 1 1 1 1 1 1 0

多点交叉的程序代码如下:

程序 6.23　　UniformCrossover.m

```
function G=UniformCrossover(G, Pc)
%均匀交叉
% G 群体
% Pc 交叉概率
if(nargin<2), Pc=0.7; end
[m, ~] = size(G);
k = randperm(m);              %生成一个 1~n 的随机排列,用于随机配对
w = rand(size(G))<0.5;        %生成一个 0-1 矩阵, 0 表示不交换, 1 表示交换
p = rand(m, 1)>=Pc;           %以概率 1-Pc 生成一个 0-1 的随机向量
w(p, :)=0;
G=G&~w | G(k, :)&w;           %根据掩码 w 进行交换
```

交叉操作可以形成新的染色体,但过于频繁的交叉也会破坏进化形成的较好的染色体,并减少染色体的多样性,使群体中的个体趋于相同,过早地陷入局部极值点. 为避免出现这种情况,设置一个适当的交叉概率 P_c 来控制群体中个体进行交叉的比例. 一般取 $0.5 < P_c < 0.8$.

5. 变异算子

变异(Mutation)可以看作是对已有个体的一种随机改变,通过变异可以产生新的个体,在搜索进入局部极值点时,变异给了群体一个逃离局部极值点的机会. 基本位变异(Simple Mutation)是对一个个体,随机选择一个或多个基因位,对所选择的基因位上的值求反.

例如:

变异前	变异基因位	变异后
0 1 1 0 1 1 1 0	5	0 1 1 0 0 1 1 0

基本位变异的程序代码如下:

程序 6.24　SimpleMutation.m

```
function G=SimpleMutation(G, q, Pm)
%单点变异
% G 群体
% q  变异点数
% Pm 变异概率
if(nargin<2), q=1; end
if(nargin<3), Pm=0.1; end
[m, n]=size(G);
for i=1:m
    if rand()<Pm                      %以概率 Pm 进行变异
        r=floor(1+n*rand(1, q));      %生成随机变异位
        G(i, r)=~G(i, r);             %变异(取反)
    end
end
```

变异算子会改变个体的基因表达, 有可能得到更好的个体, 也有可能得到更坏的个体, 如果群体中的每一个个体都进行变异, 会使群体变得过于不稳定, 影响收敛性. 通过设置变异概率 P_m 来控制群体中个体进行变异的比例, 从而使群体能够在后期逐渐趋于稳定. 一般取 $P_m < 0.3$, 也可以使用变化的变异概率, 迭代前期取较大的值, 后期取较小的值.

6. 适应度函数

适应度用于评价个体的优劣程度, 是选择算子的依据, 也是驱使算法向前发展的动力. 一般来说, 适应度函数应该满足以下三个方面:

(1) 非负, 即所有的适应度都应该大于等于 0.

(2) 单调、一致性, 即越优的个体适应度越大.

(3) 易于计算.

适应度函数是通过目标函数转换而来的, 对于求根问题, 可以使用

$$f(y) = \frac{1}{1+|y|} \tag{6.27}$$

作为适应度函数, 其中, y 为待求根的函数. 如果是求函数的最小值, 且已知函数的上界和下界, 则可以使用

$$f(y) = \frac{y_{\max} - y}{y_{\max} - y_{\min}} \tag{6.28}$$

作为适应度函数, 其中, $y_{\min}$ 和 $y_{\max}$ 分别是目标函数的下界和上界. 求函数的最大值, 则可以使用

$$f(y) = \frac{y - y_{\min}}{y_{\max} - y_{\min}} \tag{6.29}$$

7. 最优保存策略

虽然在迭代过程中群体整体向好的方向发展，但也有可能出现个别最优个体在经过选择、交叉、变异后变得较差，并且之后也没有比它更好的个体出现，这样就丢失了历史最优个体. 为了解决这个问题，可以在迭代过程中保留历史最优个体，在新的迭代出现更优个体后，则替换之.

8. 终止条件

遗传算法是一个不断迭代的过程，需要一个终止条件来结束迭代过程，终止条件一般有以下 3 种：

(1) 规定最大迭代次数. 当迭代次数达到规定的次数时立即停止迭代过程.

(2) 规定最小偏差. 若已知最优解对应的适应度值，则可以使用 $|f_{\max} - f^*| < \varepsilon$ 作为终止条件，其中 $f_{\max}$ 是迭代过程中出现的最大适应度值，f^* 是最优解对应的适应度值.

(3) 适应度变化趋势. 若经过若干代，最佳适应度都没有改变，则停止迭代过程.

一个完整的遗传算法的程序代码如下：

程序 6.25　　GA_BinaryCode.m

```
function [op_x, history_x, history_fit]=GA_BinaryCode(fit, a, b, m, n, Pc, Pm)
% 使用二进制编码的遗传算法求函数最小值
% fit          适应度函数
% [a,b]        搜索区间,如果是多维问题,a 和 b 是向量
% n            编码长度
% m            群体规模
% Pc           交叉概率
% Pm           变异概率
% op_x         最优解
% history_x    历史最优解
% history_fit  历史最优解的适应度值
% 终止条件: 当连续 N 代找不到更好解时停止
d=length(a);                    %问题维度
if(nargin<4), m=10; end
if(nargin<5), n=16*d; end
if(nargin<6), Pc=0.7; end
if(nargin<7), Pm=0.1; end
G=GA_Initial(m, n);             %产生初始群体
% x=Decoding(G, a, b);          %解码
x=Decoding(GrayCodeToBinary(G), a, b);   %解码(格雷码)
F = fit(x);                     %计算适应度值
[~,i]=max(F);                   %找出适应度值最大的个体编号
history_fit=F(i);
history_x=x(i, :);
```

```
k=1;                              %迭代次数
N=0;
while(N<=10)
    % S=RWS(F);                   %轮盘赌选择
    % S=RankingSelection(F);      %分级选择法
    S=TournamentSelection(F);     %竞技选择法
    G=G(S, :);    %复制
    % G=OnePointCrossover(G, Pc);            %单点交叉
    G=MultiPointCrossover(G, 3, Pc);         %多点交叉
    % G=UniformCrossover(G, Pc);             %均匀交叉
    G=SimpleMutation(G, 2, Pm);              %基本位变异
    % x=Decoding(G, a, b); %解码
    x=Decoding(GrayCodeToBinary(G), a, b);   %解码(格雷码)
    F = fit(x);                              %计算适应度值
    [~, i]=max(F);                           %找出适应度值最大的个体编号
    if(history_fit(k)<F(i))
        history_fit(k+1)=F(i);
        history_x(k+1, :)=x(i, :);
        N=0;
    else
        history_fit(k+1)=history_fit(k);
        history_x(k+1, :)=history_x(k, :);
        N=N+1;
    end
    k=k+1;
end
op_x=history_x(end, :);
end
```

例 6.7 使用遗传算法求方程 $\cos(x_1)\sin(x_2)\cos(x_3) = 0$ 的根.

程序 6.26 ExampleGA.m

```
f=@(x) cos(x(:, 1)).*sin(x(:, 2)).*cos(x(:, 3));       %方程 f(x)=0
fit=@(x) 1./(1+abs(f(x)));       %适应度函数, 适用于求根问题,适应度值越大,说明 x 越接近根
a=[-1, -1, -1];
b=[1, 1, 1];           %搜索区间
[op_x, history_x, history_fit]=GA_BinaryCode(fit, a, b);  %调用遗传算法求解
op_x                   %显示最优解
plot(history_fit)      %画最优适应度变化图
```

运行结果如下，图 6.7 显示了适应度值的变化过程.

op_x =

　　　　　　　-0.9976　　　-0.0060　　　0.9919

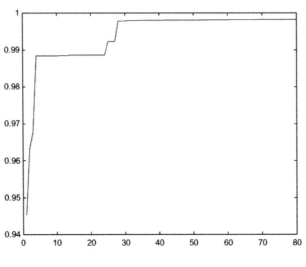

图 6.7　最佳适应度变化图

6.3.2　实值编码遗传算法

实值编码遗传算法也称连续型遗传算法，在编码时直接使用实数或实数向量来表达个体，不需要特别的编码解码过程，相比二进制编码更节省运算时间. 实值编码遗传算法的工作过程与二进制的基本相同，不同之处主要是初始群体的生成方法、交叉算子、变异算子.

1. 初始群体的生成方法

设 x 是 d 维向量，第 i 维的取值范围为 $[a_i, b_i]$，生成初始群体的方法是使用均匀分布随机数生成指定范围内的随机向量，即

$$\begin{cases} \boldsymbol{x} = (x_1, x_2, \cdots, x_d) \\ x_i = a_i + (b_i - a_i)u_i, \ i = 1, 2, \cdots, d \end{cases} \tag{6.30}$$

其中，$u_i \sim U(0,1)$，每次生成 1 个个体，重复 m 次即可得到初始群体. 下面的程序代码可生成指定范围的初始群体.

程序 6.27　GA_Initial_Real.m

```
function x=GA_Initial_Real(m, a, b)
%随机生成初始群体
% m        群体规模
% [a, b]   取值范围
% x        初始群体
```

```
d=length(a);        %获取维度
x=repmat(a, m, 1) +repmat((b-a), m, 1).* rand(m, d);   %生成 m*d 随机矩阵
```

2. 交叉算子

最基本的交叉方法是混合交叉(Blending Crossover). 随机配对两个个体 x_1 和 x_2 后，各分量按下式进行交叉，即

$$\begin{cases} \bar{x}_i^{(1)} = u_i x_i^{(1)} + (1-u_i)x_i^{(2)} \\ \bar{x}_i^{(2)} = (1-u_i)x_i^{(1)} + u_i x_i^{(2)} \end{cases} \tag{6.31}$$

其中，$u_i \sim U(0,1)$，$\bar{x}^{(1)}, \bar{x}^{(2)}$ 为交叉后的个体.

程序 6.28　BlendingCrossover.m

```
function x=BlendingCrossover(x, Pc)
%混合交叉
% G          群体
% Pc         交叉概率
if(nargin<2), Pc=0.7; end
[m, n]=size(x);    %群体规模
k = randperm(m);                        %生成一个 1~n 的随机排列, 用于随机配对
for i=1:m
    if (rand()<Pc &&i~=k(i))            %以概率 Pc 交叉
        u=rand(1, n);                   %生成随机系数
        x(i, :)=u.*x(i, :)+(1-u).*x(k(i), :);   %交叉
    end
end
end
```

也可以采用式(6.32)进行交叉，即

$$\begin{cases} \bar{x}_i^{(1)} = u_i(x_i^{(1)} - x_i^{(2)}) + x_i^{(1)} \\ \bar{x}_i^{(2)} = u_i(x_i^{(2)} - x_i^{(1)}) + x_i^{(2)} \end{cases} \tag{6.32}$$

这种方法称为启发式交叉(Heuristic Crossover).

3. 变异算子

实值编码遗传算法的变异一般采用高斯型变异，设 x 为需要变异的个体，随机选择一个或多个变异位，进行如下变异，即

$$x_i' = x_i + \zeta_i \tag{6.33}$$

其中，$\zeta_i \sim N(0,\sigma^2)$，$\sigma$ 为控制变异程度的参数. 若变异后的个体 x' 超出了取值范围，则放弃此次变异，恢复原来个体.

程序 6.29　Mutation_Real.m

```
function x=Mutation_Real(x, a, b, sigma, q, Pm)
% 高斯型变异
%G 群体
% [a, b] 取值范围
% sigma 参数,控制变异程序
%q 变异点数
% Pm 变异概率
%x 个体
[m,n]=size(x);
if(nargin<4), sigma=0.3; end
if(nargin<5), q=n; end
if(nargin<6), Pm=0.3; end
for i=1:m
    if rand()<Pm        %以概率 Pm 进行变异
        r=floor(1+n*rand(1, q));   %生成随机变异位
        temp=x(i, :);
        temp(1, r)=x(i, r)+sigma*randn(1, q);   %变异
        if( all(a<=temp & temp<=b)), x(i, :)=temp; end
    end
end
```

以下是一个完整的实值编码遗传算法的程序代码:

程序 6.30　GA_Real.m

```
function [op_x, history_x, history_fit]=GA_Real(fit, a, b, m, Pc, Pm, sigma)
%使用实值编码的遗传算法求函数最小值
% fit          适应度函数
% [a,b]        搜索区间，如果是多维问题，a 和 b 是向量
% m            群体规模
% Pc           交叉概率
% Pm           变异概率
% sigma        控制变异程序参数
% op_x         最优解
% history_x    历史最优解
% history_fit  历史最优解的适应度值
% 终止条件：当连续 N 代找不到更好解时停止
if(nargin<4), m=10; end
if(nargin<5), Pc=0.7; end
if(nargin<6), Pm=0.3; end
```

```
    if(nargin<7), sigma=0.1; end
    x=GA_Initial_Real(m, a, b);              %产生初始群体
    F = fit(x);                              %计算适应度值
    [~, i]=max(F);                           %找出适应度值最大的个体编号
    history_fit=F(i);
    history_x=x(i, :);
    q=length(a);
    k=1;   %迭代次数
    N=0;
    while(N<=10)
        % S=RWS(F); %轮盘赌选择    S=RankingSelection(F);   %分级选择法
        S=TournamentSelection(F, 3);                %竞技选择法
        x=x(S, :);         %复制
        x=BlendingCrossover(x, Pc);                  %混合交叉
        x=Mutation_Real(x, a, b, sigma/(N+1), q, Pm);   %高斯型变异, 此处对变异参数作了一点调整
        F = fit(x);        %计算适应度值
        [~, i]=max(F);     %找出适应度值最大的个体编号
        if(history_fit(k)<F(i))
            history_fit(k+1)=F(i);
            history_x(k+1, :)=x(i, :);
            N=0;
        else
            history_fit(k+1)=history_fit(k);
            history_x(k+1, :)=history_x(k, :);
            N=N+1;
        end
        k=k+1;
    end
    op_x=history_x(end, :);
```

例 6.8　使用遗传算法求

$$f(x_1, x_2) = x_1 \sin(4x_1) + 1.1x_2 \sin(2x_2)，\quad x_1, x_2 \in [0,10] \qquad (6.34)$$

的最小值.

程序 6.31　ExampleGA_Real.m

```
f=@(x) x(:, 1).*sin(4*x(:, 1)) + 1.1*x(:, 2).*sin(2*x(:, 2));
fit=@(x) (20-f(x))/40;        %适应度函数, 适用于最小值问题, -20<f(x)<20
a=[0 0]; b=[10 10];           %搜索区间
[op_x, history_x, history_fit]=GA_Real(fit, a, b, 50);    %调用遗传算法求解
op_x                          %显示最优解
```

```
figure(1);
plot(history_fit)            %画最优适应度变化图
figure(2);
[X,Y]=meshgrid(0:0.1:10, 0:0.1:10);
Z=zeros(size(X));
for i=1:size(Z, 2)
    Z(:, i)=f([X(:, i), Y(:, i)]);
end
subplot(1, 2, 1);
mesh(X, Y, Z);               %画函数 f(x)的三维曲面图
subplot(1, 2, 2);
contour(X, Y, Z);            %画等高线图
hold on
plot(op_x(1), op_x(2),'+r');  %标示解的位置
hold off
```

运行结果如下：

op_x =　　　　9.0219　　　8.7285

图 6.8 显示了函数图像及解的位置，图 6.9 显示了求解过程中适应度值的变化情况.

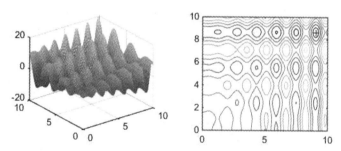

图 6.8　式中函数 $f(x_1, x_2)$ 的图形及其等高线图

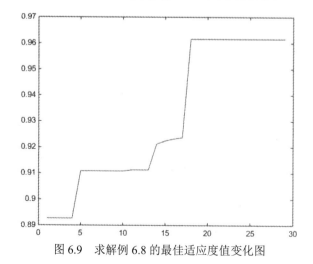

图 6.9　求解例 6.8 的最佳适应度值变化图

6.3.3 序号编码遗传算法

如果一个问题的解可以表示为 1, 2, $\cdots$, n 的某种排列(也可以是其他符号的排列),且任一排列都是可行解,则该问题可以使用序号编码遗传算法来求解. TSP 问题就属于这类问题.

序号编码遗传算法与二进制编码遗传算法的不同之处主要是编码、初始群体的生成方法、适应度值、交叉算子、变异算子及局部路径优化.

1. 编码

群体中的每个个体都是由 a_1, a_2, $\cdots$, a_n 构成的排列组合,这种编码方式称为序号编码 (Order Code),$\{a_1, a_2, \cdots, a_n\}$ 称为符号集,个体的符号个数称为编码长度. 与符号编码不同的是,序号编码的本质是各个符号的相对位置关系,而不是单个符号本身,所以符号的顺序才是基因,它决定了个体的优劣.

2. 初始群体的生成方法

初始群体是迭代的起点,为了使初始群体尽可能均匀地散布在整个搜索空间,通常采用随机的方式生成个体,每个个体都是符号集的一个随机排列. 下面的程序可以生成 m 个编码长度为 n 的随机个体:

程序 6.32 GA_Initial_Order.m

```
function x=GA_Initial_Order(m, n)
%随机生成初始群体
%m 群体规模
%n 编码长度
%x 初始群体
x=zeros(m, n);
for i=1:m
        x(i, :)=randperm(n);    %1～n 的随机排列
end
```

3. 适应度值

适应度值的计算与具体问题有关. 以巡回旅行商问题(TSP)为例,TSP 的目标是使路径总长度为最短,路径总长度的倒数可以作为 TSP 的适应度函数,即

$$f(\boldsymbol{x}) = \frac{1}{\sum_{i=1}^{n} w(x_i, x_{i+1})} \tag{6.35}$$

其中,$w(x_i, x_{i+1})$ 表示从城市 x_i 到 x_{i+1} 的距离,$x_{i+1} = x_1$. 还可以使用以下函数:

$$f(\boldsymbol{x}) = \frac{n w_{\max} - \sum_{i=1}^{n} w(x_i, x_{i+1})}{n(w_{\max} - w_{\min})} \tag{6.36}$$

其中，$w_{\max}$，$w_{\min}$ 分别表示城市距离的最大值和最小值.

下面的程序可求一条闭合路径的长度.

程序 6.33　pathlength.m

```
function L=pathlength(D, x)
%计算路径长度
%D        带权图的邻接矩阵，表示各城市之间的距离
%x        个体
%L        路径长度
L=zeros(size(x, 1), 1);
[m, n]=size(x);
for i=1:m
    for j=1:n-1
        L(i)=L(i)+D(x(i, j), x(i, j+1));
    end
    L(i)=L(i)+D(x(i, end), x(i, 1));
end
```

4. 交叉算子

顺序编码的交叉过程与二进制编码不同，顺序编码的基因是符号的顺序，所以交换的也应该是顺序. 如果只是简单地交换部分符号，往往会导致出现不可行解，降低算法的效率. 以 TSP 为例，符合要求的编码应该是 $1\sim n$ 的某种排列，任一数字不能重复出现，也不能缺少. 下面的交换会导致出现不可行解.

交换前　　　　　　　　　　　　　　　　交换后

1 5 4 2 3 6 8 7　　　　　　　　1 5 4 4 6 5 7 8

2 3 1 4 6 5 7 8　　　　　　　　2 3 1 2 3 6 8 7

下面介绍几种应用在 TSP 问题上的交叉方法，可作为参考.

1) 部分映射交叉

部分映射交叉(Partial-Mapped Crossover)包含交换、建立映射表、消除冲突 3 个步骤.

(1) 交换. 对选定的两个个体，随机选择两个位置，交换两个位置之间的符号.

交换前　　　　　　　　　　　　　　　　交换后

1 2 4 6 3 5 8 7　　　　　　　　1 2 2 8 7 4 8 7

6 5 2 8 7 4 1 3　　　　　　　　6 5 4 6 3 5 1 3

交换后，个体中的编码可能会出现重复，这时需要进行调整.

(2) 建立映射表. 根据交换部分建立如下映射关系：

$$2\leftrightarrow4,\ 8\leftrightarrow6,\ 7\leftrightarrow3,\ 4\leftrightarrow5$$

若存在传递关系 $a\leftrightarrow b$，$b\leftrightarrow c$，则合并为 $a\leftrightarrow c$. 合并后的映射表为

$$2\leftrightarrow5,\ 8\leftrightarrow6,\ 7\leftrightarrow3$$

(3) 根据映射关系调整未交换部分，调整后的个体为

$$1 \quad \underline{5} \quad 2 \quad 8 \quad 7 \quad 4 \quad \underline{6} \quad \underline{3}$$
$$\underline{8} \quad 2 \quad \underline{4} \quad \underline{6} \quad \underline{3} \quad 5 \quad 1 \quad \underline{7}$$

部分映射交叉的程序代码如下：

程序 6.34　PartialMappedCrossover.m

```
function x=PartialMappedCrossover(x, Pc)
%部分映射交叉
% x  群体
% Pc 交叉概率
[m, n]=size(x);
for i=1:m/2
    if rand<Pc
        j=1+floor(m*rand(2, 1));          %随机选择两个个体
        k=1+floor(n*rand(1, 2));          %随机生成两个位置
        if(j(1)==j(2) || k(1)==k(2)), continue; end
        if(k(1)>k(2)), k=k([2 1]); end
        x(j, k(1):k(2))=x([j(2) j(1)], k(1):k(2)); %交换
        %建立映射表
        x1=x(j(1), k(1):k(2));
        x2=x(j(2), k(1):k(2));
        %合并传递关系
        has=true;
        while(has)
            has=false;
            for t=1:length(x1)
                if(x1(t)>0)
                p=find(x1(t)==x2, 1);
                if(~isempty(p))
                    x1(t)=x1(p);
                    x1(p)=0;
                    x2(p)=0;
                    has=true;
                end
                end
            end
        end
    end
    %根据映射关系调整未交换部分
```

```
    for t=[1:k(1)-1, k(2)+1:n]
        p=find(x(j(1), t)==x1, 1);
        if(~isempty(p)), x(j(1), t)=x2(p); end
        p=find(x(j(2), t)==x2, 1);
        if(~isempty(p)), x(j(2), t)=x1(p); end
    end
  end
end
```

2) 顺序交叉

顺序交叉(Order Crossover)的步骤是首先选择一部分基因位保持不变，其他部分从另一个个体中选取，并按顺序依次放入.

交换前(灰色部分保持不变)   交换后

1 2 4 6 3 5 8 7   2 8 4 6 3 5 7 1

6 5 2 8 7 4 1 3   1 6 2 8 7 4 3 5

顺序交叉的程序代码如下：

程序 6.35   OrderCrossover.m

```
function x=OrderCrossover(x, Pc)
%顺序交叉
% x  群体
% Pc  交叉概率
[m, n]=size(x);
for i=1:m/2
    if rand<Pc
        j=1+floor(m*rand(2, 1));    %随机选择两个个体
        k=1+floor(n*rand(1, 2));    %随机生成两个位置
        if(j(1)==j(2) || k(1)==k(2)), continue; end
        if(k(1)>k(2)), k=k([2 1]);end
        x1=x(j(1), :);
        x2=x(j(2), :);
        y1 = x1(k(1):k(2));        %第 1 个个体中的选中部分，这部分固定不动
        y2 = x2(k(1):k(2));        %第 2 个个体中的选中部分，这部分固定不动
        %第 1 个个体中非选定部分与第 2 个个体的顺序相同
        x(j(1), ~ismember(x1, y1))=x2(~ismember(x2, y1));
        %第 2 个个体中非选定部分与第 1 个个体的顺序相同
        x(j(2), ~ismember(x2, y2))=x1(~ismember(x1, y2));
    end
end
end
```

3) 位置交叉

位置交叉(Position Crossover)的步骤是首先选择交叉位，根据交叉位中的符号次序调整另一个个体中相同符号的次序. 例如在个体 A 中交叉位的字符顺序是(2，4，3)，则将个体 B 中的(2，3，4)顺序调整为(2，4，3).

交换前   交换后

1 2 4 6 3 5 8 7   1 2 8 6 3 5 7 4

6 5 2 8 7 4 1 3   4 6 2 8 7 3 1 5

位置交叉的程序代码如下：

程序 6.36 PositionCrossover.m

```
function x=PositionCrossover(x, Pc)
%位置交叉
% x  群体
% Pc  交叉概率
[m, n]=size(x);
for i=1:m/2
    if rand<Pc
        j=1+floor(m*rand(2,1));        %随机选择两个个体
        k=1+floor(n*rand(1,2));        %随机生成两个位置
        if(j(1)==j(2) || k(1)==k(2))
            continue;
        end
        if(k(1)>k(2)), k=k([2 1]); end
        y1 = x(j(1), k(1):k(2));       %第 1 个个体中的选中部分
        y2 = x(j(2), k(1):k(2));       %第 2 个个体中的选中部分
        %第 1 个个体中与 y2 相同的元素次序修改成与 y2 相同
        x(j(1), ismember(x(j(1), :), y2))=y2;
        %第 2 个个体中与 y1 相同的元素次序修改成与 y1 相同
        x(j(2), ismember(x(j(2), :), y1))=y1;
    end
end
```

5. 变异算子

最简单的变异方法是随机选择两个基因位进行交换，或者将两个位置之间的所有基因倒置. 下面程序实现了该算子.

程序 6.37 Order_Mutation.m

```
function x=Order_Mutation(x, Pm)
%变异
% x  个体或群体
```

```
% Pm 变异概率
[m, n]=size(x);
for i=1:m
    if(rand<Pm)
        k=1+floor(n*rand(1, 2));          %随机选择两个位
        if(k(1)==k(2)), continue; end
        if(k(1)>k(2))
k=k([2 1]);
end
        %x(i,k)=x(i,[k(2) k(1)]);          %仅交换两个位置的基因
        x(i, k(1):k(2))=x(i, k(2):-1:k(1));  %将两个位置之间的所有基因倒置
    end
end
```

6. 局部路径优化

在求解 TSP 问题时，使用传统的遗传算法，经过多次迭代也能够得到一个较好的解，但是还是会经常出现路径交叉的情况，如图 6.10 所示. 由于遗传算法自己无法解开，因此易使算法进入局部极值点. Lin S.等人在 1973 年提出的 Complete 2-Opt 算子可以有效解决这个问题.

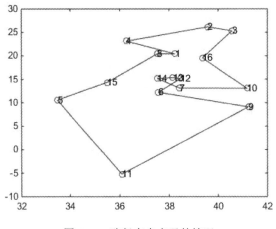

图 6.10   路径存在交叉的情况

设 c_k 为城市所在顶点，$d(c_i, c_j)$ 表示任意两个城市 c_i 与 c_j 之间的距离，Complete 2-Opt 算子的具体步骤如下：

(1) 选取一条路径 $c = \{c_1, \cdots, c_i, c_{i+1}, \cdots, c_j, c_{j+1}, \cdots, c_{n-1}\}$，并令 $i = j = 0$;

(2) 任选一条边，记为 No.1：(c_i, c_{i+1})，其中 $i < n$;

(3) 任选另一条边，记为 No.2：(c_j, c_{j+1})，其中 $j < n$;

(4) 如果 $|j - (i+1)| \geqslant 2$ 且 $d(c_i, c_j) + d(c_{i+1}, c_{j+1}) < d(c_i, c_{i+1}) + d(c_j, c_{j+1})$，则删除边 (c_i, c_{i+1})

与(c_j, c_{j+1})，并连接边(c_i, c_j)和(c_{i+1}, c_{j+1})且c_{i+1}至c_j的路径指向相反；

(5) 再以c_j作为 No.2 边的下一个开始的城市，并令$j = j + 1$，重复步骤(3)～(4)，直到$j = n - 1$，如果$j = n - 1$，令$j+1 = 0$；

(6) 以c_i作为 No.1 边的下一个开始的城市，并令$i = i + 1$，重复步骤(2)～(5)，直到$i = n - 1$，如果$i = n - 1$，令$i + 1 = 0$；

(7) 重复步骤(2)～(6) N次，使N足够大，直到所选取的路径无交叉边出现时为止.

图 6.11 给出了使用 Complete 2-Opt 算子前和使用后的示意图.

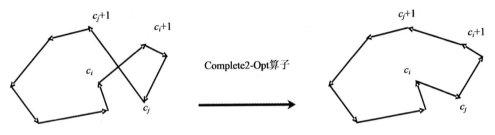

图 6.11　Complete 2-Opt 算子示意图

下面是 Complete 2-Opt 算子的程序代码.

程序 6.38　C2OPT2.m

```matlab
function [ x ] = C2OPT2(x, D)
%使用 C2OPT 算子对行走路线进行优化
% x 为向量，元素为 1, 2, …, n 的某种排列,表示行走顺序
% D 为 n*n 矩阵，表示城市之间的距离
n=size(D, 1);
ExistCross=true;   %用来判断是否存在"交叉"边
TraveLength = @(x) sum(diag(D(x, [x(2:end) x(1)]))); %计算路程长度，x 为行走顺序
x2=x;
while(ExistCross)
    ExistCross=false;        %先假设不存在"交叉"边
    for i=1:n-2
        i2=i+1;              %[x(i) x(i2)]是构成行走路线中的一条边
        for j=i+2:n-1
            if(i==1 && j==n),break; end
            x2(:)=x(:);
            x2(i2:j)=x2(j:-1:i2);
            if(TraveLength(x2)<TraveLength(x))
                x(:)=x2(:);
            end
        end
    end
end
```

```
    end
    end
```

一个求解 TSP 问题的完整程序代码如下:

```
function [op_x, history_x, history_fit]=GA_OrderCode_TSP(D, m, Pc, Pm)
%使用序号编码的遗传算法求解 TSP 问题
% D          n*n 的邻接矩阵, 表示各城市间的距离
% m          群体规模
% Pc         交叉概率
% Pm         变异概率
% op_x       最优解
% history_x       历史最优解
% history_fit       历史最优解的适应度值
% 终止条件: 当连续 N 代找不到更好解时停止
if(nargin<2), m=10; end
if(nargin<3), Pc=0.7; end
if(nargin<4), Pm=0.2; end
fit=@(x) 1./pathlength(D, x);          %定义适应度函数为路径长度倒数
n=size(D, 1);
x=GA_Initial_Order(m, n);          %产生初始群体
F = fit(x);          %计算适应度值
[~, i]=max(F);       %找出适应度值最大的个体编号
history_fit=F(i);
history_x=x(I, :);
k=1;          %迭代次数
N=0;
while(N<=10)
    %          S=RWS(F); %轮盘赌选择
    %          S=RankingSelection(F);       %分级选择法
    S=TournamentSelection(F, 2);          %竞技选择法
    x=x(S, :);                            %复制
    %          x=PartialMappedCrossover(x, Pc); %部分映射交叉
    %          x=OrderCrossover(x, Pc); %顺序交叉
    x=PositionCrossover(x, Pc);           %位置交叉
    x=Order_Mutation(x, Pm);              %变异
    for i=1:size(x, 1)
        x(i, :) = C2OPT2(x(i,:), D );       %使用 Complete 2-Opt 算子局部优化
    end
```

```
        F = fit(x);          %计算适应度值
        [~, i]=max(F);       %找出适应度值最大的个体编号
        if(history_fit(k)<F(i))
            history_fit(k+1)=F(i);
            history_x(k+1, :)=x(I, :);
            N=0;
        else
            history_fit(k+1)=history_fit(k);
            history_x(k+1, :)=history_x(k, :);
            N=N+1;
        end
        k=k+1;
    end
    op_x=history_x(end, :);
```

例 6.9　设有 n 个城市,各城市的坐标已知,且任意两个城市之间都有道路相连,道路长度与直线距离相等. 假设有一个人要拜访这 n 个城市,并且每个城市只能拜访一次,最后还要回到原来出发的城市. 试求一条路程最短的路径. 各城市的坐标如表 6.1 所示.

表 6.1　各城市的坐标($n = 16$)

x	38.24	39.57	40.56	36.26	33.48	37.56	38.42	37.52	41.23	41.17	36.08	38.47	38.15	37.51	35.49	39.36
y	20.42	26.15	25.32	23.12	10.54	12.19	13.11	20.44	9.10	13.05	-5.21	15.13	15.35	15.17	14.32	19.56

程序代码如下:

程序 6.40　ExampleTSP.m

```
%城市 x 坐标
x=[38.24 39.57 40.56 36.26 33.48 37.56 38.42 37.52 41.23 41.17 36.08 38.47 38.15 37.51 35.49 39.36];
%城市 y 坐标
y=[20.42 26.15 25.32 23.12 10.54 12.19 13.11 20.44  9.10 13.05 -5.21 15.13 15.35 15.17 14.32 19.56];
n=length(x);
figure(1);
plot(x,y,'o');
for i=1:n
    text(x(i),y(i),num2str(i));      %在图上标上城市的序号
end
hold on
D=zeros(n);                          %D 表示任意两城市间的距离
for i=1:n
```

```
    for j=i+1:n
    D(i, j)=sqrt((x(i)-x(j)).^2+(y(i)-y(j)).^2);
        D(j, i)=D(i, j);
    end
end
[op_x, history_x, history_fit]=GA_OrderCode_TSP(D, 20);          %使用遗传算法求解
op_x %显示最优解
pathlength(D, op_x)          %最小路径长度
plot(x([op_x op_x(1)]), y([op_x op_x(1)]), 'r');          %画路线图
hold off
figure(2);
plot(history_fit);                    %画历代最佳适应度变化图
```

运行结果如下：

op_x =

　　　16　1　3　2　4　8　15　5　11　9　10　7　6　14　13　12

ans =

　　　73.9876

图 6.12(a)是求解出来的最佳路径，图 6.12(b)是最佳适应度变化图.

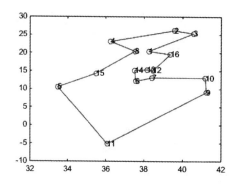

(a) 求解出来的最佳路径

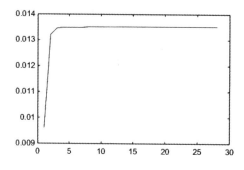

(b) 最佳适应度变化图

图 6.12　最佳路径图及适应度值的变化情况

6.3.4　双群体遗传算法

在求解多极值函数的最大最小值问题时，传统的遗传算法容易陷入局部极值点，这是因为迭代过程中群体中的多数个体逐渐被少数几个较优个体替代，使群体失去多样性，导致算法过早地收敛到局部极值点，即出现早熟现象. 双群体遗传算法可以有效解决早熟问题.

双群体遗传算法设有两个群体，一个群体负责搜索最优值，称为正规军. 另一个群体负责保持群体多样性，称为预备役. 它们各自独立地进化，只在必要时交换部分信息.

正规军的进化过程按一般遗传算法进行，负责寻找问题的最优解. 当个体经历多代仍然没有改进，则认为该个体已衰老. 若发现正规军中的个体衰老，则从预备役中选拔优秀个体补充到正规军中，使正规军保持年轻活力.

预备役的进化只使用变异算子，并进行小范围的局部优化；不进行交叉，尽量保持群体的多样性.

1. 编码

双群体遗传算法的编码可采用任何一种遗传算法的编码，本节采用实值编码.

2. 初始群体

正规军和预备役的初始群体生成方法相同，设置正规军的所有个体年龄为 0.

3. 选择

当迭代次数还较小时，使用普通的选择算法，从正规军中选择较优个体进入下一代. 当迭代次数达到一定数量时，有一半个体按常规方法选择，另一半从年轻群体里选择. 具体的选择算子可使用轮盘赌选择法、分级选择法、竞技选择法等任何一种常规选择算子. 预备役不参与选择过程.

4. 交叉

交叉可采用常规的交叉算子，交叉后的个体年龄为两个参与交叉的个体的年龄平均值. 预备役不参与交叉过程.

5. 变异

传统的遗传算法的变异算子的主要作用是产生新的基因，而双群体遗传算法的这部分功能由预备役来完成，所以变异算子只负责在局部搜索更优解，实现更精细的搜索任务. 变异采用如下公式，即

$$x_i' = x_i + \zeta_i, \ i=1,2,\cdots,n \tag{6.37}$$

其中，$\zeta_i \sim N(0,\sigma)$，σ是参数，控制变异程度. 程序代码如下：

程序 6.41　Mutation_Real_ReserveService.m

```
function x=Mutation_Real_ReserveService(fit,x,a,b,sigma)
%高斯变异
% fit 适应度函数
```

```
% x 群体
% [a,b]  取值范围
% sigma  参数, 控制变异程度
[m,n] = size(x);
if(nargin<5),sigma=0.1; end
for i=1:m
        temp = x(i,:);
        temp(1,:) = x(i,:)+sigma*randn(1,n);        %变异
        if( all(a<=temp & temp<=b) )
            if(fit(temp) > fit(x(i,:)))            %如果新个体更优,则接受新个体
                x(i,:) = temp;
            end
        end
end
```

当变异后的新个体 x' 比变异前的原个体更优时, 接受新个体, 否则保持原个体. 正规军和预备役的变异均采用此变异算子, 只是将正规军的变异参数 σ 改为 σ/N, 其中 N 为连续未找到更优解的代数, 这样在算法的后期可以执行较精确地搜索.

6. 选拔与淘汰

正规军中的个体随着迭代的进行年龄逐渐增加, 当达到一定年龄时, 如果没有进化, 则认为已经进入衰老状态, 需要淘汰, 然后从预备役中选拔优秀个体进入正规军. 如果正规军中有多个重复个体, 只需保留一个即可, 其余的也被淘汰. 最好的 2 个个体不在淘汰之列. 新进入正规军的个体年龄为 1 岁.

7. 最优保存策略

首先保存初代最优个体为当前历史最优个体, 每次迭代后, 如果发现更优的个体, 则替换当前历史最优个体. 如果没有比历史最优个体更好的个体, 则用当前历史最优个体替换正规军中的次优个体.

8. 终止条件

当连续 N 代找不到比当前历史最优个体更好的解时就停止迭代. 当前历史最优个体即为最终的解.

双群体遗传算法步骤如下:

(1) 初始化. 生成初始群体, 包括正规军和预备役, 计算正规军适应度值, 保存初代最优个体;

(2) 选择;

(3) 交叉;

(4) 变异;

(5) 计算正规军适应度值;

(6) 实施最优保存策略;

(7) 计算预备役适应度值;

(8) 从预备役中选拔优秀个体进入正规军,淘汰正规军中衰老个体和重复个体;

(9) 更新个体年龄、停滞次数、迭代次数;

(10) 如果满足终止条件,则结束. 否则重复步骤(2)~步骤(9).

双群体遗传算法流程图如图 6.13 所示.

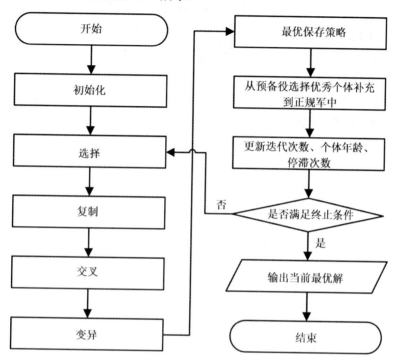

图 6.13 双群体遗传算法流程图

双群体遗传算法的程序代码如下:

程序 6.42 GA_Real_DoublePopulation.m

```
function [x, History_Op, History_Op_Fit] = GA_Real_DoublePopulation(fit, a, b, m, Pc, Sigma, Demo)
%使用实值编码的双群体遗传算法求函数最小值
% fit    适应度函数
% [a,b]   搜索区间, 如果是多维问题, a 和 b 是向量
% m      群体规模
% Pc     交叉概率
% Sigma   控制变异程度参数
% Demo    指示是否演示进化过程
% x  最优解
% History_Op    历史最优解
% History_Op_Fit    历史最优解的适应度值
% 终止条件: 当连续 N 代找不到更好解时停止
```

```matlab
if(nargin<4), m=10; end
if(nargin<5), Pc=0.7; end
if(nargin<6), Sigma=1; end
if(nargin<7), Demo=false; end
Regular = GA_Initial_Real(m, a, b);          %产生初始群体
Age=zeros(m, 1);                             %年龄
Reserve=GA_Initial_Real(m, a, b);           %产生初始群体(预备役)
Fit_Regular = fit(Regular);                  %计算适应度值
[~,i]=max(Fit_Regular);                       %找出适应度值最大的个体编号
History_Op=Regular(i,:);                      %保存初代最优个体
History_Op_Fit=Fit_Regular(i);               %保存初代最优个体适应度值
k=1;                                          %迭代次数
N=0;
%作图, 用于演示群体的分布情况, 仅适用于 2 维问题
if(Demo && length(a)==2)
    p_1=plot(Regular(:, 1), Regular(:, 2), 'ob');
    hold on; axis([a(1) b(1) a(2) b(2)]);
    p_2=plot(Reserve(:, 1), Reserve(:, 2), '*g');
    p_3=plot(History_Op(1, 1), History_Op(1, 2),'+r');
end
Stagnant=zeros(m, 1);                         %个体停滞次数
while(N<=50) %终止条件, 连续无更优解代数超过指定值即结束, 建议 20～50
    if(k<=5)    %前 5 次迭代使用常规方法选择
        S=TournamentSelection(Fit_Regular, 2); %竞技选择, 也可以使用其他选择法
    else %从第 6 次迭代开始, 有一半个体按常规方法选择, 另一半从年轻的群体里选择
        S1=TournamentSelection(Fit_Regular,2,m/2);
        [~,ind_age]=sort(Age);
        S2=TournamentSelection(Fit_Regular(ind_age(1:m/2)),2,m/2);
        S=[S1; ind_age(S2)];
    end
    %复制
    Regular=Regular(S, :);
    Age=Age(S, :);
    Stagnant=Stagnant(S, :);
    Fit_Regular_Last=Fit_Regular(S);
    [Regular, Age]=BlendingCrossover_Age(Regular, Age, Pc); %混合交叉,交叉后个体的年龄为两个
                                    个体的年龄平均值
    Regular=Mutation_Real_ReserveService(fit, Regular, a, b, Sigma/(N+1)); %对正规军进行变异
    Reserve=Mutation_Real_ReserveService(fit, Reserve, a, b, Sigma);     %对预备役进行变异
```

```
        Fit_Regular = fit(Regular);        %计算适应度值
        Stagnant(Fit_Regular>Fit_Regular_Last)=0;        %如果适应度值比原来更大,则设置停滞次数为0
        [~,SortIndex_Regular]=sort(Fit_Regular,'descend');        %对适应度值降序排序
        %最优保存策略
        if(History_Op_Fit(k)<Fit_Regular(SortIndex_Regular(1)))
            %如果群体中的最佳个体比历史最佳个体更好，则更新历史最佳个体
            History_Op_Fit(k+1)=Fit_Regular(SortIndex_Regular(1));
            History_Op(k+1, :)=Regular(SortIndex_Regular(1),:);
            N=0;
        else
            History_Op_Fit(k+1)=History_Op_Fit(k);
            History_Op(k+1, :)=History_Op(k, :);
            %使用历史最优个体替换群体中次优个体
            Regular(SortIndex_Regular(2), :) = History_Op(k, :);
            Fit_Regular(SortIndex_Regular(2)) = History_Op_Fit(k);
            Stagnant(SortIndex_Regular(2))=0;
            N=N+1;
        end
        Fit_Reserve = fit(Reserve);        %计算预备役适应度值
        [~,SortIndex_Reserve] = sort(Fit_Reserve,'descend');        %对预备役进行排序
        %从预备役选择优秀个体补充到正规军
        p=1;
        for j=3:m
%如果停滞次数超过5，或者与最优个体太接近，则从预备役中选拔较优个体替换之
            if(Stagnant(SortIndex_Regular(j))>5 ||
                norm(Regular(SortIndex_Regular(j), :)-Regular(SortIndex_Regular(1), :))<1E-10)
                Regular(SortIndex_Regular(j), :)=Reserve(SortIndex_Reserve(p), :);
                Fit_Regular(SortIndex_Regular(j)) = Fit_Reserve(SortIndex_Reserve(p));
                Age(SortIndex_Regular(j)) = 1;
                Stagnant(SortIndex_Regular(j)) = 0;
                %进入正规军后，重新生成一个新个体
                Reserve(SortIndex_Reserve(p), :)=GA_Initial_Real(1, a, b);
                p=p+1;
            end
        end
        %作图，用于演示群体的分布情况，仅适用于二维问题
        if(Demo && exist('p_1', 'var'))
```

```
            set(p_1, 'XData', Regular(:, 1),'YData', Regular(:, 2));
            set(p_2, 'XData', Reserve(:, 1),'YData', Reserve(:, 2));
            set(p_3, 'XData', History_Op(k, 1), 'YData', History_Op(k, 2));
            title(['连续无改进次数 N=', num2str(N)]);
            pause(0.5);
        end
        Age=Age+1;                    %年龄增 1
        Stagnant = Stagnant + 1;      %个体停滞次数增 1
        k = k+1;                      %迭代次数增 1
    end
    x = History_Op(end,:);
```

例 6.10 求 Rastrigin 函数

$$f(x_1, x_2) = x_1^2 + x_2^2 - 10\cos(2\pi x_1) - 10\cos(2\pi x_2) + 20 \, , \quad x_1, x_2 \in [-10, 10]$$

的最小值.

程序 6.43   Example_GA_Real_DoublePopulation.m

```
f=@(x) 1/4000*(x(:, 1).^2+x(:, 2).^2)-cos(x(:, 1)).*cos(x(:, 2)/sqrt(2))+1;%Griewank 函数
fit=@(x) -f(x);      %适应度函数,适用于最小值问题
a=[-10 -10];
b=[10 10];           %搜索区间
[X,Y]=meshgrid(a(1):0.1:b(1), a(2):0.1:b(2));
Z=zeros(size(X));
for i=1:size(Z, 2)
    Z(:, i)=f([X(:, i), Y(:, i)]);
end
figure(1); clf;
subplot(1, 2, 1);
mesh(X, Y, Z);           %画函数 f(x)的三维曲面图
subplot(1, 2, 2);
contour(X, Y, Z);        %画等高线图
hold on
[op_x, history_x, history_fit]=GA_Real_DoublePopulation(fit, a, b, 20);%求解
op_x        %显示最优解
f(op_x)     %显示函数值
plot(op_x(1), op_x(2), '+r');   %标示解的位置
hold off
figure(2);
plot(history_fit)              %画最优适应度变化图
```

运行结果如下:

op_x =

    1.0e-05 *

    0.6917   -0.4135

ans =

    1.2884e-08

图 6.14 是该函数图像及解的位置，图 6.15 显示了最佳适应度变化情况.

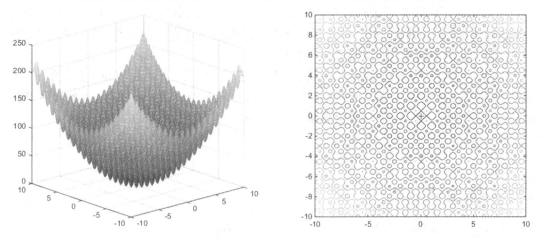

图 6.14　Rastrigin 函数图形及求解结果

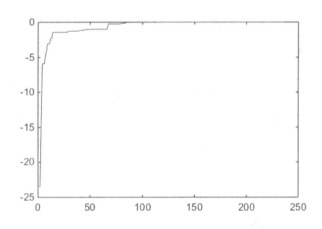

图 6.15　历史最佳适应度值变化情况

    由于正规军可以从预备役中源源不断地补充新生个体，因此正规军非常有活力，全局搜索能力也非常强，故大大提高了获得全局最优解的概率.

6.4　粒子群算法

    粒子群算法(PSO)是由 Eberhart 和 Kennedy 提出的一种群智能算法，该算法最初是受到飞鸟集群活动的规律性启发，进而利用群体智能建立的一个简化模型. 粒子群算法是在对动物集群活动行为观察的基础上, 利用群体中的个体对信息的共享使整个群体的运动在问题求解空间中产生从无序到有序的演化过程, 从而获得最优解的方法.

设想这样一个场景: 一群鸟在随机搜索食物, 但在这个区域里只有一块食物. 所有的鸟都不知道食物在那里, 但是他们知道自己现在的位置和到目前为止发现的最好位置, 还知道目前整个群体中所有鸟儿发现的最好位置. 鸟儿就可以根据这些信息来决定如何去寻找食物.

PSO 算法从这种模型中得到启示并用于解决优化问题. 在 PSO 算法中, 有一群粒子, 一个粒子代表一个解(类似于一只鸟), 初始时随机分布在解空间中, 每个粒子都有一个由目标函数决定的适应度值, 每个粒子都有一定的速度, 速度决定他们飞翔的方向和距离. 粒子们依据一定的规则在空间中搜索(飞翔).

在每一次迭代中, 粒子通过跟踪两个"极值点"来更新自己的速度和位置. 第一个就是粒子本身所找到的最优解, 这个解叫做个体极值点(pBest). 另一个极值点是整个种群目前找到的最优解, 这个极值点是全局极值点(gBest).

粒子群算法经过多年的发展, 目前已经有很多种变形和改进的算法, 相对于变形和改进后的算法, 把最早的算法称为基本粒子群算法. 下面介绍几种粒子算法.

6.4.1　基本粒子群算法

基本粒子群算法根据式(6.38)来更新粒子的速度和位置, 即

$$
\begin{cases}
v_{ij}^{(t+1)} = wv_{ij}^{(t)} + c_1 r_1 (p_{ij} - x_{ij}^{(t)}) + c_2 r_2 (g_j - x_{ij}^{(t)}) \\
x_{ij}^{(t+1)} = x_{ij}^{(t)} + v_{ij}^{(t+1)} \\
i = 1, 2, \cdots, m, \ j = 1, 2, \cdots, d
\end{cases}
\tag{6.38}
$$

其中, w 为惯性权重, c_1 和 c_2 为正的学习因子, r_1 和 r_2 为 0 到 1 之间均匀分布的随机数. $x_i^{(t)} = (x_{i1}^{(t)}, x_{i2}^{(t)}, \cdots, x_{id}^{(t)})$ 为第 i 个粒子第 t 代的位置, $v_i^{(t)} = (v_{i1}^{(t)}, v_{i2}^{(t)}, \cdots, v_{id}^{(t)})$ 为第 i 个粒子第 j 分量第 t 代的速度, $p_i = (p_{i1}, p_{i2}, \cdots, p_{id})$ 为第 i 个粒子所找到的历史最优解(个体极值点), $g = (g_1, g_2, \cdots, g_d)$ 为当前所有粒子的最优解(全局极值点), m 为粒子规模, d 为空间维数.

基本粒子群算法的步骤如下:

(1) 初始化. 生成初始粒子, 计算适应度值, 记录当前个体极值和全局极值.

(2) 根据式(6.38)更新粒子的位置.

(3) 计算适应度值.

(4) 更新个体极值点. 如果个体当前位置比个体极值点更好, 则用当前位置替换个体极值点.

(5) 更新全局极值点. 如果个体极值点中有比全局极值点更好的解, 则更新全局极值点.

(6) 若满足终止条件, 则停止. 否则返回(2), 继续搜索.

终止条件可以设计成固定迭代次数,也可以根据适应度值的变化趋势来判断是否结束. 在此推荐使用连续未找到更好全局极值点的代数来作为停止条件. 程序代码如下:

程序 6.44 PSO.m

```
function [gbest]=PSO(fit, a, b, m, c, w, Demo)
% 粒子群算法
% fit       适应度函数
% [a,b]     自变量取值范围
% m         粒子规模
% c         学习因子,二维向量
% w         惯性权重
% Demo      是否需要作图,为 ture 表示显示演示粒子进化过程
% gbest  全局极值点
d=length(a); %空间维数
if(nargin<4), m=10; end
if(nargin<5), c=[0.1, 0.1]; end
if(nargin<6), w=0.5; end
if(nargin<7), Demo=false; end
x=repmat(a, m, 1)+repmat(b-a, m, 1).*rand(m, d); %%%生成初始群体初始位置
v=randn(m, d);          %初始速度
pbest=x;                %粒子个体极值点
F_pbest=fit(x);
[F_gbest, k]=max(F_pbest);
gbest=x(k, :);          %全局极值点
%作图,用于演示群体的分布情况,仅适用于二维问题
if(Demo && length(a)==2)
    p_1=plot(x(:, 1), x(:, 2),'ob');
    hold on; axis([a(1) b(1) a(2) b(2)]);
    p_3=plot(pbest(:, 1), pbest(:, 2),'*g');
    p_2=plot(gbest(1, 1), gbest(1, 2), '+r');
end
t=0;
N=0;
while(N<20)
    %更新粒子
    for i=1:m
      r=rand(1, 2);
      v(i, :)=w*v(i, :)+c(1)*r(1)*(pbest(i, :) - x(i, :)) + c(2)*r(2)*(gbest-x(i, :));    %更新速度
```

```
    x(i, :)=x(i, :)+v(i, :);        %更新位置
    end
    F=fit(x);                       %计算适应度值
    %更新个体极值
    for i=1:m
        if(F(i)>F_pbest(i))
            pbest(i,:)=x(i,:);
            F_pbest(i)=F(i);
        end
    end
    [~,k]=max(F_pbest);
    if(F_pbest(k)>F_gbest)
        F_gbest=F_pbest(k);         %更新全局极值
        gbest=pbest(k,:);
        N=0;
    else
        N=N+1;
    end
    %作图,用于演示群体的分布情况,仅适用于二维问题
    if(Demo && exist('p_1', 'var'))
        set(p_1, 'XData', x(:, 1), 'YData', x(:, 2));
        set(p_2, 'XData', gbest(1), 'YData', gbest(2));
        set(p_3, 'XData', pbest(:, 1), 'YData', pbest(:, 2));
        title(['连续无改进次数 N=', num2str(N)]);
        pause(0.5);
    end
    t=t+1;
end
```

例 6.11　求函数 $f(x) = \sqrt{(1 - 4\cos(10\pi x))^2 + (4\sin(10\pi x))^2 + (1 - 5x)^2}$ 的极小值.

程序 6.45　ExamplePSO.m

```
f=@(x)   sqrt((1-4*cos(10*pi*x)).^2+(4*sin(10*pi*x).^2+(1-5*x).^2));
fit=@(x) -f(x);            %适应度函数,适用于最小值问题
a=0; b=2;                  %搜索区间
[op_x]=PSO(fit, a, b);
op_x                       %显示最优解
f(op_x)                    %显示函数值
```

```
fplot(f, [a, b]);   hold on;
plot(op_x, f(op_x), '+');
hold off;
```

运行结果如下，图 6.16 显示了函数图像及所求解的位置.

op_x = 0.2391

ans = 1.9248

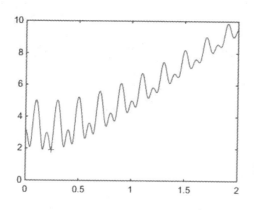

图 6.16　使用基本粒子群算法求最小值结果

6.4.2　带压缩因子的粒子群算法

在基本粒子群算法中，学习因子 c_1 和 c_2 是两个重要参数，c_1 是个体极值点对粒子飞行速度的影响权重，c_2 是全局极值点对粒子飞行速度的影响权重. 当 c_1 较大时，会使粒子过多地在局部范围内徘徊，而 c_2 较大时，会使粒子过早收敛到局部极值点.

为了平衡个体极值点和全局极值点的权重，Clerc 引入了收缩因子，构造了新的速度更新公式，即

$$v_{ij}^{(t+1)} = \varphi(v_{ij}^{(t)} + c_1 r_1 (p_{ij} - x_{ij}^{(t)}) + c_2 r_2 (g_j - x_{ij}^{(t)})) \tag{6.39}$$

其中，$i = 1, 2, \cdots, m, j = 1, 2, \cdots, d$，$\varphi = \dfrac{2}{\left| 2 - C - \sqrt{C^2 - 4C} \right|}, C = c_1 + c_2$，在设置学习因子时，

通常要求 $c_1 + c_2 > 4$. 典型的取法有 $c_1 = c_2 = 2.05$ 或 $c_1 = 2.8$，$c_2 = 1.3$，两种取法都使收缩因子 $\varphi = 0.729$.

程序代码如下：

程序 6.46　PSO_CompFactor.m

```
function [gbest]=PSO_CompFactor(fit,a,b,m,c,Demo)
%  带压缩因子的粒子群算法
% fit   适应度函数
% [a,b] 自变量取值范围
```

```
% m 粒子数量
% c 学习因子, 2 维向量
% Demo 是否需要作图, 为 ture 表示显示演示粒子进化过程
% gbest 全局极值点
if(nargin<4),m=10; end
if(nargin<5),c=[2.05,2.05]; end
if(nargin<6),Demo=false; end
d=length(a); %空间维数
C=c(1)+c(2);
varphi=2/abs(2-C-sqrt(C*C-4*C));          %计算压缩因子
%生成初始群体
x=repmat(a,m,1)+repmat(b-a,m,1).*rand(m,d);       %初始位置
v=randn(m,d);       %初始速度
pbest=x;          %粒子个体极值点
F_pbest=fit(x);     %计算适应度值
[F_gbest, k]=max(F_pbest);
gbest=x(k, :);        %全局极值点
%作图, 用于演示群体的分布情况, 仅适用于二维问题
if(Demo && length(a)==2)
    p_1=plot(x(:, 1), x(:, 2), 'ob');
    hold on; axis([a(1) b(1) a(2) b(2)]);
    p_3=plot(pbest(:, 1), pbest(:, 2), '*g');
    p_2=plot(gbest(1, 1), gbest(1, 2), '+r');
end
t=0;
N=0;
while(N<20)
    %更新粒子
    for i=1:m
        r=rand(1,2);
        v(i, :)=varphi*(v(i, :)+c(1)*r(1)*(pbest(i, :) - x(i, :)) + c(2)*r(2)*(gbest-x(i, :))); %更新速度
        x(i, :)=x(i, :)+v(i, :); %更新位置
    end
    F=fit(x);   %计算适应度值
    %更新个体极值
    for i=1:m
        if(F(i)>F_pbest(i))
            pbest(i, :)=x(i, :);
            F_pbest(i)=F(i);
```

```
            end
        end
        %更新全局极值
        [~, k]=max(F_pbest);
        if(F_pbest(k)>F_gbest)
            F_gbest=F_pbest(k);
            gbest=pbest(k, :);
            N=0;
        else
            N=N+1;
        end
        %作图,用于演示群体的分布情况,仅适用于二维问题
        if(Demo && exist('p_1', 'var'))
            set(p_1,'XData', x(:, 1), 'YData', x(:, 2));
            set(p_2,'XData', gbest(1), 'YData', gbest(2));
            set(p_3,'XData', pbest(:, 1), 'YData', pbest(:, 2));
            title(['连续无改进次数 N=', num2str(N)]);
            pause(0.5);
        end
        t=t+1;
end
```

例 6.12 求函数 $f(x)=\sqrt{\cos(10\pi x)^2+(2\sin(5\pi x))^2+x^2}$ 的极小值.

程序 6.47 ExamplePSO_CompFactor.m

```
f=@(x) sqrt((cos(10*pi*x)).^2+(2*sin(5*pi*x).^2+(x).^2));
fit=@(x) -f(x);          %适应度函数, 适用于最小值问题
a=-1; b=1;               %搜索区间
[op_x]=PSO_CompFactor(fit, a, b);
op_x                     %显示最优解
f(op_x)                  %显示函数值
fplot(f, [a, b]);    hold on;
plot(op_x, f(op_x), '+');
hold off;
```

求解结果如下, 图 6.17 显示了函数图像及解的位置.

```
op_x =
      -0.0334
ans =
      0.8667
```

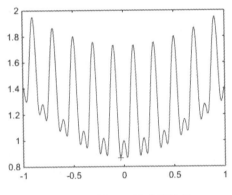

图 6.17　例 6.12 的求解结果

6.4.3　基于进化策略的粒子群算法

在粒子群算法的基础上结合其他一些智能优化算法,形成了混合粒子群算法,譬如有基于遗传算法的粒子群算法、基于模拟退火法的粒子群算法等. 下面介绍一种基于进化策略的粒子群算法.

在基本粒子群算法中,由于粒子的飞行速度方向是从当前位置指向个体极值点和全局极值点的两个方向矢量的叠加,因此如果全局极值点没有改变,那么粒子的位置基本是在个体极值点和全局极值点的连线上,这大大限制了算法在解决多维问题时的全局搜索能力.

局部极值点和全局极值点是粒子群算法的"领导",由于其没有自我学习能力,在进化过程中不够活跃,影响整个粒子群体的活力,使算法收敛速度较慢,并且容易陷入局部极值点无法逃离. 如果对每个局部极值点和全局极值点实施进化策略,这些"领导"也会进化学习,这将显著提高群体的积极性,加快算法的收敛速度,增加获得全局最优解的可能性.

对局部极值点和全局极值点实施如下策略(可重复实施多次):

(1) 对每个局部极值点,计算 $p'_{ij} = p_{ij} + \zeta_{ij}$,若 p'_{ij} 比 p_{ij} 更优,则令 $p_{ij} = p'_{ij}$.

(2) 对全局极值点,计算 $g'_j = g_j + \zeta_j$,若 g_j 比 g'_j 更优,则令 $g_j = g'_j$.

其中, $\zeta_{ij}, \zeta_j \sim N(0, \sigma^2)$, σ^2 是参数.

程序代码如下:

程序 6.48　PSO_ES.m

```
function [gbest]=PSO_ES(fit, a, b, m, c, w, Demo)
% 基于进化策略的粒子群算法
% fit        适应度函数
% [a,b]      自变量取值范围
% m          粒子数量
% c          学习因子, 二维向量
% w          惯性权重
% Demo       是否需要作图, 为 ture 表示显示演示粒子进化过程
```

```
%gbest 全局极值点
d=length(a); %空间维数
if(nargin<4), m=10; end
if(nargin<5), c=[0.1, 0.1]; end
if(nargin<6), w=0.5; end
if(nargin<7), Demo=false; end
%生成初始群体
x=repmat(a, m, 1)+repmat(b-a, m, 1).*rand(m, d);      %初始位置
v=randn(m, d);      %初始速度
pbest=x;            %粒子个体极值点
F_pbest=fit(x);
[F_gbest, k]=max(F_pbest);
gbest=x(k, :);        %全局极值点
%作图，用于演示群体的分布情况，仅适用于二维问题
if(Demo && length(a)==2)
    p_1=plot(x(:, 1), x(:, 2), 'ob');
    hold on;
axis([a(1) b(1) a(2) b(2)]);
    p_3=plot(pbest(:, 1), pbest(:, 2), '*g');
    p_2=plot(gbest(1, 1), gbest(1, 2), '+r');
end
t=0;
N=0;
while(N<20)
    %更新粒子
    for i=1:m
     r=rand(1, 2);
     %更新速度
     v(i, :)=w.*v(i, :)+c(1)*r(1)*(pbest(i, :) - x(i, :)) + c(2)*r(2)*(gbest-x(i, :));
     x(i, :)=x(i, :)+v(i, :);     %更新位置
    end
    F=fit(x);                %计算适应度值
    %更新个体极值点
    for i=1:m
        for j=1:5
            r=w.*randn(1, d);
            F_temp=fit(pbest(i, :)+r);
            if(F_temp>F_pbest(i))
                pbest(i, :)=pbest(i, :)+r;
```

```
                        F_pbest(i)=F_temp;
                end
            end
        end
        %对个体极值点实施进化策略
        for i=1:m
            if(F(i)>F_pbest(i))
                pbest(i, :)=x(i, :);
                F_pbest(i)=F(i);
            end
        end
        %更新全局极值点
        [~, k]=max(F_pbest);
        if(F_pbest(k)>F_gbest)
            F_gbest=F_pbest(k);
            gbest=pbest(k, :);
            N=0;
        else
            N=N+1;
        end
        %对全局极值点实施进化策略
        for j=1:5
                r=w.*randn(1, d);
                F_temp=fit(gbest+r);
                if(F_temp>F_gbest)
                    gbest=gbest+r;
                    F_gbest=F_temp;
                end
        end
        %作图, 用于演示群体的分布情况, 仅适用于二维问题
        if(Demo && exist('p_1', 'var'))
            set(p_1, 'XData', x(:, 1), 'YData', x(:, 2));
            set(p_2, 'XData', gbest(1), 'YData', gbest(2));
            set(p_3, 'XData', pbest(:, 1), 'YData', pbest(:, 2));
            title(['连续无改进次数 N=', num2str(N)]);
            pause(0.5);
        end
        t=t+1;
    end
```

例 6.13 求 Rosenbrock 函数

$$f(x_1, x_2) = 100(x_1^2 - x_2^2) + (1 - x_1)^2, \quad x_1, x_2 \in [-10,10]$$

的最小值.

程序 6.49 ExamplePSO_ES.m

```
f=@(x) 100*(x(:, 1).^2-x(:, 2)).^2+(1-x(:, 1)).^2;    %目标函数，Rosenbrock 函数
a=[-10 -10]; b=[10 10];                %搜索区间
fit=@(x) -f(x);                        %适应度函数，适用于最小值问题
if(length(a)==2)
    [X, Y]=meshgrid(a(1):0.1:b(1), a(2):0.1:b(2));
    Z=zeros(size(X));
    for i=1:size(Z, 2)
        Z(:, i)=f([X(:, i), Y(:, i)]);
    end
    figure(1);    clf;
    subplot(1, 2, 1);    mesh(X, Y, Z);        %画函数 f(x)的三维曲面图
    subplot(1, 2, 2);    contour(X, Y, Z);     %画等高线图
    hold on
end
[op_x]=PSO_ES(fit, a, b, 10, [2 2], 0.5, true);
op_x                                   %显示最优解
f(op_x)                                %显示函数值
if(length(a)==2)
plot(op_x(1), op_x(2),'+r');           %标示解的位置
end
```

运行结果如下，图 6.18 显示了函数图像及解的位置.

op_x = 1   1

ans = 0

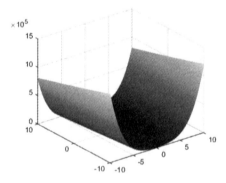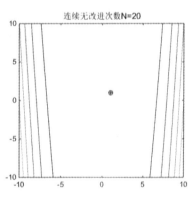

图 6.18 Rosenbrock 函数图像及求解结果

例 6.14 求 Ackley 函数

$$f(x_1,x_2) = -20\exp\left(-\frac{1}{5}(\frac{1}{2}x_1^2 + \frac{1}{2}x_2^2)^{1/2}\right) - \exp\left(\frac{1}{2}\cos(2\pi x_1) + \frac{1}{2}\cos(2\pi x_2)\right), \quad x_1,x_2 \in [-10,10]$$

的最小值.

将程序 6.49 中的目标函数换成 Ackley 函数即可求解。求解结果为

op_x =

    1.0e-15 *

    -0.0642   0.2068

ans =

   -22.7183

图 6.19 显示了 Ackley 函数及所求结果的位置.

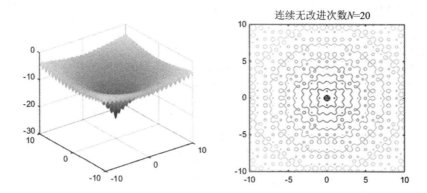

图 6.19 Ackley 函数图像及求解结果

从实验结果看，基于进化策略的粒子群算法的全局搜索能力非常强，求解精度也非常高。

第 7 章　数字图像处理

　　随着计算机技术的发展，数字图像处理技术得到了快速发展，数字图像已经广泛应用在工业、农业、军事、交通、医学、安全、人工智能等领域，人们的日常生活也常常涉及数字图像处理，如指纹识别、人脸识别、手机拍照、扫码支付、文字识别等. 本章将介绍数字图像的一些基础知识和常见的数字图像处理算法.

7.1　数字图像基础

　　一幅图像可以定义为一个二元函数 $z = f(x, y)$，其中 x 和 y 是空间(平面)坐标，函数值 z 是图像在点 (x, y) 处的颜色或强度(灰度). 若 x，y 和 z 都是有限的离散数值，则称该图像为数字图像. 一般情况下，x，y 和 z 都取整数，$1 \leqslant x \leqslant m$，$1 \leqslant y \leqslant n$，$z$ 的取值范围根据图像的色彩空间不同而不同. 每一个点 (x, y, z) 称为一个图像元素或像素，$m \times n$ 是图像的像素数，通常称为图像的分辨率，m 称为行分辨率，n 称为列分辨率.

　　在 MATLAB 中，使用矩阵来表示图像更为方便，一幅 $m \times n$ 的图像可以表示为 $m \times n$ 的矩阵，即

$$A = \begin{bmatrix} a_{11} & a_{12} & \cdots & a_{1n} \\ a_{21} & a_{22} & \cdots & a_{2n} \\ \vdots & \vdots & & \vdots \\ a_{m1} & a_{m2} & \cdots & a_{mn} \end{bmatrix} \tag{7.1}$$

显然有 $a_{ij} = f(i, j)$，所以两种表示方法本质上是相同的. 在某些特殊情况下还可以将图像表示为一个向量，即

$$V = \begin{bmatrix} v_1 & v_2 & \cdots & v_{m \times n} \end{bmatrix}^{\mathrm{T}} \tag{7.2}$$

其中，$v_k = a_{ij}$，$k = i + m \times (j - 1)$. 在将向量形式转换为矩阵形式时有 $a_{ij} = v_k$，其中

$$\begin{cases} i = 1 + ((k-1) \bmod m) \\ j = 1 + \left\lfloor \dfrac{k-1}{m} \right\rfloor \end{cases} \tag{7.3}$$

　　需要注意的是，在不同的计算机语言中，数组的下标起始值不完全相同，有些语言的

下标起始值为 0, 例如 C/C++、Java 等语言, 这时公式(7.3)需要作相应的调整.

　　显示一幅图像的方式有多种, 最直观也是最常用的一种方式是以平面图的方式显示, 例如图 7.1 是一幅灰度图像的平面图.

图 7.1　一幅灰度图的平面显示

图 7.2 是以三维柱形图的方式显示同一幅图像, 图像的灰度值用柱子的高度来表示.

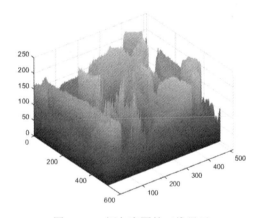

图 7.2　一幅灰度图的三维显示

　　还可以直接显示图像的数据(这里仅显示一部分), 如下所示:

```
76   162  162  164  162  160  153  165  160  167  158
76   162  162  164  162  161  154  165  160  167  158
77   162  162  164  161  162  155  164  161  166  158
78   161  162  163  159  162  157  163  161  165  159
78   160  161  162  157  162  158  161  160  163  159
78   159  160  160  155  162  159  159  159  160  160
78   158  160  159  153  162  159  158  157  158  160
78   157  159  158  152  161  159  157  155  156  160
76   157  156  155  160  157  158  155  158  160  157
76   157  156  155  159  156  157  155  156  159  156
76   157  157  155  158  155  156  154  153  157  156
```

其中的数值表示图像的灰度值.

在计算机屏幕坐标系中，常常以左上角为坐标原点，向右为横坐标的正向，向下为纵坐标的正向，为了和屏幕坐标系相同，同时又要和数学上习惯的右手法则保持一致，在处理图像时建立的坐标系如图 7.3 所示.

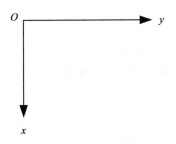

图 7.3　在数字图像处理中的坐标系

这样建立的坐标系和习惯上的矩阵下标变化方向一致，使得在图像的函数形式和矩阵形式之间的转换变得非常方便.

色彩深度是指表示 1 像素的颜色(或灰度)所需的存储空间的位数. 色深决定了图像的颜色取值范围，也就决定了图像的色彩丰富程度. 色彩深度为 k 的图像称为 k 比特图像. k 比特图像的颜色数最多为 2^k，例如 1 比特图像最多只有 2 种颜色，2 比特图像最多有 4 种颜色，8 比特图像最多有 256 种颜色. 在不压缩的情况下，保存一幅 k 比特图像所需的存储空间大小为 $m \times n \times k$ 比特，即 $m \times n \times k/8$ 字节.

7.1.1　黑白图像

如果一幅图像只有黑、白两种颜色，那么这种图像称为黑白图像，也称为二值图像. 可以使用 1 比特图像来表示黑白图像，通常用 0 表示黑色，1 表示白色. 在 MATLAB 中，通常使用一个逻辑型数组来表示一幅黑白图像. 图 7.4 是一幅黑白图像及其部分数据.

```
1 1 1 1 1 0 0 0 0 0 0 0
1 1 1 1 1 0 0 0 0 0 0 0
1 1 1 1 1 0 0 0 0 0 0 0
1 1 1 1 1 0 0 0 0 0 0 0
1 1 1 1 1 0 0 0 0 0 0 0
1 1 1 1 1 0 0 0 0 0 0 0
1 1 1 1 1 0 0 0 0 0 0 0
1 1 1 1 1 0 0 0 0 0 0 0
```

图 7.4　一幅黑白图像及其部分数据

黑白图像的数据简单，所需存储空间小，易实现逻辑运算、集合运算、边界检测等各种算法，在图像压缩、形态学图像处理、图像分割、图像识别等方面有着广泛的应用.

7.1.2　灰度图像

如果一幅图像从黑到白有多个中间亮度的灰色，那么称这种图像为灰度图像．不同亮度的灰色数量称为灰度级，在计算中为了方便表示，灰度级通常都是 2 的整数次幂．k 比特灰度图像可以有 2^k 个不同亮度的灰色，所以灰度级为 2^k．1 比特灰度图像就退化为黑白图像．最常见的是 8 比特灰度图像，总共有 256 种不同亮度的灰色，0 表示黑色，255 表示白色，0～255 之间的整数表示介于黑与白之间的灰色．在 MATLAB 中，通常使用 uint8 型数组来表示一幅 8 比特灰度图像，有时候也使用值为 [0, 1] 之间的 double 型数组来表示．图7.5 是一幅灰度图像及其部分数据．

151	142	139	158	142	141	125	183	79
129	150	145	161	153	113	150	194	92
136	144	119	142	162	89	153	176	94
188	143	86	112	152	110	137	142	192
206	160	90	85	116	164	137	123	178
158	162	113	73	83	173	139	115	104
119	135	107	93	103	120	122	115	145

图 7.5　一幅灰度图像及其部分数据

灰度图像是数字图像处理中主要的处理对象，通常要对其进行平滑、锐化、去噪等操作，在医学、工业、农业、遥测等领域都有广泛的应用．

7.1.3　彩色图像

如果一幅图像中有多种不同的颜色，那么就称这种图像为彩色图像．通常表示一个彩色需要 3 个数值，所以彩色图像 $z = f(x, y)$ 中的函数值 z 是一个三维向量．MATLAB 是采用一个三维数组来表示一幅彩色图像的．

用来描述颜色的数学模型称为彩色模型，常见的彩色模型有 RGB、CMYK、HSI、Lab等，其中 RGB 模型最为常用，它是目前彩色显示器显示颜色的主要方式，也是 MATLAB 处理彩色图像时默认使用的彩色模型．有关彩色模型相关知识可参见 7.5 节．图 7.6 显示的是一幅 RGB 彩色图像及其 R、G、B 3 个分量灰度图．

彩色图像　　　　　　　　　　　　　　　　　　　R 分量

G 分量   B 分量

图 7.6 一幅 RGB 彩色图像及其 R、G、B 3 个分量灰度图

7.1.4 索引图像

索引图像是使用颜色映射表来表示颜色的一种图像. 一幅索引图像包含两个部分, 一部分是图像数据, 另一部分是颜色映射表(调色板). 图像数据是一个 uint8 型数组, 其中的数值所代表的颜色由颜色映射表来定义. 颜色映射表是一个排好序的 $m \times 3$ 的 double 型数组(m 通常为 256), 其中每一行代表一种颜色, 其 3 个值分别是 RGB 颜色的三个分量的权重. 假设图像数据为 a_i, 则对应的颜色为 Colormap(a_i, :). 在图像颜色数量较少(少于 256 色)的情况下, 使用索引图像能够显著减小所需的存储空间, 所以以索引图像主要用于网络上的图片传输和一些对图像色彩要求不高, 但对图片文件大小有严格要求的地方.

7.1.5 MATLAB 图像处理基本命令

在 MATLAB 中, 一幅数字图像用一个数组来表示. 一幅黑白图像可以用一个逻辑矩阵表示, 一幅灰度图像用一个 uint8 型矩阵表示, 一幅 24 位真彩色图像用一个三维 uint8 数组表示. 这样, 数字图像处理问题就转化为对矩阵或数组的处理问题.

表 7.1 是 MATLAB 图像处理的基本命令, 使用这些命令可以轻松将图片文件导入到 MATLAB 中, 并转换成需要的格式以便进一步处理, 处理结束后还可以显示到 MATLAB 绘图窗口.

表 7.1 MATLAB 图像处理的基本命令

命令	说 明	命令	说 明
gray2ind	将灰度图像转换成索引图像	imshow	显示图像
im2bw	将图像转换成黑白图像	imwrite	向文件中写入图像数据
im2double	将图像数组转换为 double 型数组	ind2gray	将索引图像转换成灰度图像
im2uint16	将图像数组转换为 uint16 型数组	ind2rgb	将索引图像转换成 RGB 彩色图像
im2uint8	将图像数组转换为 uint8 型数组	mat2gray	将数据矩阵转换成灰度图像
imfinfo	获取图片文件中的图像信息	montage	一次显示多帧图像
immovie	将多帧图像转换成动画	rgb2gray	将 RGB 彩色图像转换成灰度图像
implay	播放动画	rgb2ind	将 RGB 彩色图像转换成索引图像
imread	读取图片文件中的图像数据	warp	将图像显示到指定图形的表面上

程序代码如下：

程序 7.1　ExampleImgConvert.m

```
A=imread('世界地图.jpg');        %读入图像
subplot(2, 2, 1);
xlabel('彩色图像');
imshow(A);                     %显示图像
subplot(2, 2, 2);
xlabel('灰度图像');
B=rgb2gray(A);                 %将图像转换成灰度图像
imshow(B);
subplot(2, 2, 3);
xlabel('黑白图像');
C=im2bw(B);                    %将图像转换成黑白图像
imshow(C);
subplot(2, 2, 4);
title('将图像显示到球面上');       %默认显示在图像上方，需手工调整至下方
[x, y, z]=sphere(50);
warp(x, y, z, A);
```

运行结果如图 7.7 所示.

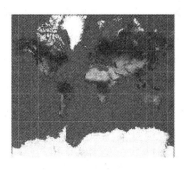

彩色图像

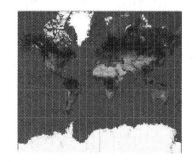

灰度图像

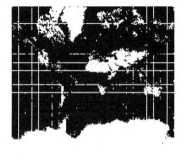

黑白图像

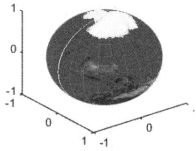

将图像显示到球面上

图 7.7　图像读取与显示示例

例 7.1　如图 7.8 所示,有一幅图像,上面有一条由数据绘制而成的曲线,假设该数据已丢失,现在要通过图像尽可能地恢复原始绘图数据.

基本思路:先将图像转换为黑白图像并取反(白色为 0,黑色为 1),然后对图像的每一列进行检测看是否有非 0 值,如果有,则查找非 0 值的下标,其下标即是黑色像素的纵坐标. 若存在多个值,则取平均值. 平均值有对原图像进行平滑的效果,为了尽量逼近原始数据,在图像上升期取纵坐标的最大值,在下降期取最小值. 如果某列没有黑色像素,则设置纵坐标为 NaN.

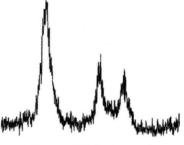

图 7.8　某数据绘图图像

处理结束后再对结果进行遍历,如果有某一数值为 NaN,但其两边的数值不为 NaN,则取两边的数值的平均值作为该数值.

最后再对数据进行标定. 由于原始图像没有坐标系,故无法获知原始数据的实际大小,所以标定到[0, 1].

程序代码如下:

程序 7.2　DataRestorFromImg.m

```
function y=DataRestorFromImg(A)
%  从数据图中恢复数据
%A    带有数据变化曲线的图像
%y    恢复的数据
 B=~im2bw(A);              %转换为黑白图像,并取反
[m, n]=size(B);
y=zeros(n, 1);
for j=1:n
    if (any(B(:, j)))       %如果第 j 列存在非 0 值
        t = find(B(:, j));   %查找非 0 值的下标
        y(j)=mean(t);        %取平均值
        %对尖点进行处理
        if (j>1 && ~isnan(y(j-1)))
            if(y(j)>y(j-1))
                y(j)=max(t);    %如果是上升期,则取最大值
            else
                y(j)=min(t);    %如果是下降期,则取值小值
            end
        end
    else
        y(j)=nan;               %如果第 j 列没有非 0 值,则设为非数值
    end
end
```

```
%处理中断点
for j=2:n-1
    if( isnan(y(j)) && ~isnan(y(j-1)) && ~isnan(y(j+1)))
        y(j)=(y(j-1)+y(j+1))/2;
    end
end
y=1-y/m;                        %将数据标定到 0～1
end
```

在另一个 m 程序文件中输入:

程序 7.3　　ExampleDataRestorFromImg.m

```
A=imread('数据图像.jpg');%读取图像
y=DataRestorFromImg(A);
plot(y);
```

显示结果如图 7.9 所示.

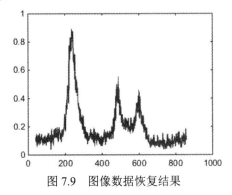

图 7.9　图像数据恢复结果

7.2　灰度变换

灰度变换是指将图像的像素值 r 映射到像素值 s 的一种变换. 用函数来表示就是

$$s = T(r) \tag{7.4}$$

称 T 为灰度变换函数.

灰度变换的对象一般是灰度图像, 如果是彩色图像, 则可以针对每个分量定义一个变换函数, 然后分别进行变换. 本节主要介绍 8 比特灰度图像的灰度变换.

7.2.1　常用的灰度变换

常用的灰度变换函数有线性变换函数、对数变换函数、指数变换函数和幂律变换函数.

1. 线性变换

线性变换函数为

$$s = kr + b \tag{7.5}$$

其中，k 和 b 是参数，取值不同可得到不同的效果. 当 $k > 1$，$b = 0$ 时，灰度拉伸，图像变亮；当 $k < 1$，$b = 0$ 时，灰度压缩，图像变暗；当 $k = 1$，$b > 0$ 时，灰度整体平移向白色，图像整体变得更亮；当 $k = 1$，$b < 0$ 时，灰度整体平移向黑色，图像整体变得更暗；当 $k = -1$，$b = 255$ 时，可实现图像灰度反转的效果. 例如：

程序 7.4　ExampleLinearTransformation.m

```
A=imread('Lena.jpg');
figure(1);
subplot(1, 2, 1);
xlabel('原图');
f=@(r) r;
imshow(f(A));
subplot(1, 2, 2);
xlabel('$s=r$', 'Interpreter', 'latex');
fplot(f, [0 255]);
axis equal;
xlim([0 255]);   ylim([0 255]);
figure(2);
subplot(1, 2, 1);   xlabel('线性拉伸 r');
f=@(r) 2*r;
imshow(f(A));
subplot(1, 2, 2);
xlabel('$s=2 r$', 'Interpreter', 'latex');
fplot(f, [0 255]);
axis equal;   xlim([0 255]);   ylim([0 255]);
figure(3);
subplot(1, 2, 1);   xlabel('线性压缩');
f=@(r) 1/2*r;
imshow(f(A));
subplot(1, 2, 2);
xlabel('$s=\frac{1}{2} r$', 'Interpreter', 'latex');
fplot(f, [0 255]);   axis equal;   xlim([0 255]);   ylim([0 255]);
figure(4);
subplot(1, 2, 1);   xlabel('反转变换');
f=@(r) 255-r;
imshow(f(A));
subplot(1, 2, 2);   xlabel('$s=255-r$', 'Interpreter', 'latex');
fplot(f, [0 255]);
axis equal;   xlim([0 255]);   ylim([0 255]);
```

显示结果如图 7.10 所示.

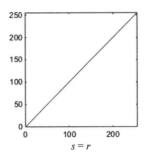

(a) 恒等变换

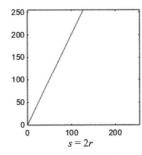

(b) 线性拉伸

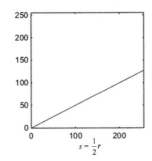

(c) 线性压缩

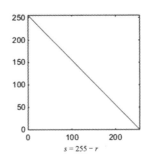

(d) 反转变换

图 7.10 线性变换

2. 对数变换和指数变换

对数变换函数为

$$s = c \ln(1+r) \tag{7.6}$$

其中，c 为参数. 若要使当 $r = 255$ 时，$s = 255$，可取 $c = \dfrac{255}{\ln(256)}$.

指数变换函数为

$$s = \exp(\frac{1}{c} \cdot r) - 1 \tag{7.7}$$

其中，c 为参数.

对数变换函数和指数变换函数是一对逆变换，常在需要拉伸或压缩灰度时使用.

下面的程序演示了对数变换和指数变换的过程.

程序 7.5　ExampleLogExp.m

```
A=imread('Lena.jpg');
figure(1);
subplot(1, 2, 1);
c=255/log(256);
f=@(r) uint8(c*log(1+double(r)));
imshow(f(A));
xlabel('对数变换');
subplot(1, 2, 2);
fplot(f, [0 255]);
axis equal;
xlim([0 255]);
ylim([0 255]);
xlabel('$s= c \log(1+r)$', 'Interpreter', 'latex');
figure(2);
subplot(1, 2, 1);
c=255/log(256);
f=@(r) uint8(exp(double(r)/c)-1);
imshow(f(A));
xlabel('指数变换');
subplot(1, 2, 2);
fplot(f, [0 255]);
axis equal;
xlim([0 255]);
ylim([0 255]);
xlabel('$s=\exp(\frac{1}{c} r) - 1$', 'Interpreter', 'latex');
```

显示结果如图 7.11 所示.

 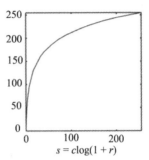

$$s = c\log(1 + r)$$

(a) 对数变换

 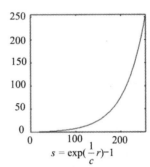

$$s = \exp(\frac{1}{c}r) - 1$$

(b) 指数变换

图 7.11　对数变换与指数变换

3. 幂律变换

幂律变换也称伽马变换，其变换函数为

$$s = cr^{\alpha} \tag{7.8}$$

其中，c 和 α 是参数，取值不同可得到不同的效果. 若要使当 $r = 255$ 时，$s = 255$，可取 $c = 55^{1-\alpha}$. 当 $\alpha < 1$ 时，拉伸较暗的灰度，压缩较亮的灰度，图像整体灰度较为平均. 当 $\alpha > 1$ 时，压缩较暗的灰度，拉伸较亮的灰度，图像暗的区域更暗，亮的区域更亮，增强图像的对比度.

程序代码如下：

程序 7.6　ExampleGammaTransform.m

```
A=imread('Lena.jpg');
figure(1);
subplot(1, 2, 1);
alpha=1/2;
f=@(r) uint8(255.^(1-alpha).*(double(r)).^alpha);
imshow(f(A));
subplot(1, 2, 2);
fplot(f, [0 255]);
axis equal;
xlim([0 255]);
```

```
ylim([0 255]);
xlabel('$s=\sqrt {255} r^{1/2}$', 'Interpreter', 'latex');
figure(2);
subplot(1, 2, 1);
alpha=2;
f=@(r) uint8(255.^(1-alpha).*(double(r)).^alpha);
imshow(f(A));
subplot(1, 2, 2);
fplot(f, [0 255]);
axis equal;
xlim([0 255]); ylim([0 255]);
xlabel('$s=\frac{1}{255} r^2$', 'Interpreter', 'latex');
```

显示结果如图 7.12 所示.

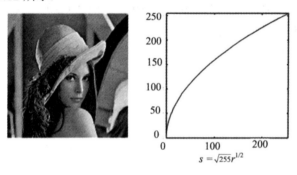

(a) 当 $c = a = 1/2$ 时的变换效果

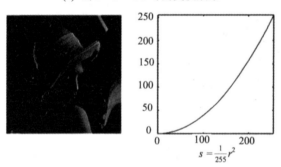

(b) 当 $c = a = 2$ 时的变换效果

图 7.12　幂律变换

7.2.2　自定义变换

为了实现更加特殊的变换效果，可以自定义变换函数，常用的自定义变换函数有分段线性变换函数和样条插值函数.

1. 分段线性变换函数

设 n 段分段线性变换函数 $s = s(r)$ 依次经过点 (x_0, y_0)，(x_1, y_1)，(x_2, y_2)，…，(x_n, y_n)，且

满足 $0 = x_0 < x_1 < x_2 < \cdots < x_{n-1} < x_n = 255$，$0 = y_0 < y_i < y_n = 255$，则 $s = s(r)$ 可表示为

$$s = s(r) = \frac{(y_i - y_{i-1})}{x_i - x_{i-1}}(x - x_{i-1}) + y_{i-1},\ x_{i-1} \leqslant x < x_i,\ i = 1, 2, \cdots, n \tag{7.9}$$

程序代码如下：

程序 7.7　ExamplePiecewiseLinearTransform.m

```
A=imread('Lena.jpg');
figure(1);
subplot(1, 2, 1);
x=[0    100   150   255];
y=[0    60    180   255];
%构造分段线性函数
f=@(r) (x(1)<=r&r<x(2)).*( (y(2)-y(1)) ./ (x(2)-x(1)) .* (r-x(1)) + y(1)) + (x(2) <= r & r < x(3) ) .*
( (y(3)-y(2)) ./ (x(3)-x(2)) .* (r-x(2)) + y(2)) + (x(3)<=r&r<x(4)) .* ( (y(4)-y(3)) ./ (x(4)-x(3)) .* (r-x(3)) + y(3));
imshow(uint8(f(double(A))));
xlabel('(a)变换效果');
subplot(1, 2, 2);
fplot(f, [0 255]);    axis equal;
xlim([0 255]);    ylim([0 255]);
xlabel('(b)变换函数');
```

显示结果如图 7.13 所示.

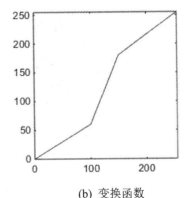

(a) 变换效果　　　　　　　　　(b) 变换函数

图 7.13　分段线性变换

2. 样条插值函数

分段线性变换函数虽然是连续的，但并不是光滑的，若要得到光滑的变换函数，可使用插值法来获得.

给定区间[0, 255]上的 $n+1$ 个分点 $0 = x_0 < x_1 < x_2 < \cdots < x_{n-1} < x_n = 255$ 以及对应的灰度值 $y_0, y_1, y_2, \cdots, y_n$，使用某种方法对数据点 $(x_i, y_i), i = 0, 1, 2, \cdots, n$ 进行插值，得到函数 $s = T(r)$，

该函数即可作为灰度变换函数.

程序代码如下:

程序 7.8　ExampleSplineTransform.m

```
A=imread('Lena.jpg');
figure(1);
subplot(1, 2, 1);
x=[0 50 100 150 200 255];
y=[0 20 60 180  220 255];
%进行 3 次样条插值
p=spline(x, y);
f=@(r) uint8(ppval(p, double(r)));   %利用插值结果构造变换函数
imshow(f(A));
xlabel('(a)变换效果')
subplot(1, 2, 2);
fplot(f, [0 255]);
axis equal;
xlim([0 255]);
ylim([0 255]);
xlabel('(b)变换函数');
```

运行结果如图 7.14 所示.

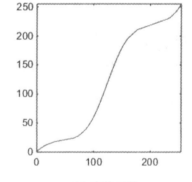

　　　(a) 变换效果　　　　　　　　　　(b) 变换函数

图 7.14　样条插值变换

7.2.3　直方图均衡化

灰度图像的直方图描述的是图像中灰度值为 r 的像素数，即

$$h(r) = N_r, \ r = 0,1,\cdots,L-1 \tag{7.10}$$

其中，N_r 是灰度为 r 的像素数，L 是灰度级，一般情况下 $L = 256$. 有时也将归一化后的值称为直方图:

$$p(r) = \frac{N_r}{N}, r = 0, 1, \cdots, L-1 \tag{7.11}$$

其中, N 是总像素数.

　　直方图体现的是图像灰度的分布情况. 如果把像素的灰度值看成是随机变量, 那么 $p(r)$ 就是灰度 r 在图像中出现的概率的估计. 图 7.15 是四种不同类型图像及其对应的直方图.

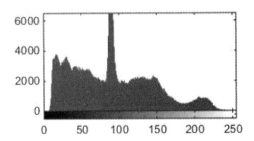

(a) 灰度均衡的图像及其对应的直方图

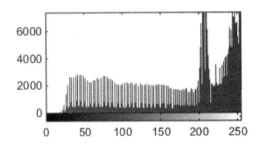

(b) 亮度过高的图像及其对应的直方图

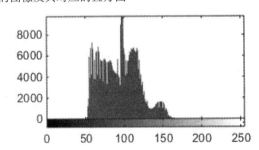

(c) 亮度过低的图像及其对应的直方图

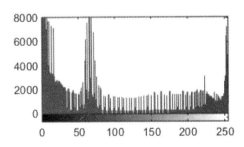

(d) 对比度过高的图像及其对应的直方图

图 7.15　四种不同类型图像及其对应的直方图

较暗的图像直方图集中在灰度级的低端，较亮的图像直方图集中在灰度级的高端. 低对比度图像的直方图集中在较窄的区间，高对比度图像的直方图覆盖很宽的范围. 如果希望图像具有较高的对比度，并且各灰度级的比例比较均匀，那么应该使图像的直方图尽量均匀地分布在整个灰度级上，而直方图均衡化可以实现这种效果.

直方图均衡化是将图像的灰度累积分布函数作为灰度变换函数，并对图像中的灰度值进行变换，理论上变换后图像的直方图是一条水平直线. 由于数字图像中的灰度值都是离散值，因此，在实际计算中可以使用归一化直方图的累加来代替累积分布函数.

直方图均衡化的步骤如下：

(1) 计算归一化直方图 $p(r)$；

(2) 计算 $p(r)$ 的累加，并将结果线性变换到 $[0, L-1]$，再进行四舍五入取整，即

$$T(r) = \text{round}((L-1)\sum_{s=0}^{r} p(s))$$

(3) 以 $T(r)$ 为灰度变换函数对图像进行灰度变换.

程序代码如下：

程序 7.9　HistogramEqualization.m

```
function B=HistogramEqualization(A)
%  直方图均衡化
%A   原图像
%B   直方图均衡化后的图像
[p, x]=imhist(A);              %计算原图直方图
T=cumsum(p);                   %对直方图进行累加
T=uint8(255*(T/T(end)));       %线性变换到 0~255
B=A;
for i=1:length(T)
    B(A==x(i))=T(i);          %使用离散累积分布函数进行灰度变换
end
```

例 7.2　将图 7.15(c) 进行直方图均衡化.

程序 7.10　ExampleHistogramEqualization.m

```
A=imread('荷花 3.JPG');          %读取图像
subplot(2, 2, 1);
imshow(A);                      %显示原图
[p, x]=imhist(A);              %计算原图直方图
xlabel('原图');
subplot(2, 2, 2);
imhist(A);                     %显示原图直方图
B=HistogramEqualization(A);
subplot(2, 2, 3);
```

```
imshow(B);                        %显示变换后图像
xlabel('直方图均衡化后的图');
subplot(2, 2, 4);
imhist(B);                        %显示变换后的直方图
```

运行结果如图 7.16 所示.

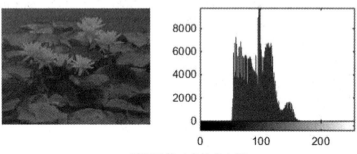

(a) 原图及其对应的直方图

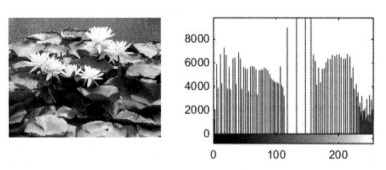

(b) 直方图均衡化后的图及其对应的直方图

图 7.16　直方图均衡化效果

7.3　空间滤波

　　空间滤波是直接在图像空间上进行滤波,通常是根据邻域内像素执行某种运算来决定邻域中心像素的值. 常用的滤波器有平滑滤波器、锐化滤波器和中值滤波器. 还可以将多种滤波器进行组合,获得特殊的滤波效果.

　　设 U_{ij} 是像素 $f(i, j)$ 的邻域像素, W_{ij} 是与 U_{ij} 同维的数组,一个线性滤波器可以定义为

$$g(i, j) = \sum W_{ij} U_{ij}, \ i = 1, 2, \cdots, m, \ j = 1, 2, \cdots, n \tag{7.12}$$

其中, W_{ij} 称为模板,其大小称为滤波器大小, $\sum$ 表示对所有元素求和, $g(i, j)$ 是滤波后的图像. W_{ij} 的大小和取值决定了滤波效果.

　　当处理的像素处于边界时,使用公式(7.12)无法直接计算,需要进行特殊处理. 常用的方法有:① 对原图进行扩展,扩展部分为 0;② 对原图进行扩展,扩展部分与边界相等;③ 缩小处理范围,靠近边界处不处理.

线性滤波程序代码如下：

```
function B=LineFilter(A, W)
%  对图像进行线性空间滤波
% A    原图像
% W   滤波器
% B   滤波后的图像
[m, n]=size(A);           %获取图像大小
[s, t]=size(W);           %获取滤波器大小
p=floor(s/2);   q=floor(t/2);
B=A;
%使用滤波器进行滤波，忽略边界像素
for i=1+p:m-p
    for j=1+q:n-q
        U=A(i-p:i+p, j-q:j+q);    %获取邻域像素
        B(i, j)=sum(sum(W.*U));      %加权平均
    end
end
```

7.3.1　平滑滤波器

当滤波器模板 W_{ij} 元素非负，且所有元素之和为 1 时，则滤波器为平滑滤波器. 下面是两个常用的 3×3 滤波器模板，即

$$W_1 = \frac{1}{9}\begin{bmatrix} 1 & 1 & 1 \\ 1 & 1 & 1 \\ 1 & 1 & 1 \end{bmatrix}, \; W_2 = \frac{1}{16}\begin{bmatrix} 1 & 2 & 1 \\ 2 & 4 & 2 \\ 1 & 2 & 1 \end{bmatrix} \tag{7.13}$$

平滑滤波器的作用主要是去噪声，有平滑图像、模糊图像的效果.

例 7.3　使用平滑滤波器对图像进行去噪.

```
A = imread('Lena.jpg');           %读取灰度图像
A = uint8(double(A)+10*randn(size(A)));          %添加高斯噪声
W = [1 1 1; 1 1 1; 1 1 1]/9;
B = LineFilter(A,W);
subplot(1, 2, 1);
imshow(A);           %显示滤波前图像
subplot(1, 2, 2);
imshow(B);           %显示滤波后图像
```

运行结果如图 7.17 所示.

图 7.17　使用平滑滤波器进行滤波

7.3.2　锐化滤波器

锐化滤波器的处理过程与平滑滤波器相同，只是使用的滤波器不同而已. 一般锐化滤波器的中心元素值与其他元素值符号相反，所有元素的和为 0. 拉普拉斯算子是一种常用的锐化滤波器模板，有下面几种形式：

$$W_3=\begin{bmatrix}0&1&0\\1&-4&1\\0&1&0\end{bmatrix}, W_4=\begin{bmatrix}1&1&1\\1&-8&1\\1&1&1\end{bmatrix}, W_5=\begin{bmatrix}0&-1&0\\-1&4&-1\\0&-1&0\end{bmatrix}, W_6=\begin{bmatrix}-1&-1&-1\\-1&8&-1\\-1&-1&-1\end{bmatrix} \tag{7.14}$$

平滑滤波器的作用是强化边缘.

例 7.4　使用拉普拉斯算子对图像进行滤波.

程序 7.13　ExampleSharpenFilter.m

```
A=imread('Lena.jpg');      %读取图片，需放在当前目录下
W=[0 1 0;1 -4 1;0 1 0];
B=LineFilter(A, W);
subplot(1, 2, 1);
imshow(A);                 %显示滤波前图像
subplot(1, 2, 2);
imshow(B);                 %显示滤波后图像
```

运行结果如图 7.18 所示.

图 7.18　使用拉普拉斯算子进行滤波

另外，还有罗伯特交叉梯度算子：

$$W_7^{(1)} = \begin{bmatrix} 0 & 0 & 0 \\ 0 & -1 & 0 \\ 0 & 0 & 1 \end{bmatrix}, W_7^{(2)} = \begin{bmatrix} 0 & 0 & 0 \\ 0 & 0 & -1 \\ 0 & 1 & 0 \end{bmatrix} \tag{7.15}$$

Sobel 算子：

$$W_8^{(1)} = \begin{bmatrix} -1 & -2 & -1 \\ 0 & 0 & 0 \\ 1 & 2 & 1 \end{bmatrix}, W_8^{(2)} = \begin{bmatrix} -1 & 0 & 1 \\ -2 & 0 & 2 \\ -1 & 0 & 1 \end{bmatrix} \tag{7.16}$$

罗伯特交叉梯度算子和 Sobel 算子是由两个矩阵构成的滤波器模板，滤波公式为

$$g(i,j) = \left| \sum W_{ij}^{(1)} U_{ij} \right| + \left| \sum W_{ij}^{(2)} U_{ij} \right| \tag{7.17}$$

例 7.5　使用罗伯特交叉梯度算子和 Sobel 算子进行滤波.

程序 7.14　Example_Rbt_Sobel.m

```
A=imread('Lena.jpg');              %读取图片，需放在当前目录下
subplot(1, 3, 1);
imshow(A);                         %显示滤波前图像
W1=[0 0 0; 0 -1 0; 0 0 1];         %罗伯特交叉梯度算子
W2=[0 0 0; 0 0 -1 ; 0 1 0];
B=abs(LineFilter (A, W1))+abs(LineFilter (A, W2));
subplot(1, 3, 2);
imshow(B);                         %显示滤波后图像
W1=[-2 -2 -2; 0 0 0; 2 2 2];       %Sobel 算子
W2=W1';
B=abs(LineFilter (A, W1))+abs(LineFilter (A, W2));
subplot(1, 3, 3);
imshow(B);                         %显示滤波后图像
```

运行结果如图 7.19 所示.

图 7.19　使用罗伯特交叉梯度算子和 Sobel 算子进行滤波

从结果来看，Sobel 算子寻找边缘的能力是比较强的.

7.3.3　中值滤波器

中值滤波器是将邻域内的像素按灰度排序，取中位数作为处理后图像的灰度，即

$$g(i, j) = \mathrm{mid}(U_{ij}) \tag{7.18}$$

其中，U_{ij} 是像素 $f(i, j)$ 的邻域，mid(·)是取数组的中位数. 中值滤波器具有一定的平滑效果，比较适合处理椒盐噪声. 中值滤波器的程序代码如下：

程序 7.15　MedianFilter.m

```
function B=MedianFilter(A, s, t)
% 对图像进行中值滤波
%A    %原图像
% s,t 滤波器大小
%B   滤波后的图像
[m,n]=size(A);                      %获取图像大小
p=floor(s/2);
q=floor(t/2);
mid=ceil(s*t/2);
B=A;
%使用滤波器进行滤波,忽略边界像素
for i=1+p:m-p
    for j=1+q:n-q
        U=double(A(i-p:i+p, j-q:j+q));   %获取领域像素
        [~, k]=sort(U(:));               %排序
        B(i, j)=U(k(mid));               %取中位数
    end
end
```

例 7.6　使用中值滤波器进行滤波.

程序 7.16　ExampleMedianFilter.m

```
A=imread('Lena.jpg');            %读取图片，需放在当前目录下
subplot(1, 2, 1);
%添加椒盐噪声
C=rand(size(A))<0.05;
A(C)=0;
C=rand(size(A))<0.05;
A(C)=255;
imshow(A);                       %显示滤波前图像
```

```
B= MedianFilter(A, 3, 3);            %中值滤波
subplot(1, 2, 2);
imshow(B);                           %显示滤波后图像
```

运行结果如图 7.20 所示.

图 7.20　使用中值滤波器进行滤波

从结果来看，中值滤波器对椒盐噪声的处理效果是非常理想的.

7.4　频率域滤波

频率域滤波是在频率域上进行滤波操作，构建具有特定功效的滤波器. 频率域滤波与空间滤波有着某种内在的联系，可以在频率域研究滤波器的特性以获得理想的滤波器，然后再转换成相应的空间滤波器，并在空间中实施滤波操作.

7.4.1　频率域滤波基础

频率域滤波是将图像变换到频率域，然后使用滤波器进行滤波，最后将滤波后的结果反变换到空间域，并得到滤波后的图像. 频率域滤波的一般步骤如下：

(1) 给定一幅大小为 $m \times n$ 的图像 f，使用离散傅里叶变换将 f 变换到频率域，$F = \mathrm{DFT}(f)$.

(2) 使用 fftshift 函数将 F 的直流分量平移到图像中心，$F_s = \mathrm{fftshift}(F)$.

(3) 使用频率域滤波器 H 对 F_s 进行滤波，$G_s = H .* F_s$，其中 H 是与 F_s 大小相同的矩阵，.* 表示对应元素相乘.

(4) 使用 ifftshift 函数将 G_s 进行还原，$G = \mathrm{ifftshift}(G_s)$.

(5) 对 G 进行傅里叶逆变换，并取实部，$g = \mathrm{real}(\mathrm{IDFT}(G))$，即可得到滤波后的图像.

fftshift 作用是将频率直流分量平移到矩阵中心，方便与滤波器进行运算，而 ifftshift 是还原各频率分量的位置.

频率域滤波器是大小与图像相同的矩阵，值为 0～1 之间的数，0 表示阻止频率分量通过滤波器，1 表示允许通过.

程序代码如下：

程序 7.17　FrequencyFilter.m

```
function g = FrequencyFilter(f, H, display)
%  对图像进行频率域滤波
% f          原图像
% H          频率域滤波器
% display    指示是否显示频谱图
% g          滤波后图像
if(nargin<3), display=false; end
F=fft2(double(f));          %二维快速傅里叶变换
Fs=fftshift(F);             %将直流分量平移到中间
Gs=H.*Fs;                   %滤波
if(display)
    %显示频谱图
    figure;
    subplot(1, 2, 1);
    imshow(log(abs(Fs)), [ ]);
    subplot(1, 2, 2);
    imshow(log(abs(Gs)), [ ]);
end
G=ifftshift(Gs);            %还原各频率分量的位置
g=uint8(real(ifft2(G)));    %傅里叶反变换
```

7.4.2　低通滤波器

低通滤波器是允许低频分量通过的滤波器，但阻止高频分量通过. 由于在进行滤波前已将低频分量平移到矩阵中心，所以低通滤波器的中心值较大，越远离中心值越小. 低通滤波器的效果是去噪、平滑与模糊. 常用的低通滤波器有理想低通滤波器、布特沃斯低通滤波器和高斯低通滤波器.

1. 理想低通滤波器(ILPF)

理想低通滤波器是最简单的低通滤波器，它由下面的函数确定，即

$$H_1(u,v) = \begin{cases} 1, & D(u,v) \leqslant D_0 \\ 0, & D(u,v) > D_0 \end{cases} \tag{7.19}$$

其中，D_0 是截止频率，$D(u,v)$ 是点(u, v)到矩阵中心的距离，即

$$D(u,v) = \sqrt{\left(u - \frac{m}{2}\right)^2 + \left(v - \frac{n}{2}\right)^2} \tag{7.20}$$

$H_I(u, v)$的函数图像如图 7.21 所示.

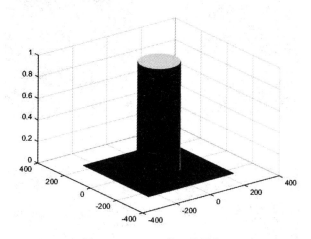

图 7.21　$H_I(u, v)$ 的函数图像

在滤波时，理想低通滤波器将频率低于 D_0 的所有分量全部通过，而频率高于 D_0 的所有分量全部滤除. 在频率域的截断将导致空间域图像的振铃现象. 下面程序可生成理想低通滤波器.

程序 7.18　ILPF.m

```
function H = ILPF(m, n, D0)
%理想低通滤波器
% m,n  滤波器大小
% D0  截止频率
% H   滤波器
if(nargin<3), D0=n/5; end
H = zeros(m, n);
[x,y] = meshgrid(1-m/2:m/2, 1-n/2:n/2);
H(x.^2+y.^2<D0^2) = 1;
```

例 7.7　使用理想低通滤波器对图像进行滤波.

程序 7.19　Example_ILPF.m

```
f=imread('Lena.jpg');
figure(1); subplot(1, 2, 1);
imshow(f);              %显示原图
[m,n]=size(f);
H=ILPF(m, n, 50);      %构造滤波器
g = FrequencyFilter(f, H, 1); %频率域滤波
figure(1); subplot(1, 2, 2);
imshow(g);              %显示滤波后的图像
```

运行结果如图 7.22 和图 7.23 所示.

图 7.22 IBPF 滤波前后的频谱图($D_0 = 50$)

图 7.23 ILPF 滤波前后的图像

图 7.22 中右图的中心部分是保留的频率，周边的黑色部分是滤除的频率，圆的半径为 D_0，D_0 越大，保留的频率越多，滤波后的图像越接近原图；反之，保留的频率越少，滤波后的图像越模糊. 当 D_0 较小时，滤波后的图像会出较明显的振铃现象.

2. 布特沃斯低通滤波器(BLPF)

n 阶布特沃斯低通滤波器可由下面函数表示

$$H_{\mathrm{B}}(u,v) = \frac{1}{1+\left(\dfrac{D(u,v)}{D_0}\right)^{2n}} \tag{7.21}$$

其中，n 为正整数，$D(u, v)$ 和 D_0 的含义与式(7.19)中的相同. $H_{\mathrm{B}}(u, v)$ 的函数图像如图 7.24 所示.

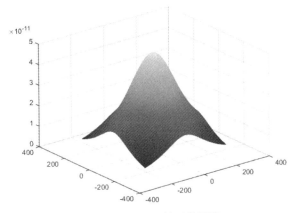

图 7.24 $H_{\mathrm{B}}(u, v)$的函数图像

与 ILPF 不同，BLPF 并没有在截止频率处进行明显截止，而是连续平滑地过渡，这样可以减少滤波图像的振铃现象. 阶数 n 决定了过渡的平缓程度，n 越小，过渡越平缓；n 越大，过渡越急剧. 当 $n \rightarrow \infty$ 时，BLPF 变成 ILPF.

下面程序可生成 BLPF.

程序 7.20　BLPF.m

```
function H=BLPF(m, n, D0, r)
%布特沃斯低通滤波器
% m,n          滤波器大小
% D0           截止频率
% r            阶数
% H            滤波器
if(nargin<3), D0=n/5; end
if(nargin<4), r=1; end
[x,y]=meshgrid(1-m/2:m/2, 1-n/2:n/2);
H=1./(1+((x.^2+y.^2)/D0^2).^r);
```

例 7.8　使用布特沃斯低通滤波器对图像进行滤波.

程序 7.21　Example_BLPF.m

```
f=imread('Lena.jpg');
figure(1); subplot(1, 2, 1);
imshow(f);                      %显示原图
[m, n]=size(f);
H=BLPF(m, n, 50, 2);           %构造滤波器
g = FrequencyFilter(f, H, 1); %频率域滤波
figure(1); subplot(1, 2, 2);
imshow(g);                      %显示滤波后图像
```

运行结果如图 7.25 和图 7.26 所示.

图 7.25　BLPF 滤波前后的频谱图($D_0 = 50, n = 2$)

图 7.26　BLPF 滤波前后的图像

从结果上看，使用 BLPF 滤波后的图像比较模糊，振铃现象不明显.

3. 高斯低通滤波器(GLPF)

高斯低通滤波器可由下面函数表示

$$H_{\mathrm{G}}(u,v)=\exp(-\frac{D^2(u,v)}{2D_0^2}) \tag{7.22}$$

$H_{\mathrm{G}}(u,v)$的函数图像如图 7.27 所示.

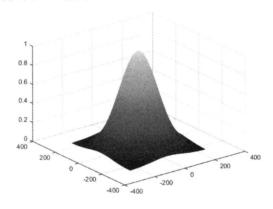

图 7.27　$H_{\mathrm{G}}(u,v)$的函数图像

下面程序可生成 GLPF.

程序 7.22　GLPF.m

```
function H=GLPF(m, n, D0)
%高斯低通滤波器
% m,n  滤波器大小
% D0  截止频率
% H   滤波器
if(nargin<3), D0=n/5; end
[x,y]=meshgrid(1-m/2:m/2, 1-n/2:n/2);
H=exp(-(x.^2+y.^2)/D0^2/2);
```

例 7.9 使用高斯低通滤波器对图像进行滤波.

程序 7.23 Example_GLPF.m

```
f=imread('Lena.jpg');
figure(1);
subplot(1, 2, 1);
imshow(f);                  %显示原图
[m, n]=size(f);
H=GLPF(m, n, 50);           %构造滤波器
g = FrequencyFilter(f, H, 1);  %频率域滤波
figure(1);
subplot(1, 2, 2);
imshow(g);                  %显示滤波后图像
```

运行结果如图 7.28 和图 7.29 所示.

图 7.28 GLPF 滤波前后的频谱图($D_0 = 50$)

图 7.29 GLPF 滤波前后的图像

由于高斯函数的傅里叶变换和傅里叶反变换都是高斯函数，所以高斯低通滤波器几乎不会导致振铃现象.

7.4.3 高通滤波器

与低通滤波器相反，高通滤波器是允许高频分量通过，而阻止低频分量通过的滤波器.

可以使用低通滤波器来获得相应的高通滤波器，即

$$H_{\mathrm{HP}} = 1 - H_{\mathrm{LP}} \tag{7.23}$$

图 7.30 显示了理想高通滤波器(IHPF)、布特沃斯高通滤波器(BHPF)和高斯高通滤波器(GHPF)的函数图像.

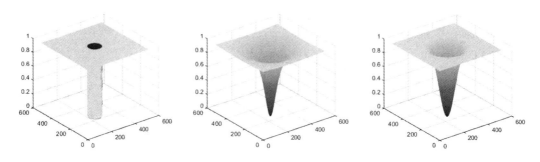

图 7.30　IHPF、BHPF 和 GHPF 的函数图像

例 7.10　分别使用理想高通滤波器、布特沃斯高通滤波器和高斯高通滤波器对图像进行滤波.

程序代码如下：

程序 7.24　ExampleHighPassFilter.m

```
f=imread('Lena.jpg');
[m,n]=size(f);
figure(1);
subplot(2, 2, 1);
imshow(f);                    %显示原图
xlabel('原图');
H=1-ILPF(m, n, 50);          %理想高通滤波器
g = FrequencyFilter(f, H);    %频率域滤波
figure(1);
subplot(2, 2, 2);
imshow(g);                    %显示滤波后图像
xlabel('理想高通滤波')
H=1-BLPF(m, n, 50);          %布特沃斯高通滤波器
g = FrequencyFilter(f, H);    %频率域滤波
figure(1);
subplot(2, 2, 3);
imshow(g);                    %显示滤波后图像
xlabel('布特沃斯高通滤波')
H=1-GLPF(m, n, 50);          %高斯高通滤波器
```

```
g = FrequencyFilter(f, H);              %频率域滤波
figure(1);
subplot(2, 2, 4);
imshow(g);                              %显示滤波后图像
xlabel('高斯高通滤波')
```

程序运行结果如图 7.31 所示.

原图

理想高通滤波

布特沃斯高通滤波

高斯高通滤波

图 7.31　IHPF、BHPF 和 GHPF 的滤波效果

　　除了低通滤波器和高通滤波器之外，还可以根据需要构造带阻滤波器、带通滤波器以及陷波滤波器，以实现特定频率的滤波. 还可以将多种滤波器进行组合，获得某种特殊的图像增强效果，如钝化模板、高提升滤波和高频强调滤波.

7.5　彩色图像处理

　　颜色是人类感知到的事物的主要特征之一，是大脑对特定波长的电磁波的主观感受. 人类能够看见的电磁波称为可见光，它的波长大约在 400～700 nm 的范围内. 人的眼睛中主要有三种感知颜色的锥状细胞，分别对应红色、绿色和蓝色，这三种细胞的感应强度的

组合就会在大脑形成各种各样的颜色.

人们为了区别不同的颜色,对颜色赋予了三个特性:亮度、色调和饱和度. 亮度表示光线的强度. 色调(色相)是与光波的波长相关的属性,是人们描述颜色的主要属性,当我们说红色、蓝色、绿色时,说的就是颜色的色调. 饱和度是颜色的纯度,纯度为 0 的颜色为灰色、黑色、白色.

用来表达(或描述)颜色的数学模型称为彩色模型,由彩色模型确定的色彩范围称为彩色空间. 不同设备显示颜色的方式不同,其采用的彩色模型也就不同. 常见的彩色模型有 RGB、CMYK、HSI、Lab 等.

RGB 彩色模型使用红(Red,R)、绿(Green,G)、蓝(Blue,B)三种基本色作为基础色,并进行不同程度的叠加,从而产生丰富而广泛的颜色,因此红、绿、蓝这三种颜色称为三原色或三基色. 在 RGB 模型中,使用 (r, g, b) 来表示一种颜色,其中 r、g、b 分别表示红、绿、蓝的强度. 若限定 r、g、b 的取值范围为[0, 1],则在图 7.32 所示的立方体中描述了 RGB 彩色空间,其中的任意一点都表示一种颜色.

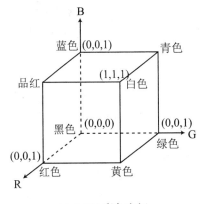
(a) RGB 彩色空间

(b) RGB 彩色立方体

图 7.32　RBG 彩色空间

如果 r、g、b 每个强度都有 256 个级别(通常用 0~255 之间的整数来表示),那么就可以组合成 256^3 种不同的颜色,存储这些颜色需要 24 个比特,所以也称这些颜色为 24 位真彩色,目前一般的显示器显示颜色都是 24 位真彩色. 表 7.2 是几种常见颜色及其 (r, g, b) 值.

表 7.2　常见颜色及其 (r, g, b) 值

颜色	r	g	b	颜色	r	g	b
白色	255	255	255	黑色	0	0	0
红色	255	0	0	黄色	255	255	0
绿色	0	255	0	紫色	255	0	255
蓝色	0	0	255	青色	0	255	255

RGB 彩色模型属于加色模型,r、g、b 各分量的数值越大,表示这种颜色的光越强. 当所有分量都达到最大值时,则呈现白色;当三个分量的强度都达到最小值时,则呈现黑

色. 计算机的彩色显示器基本都是使用这种方式来呈现彩色的.

　　CMYK 彩色模型常用于彩色印刷工业, 它是通过青(Cyan, C)、品(Magenta, M)、黄(Yellow, Y)以及黑(Black, K)四种颜色的油墨进行叠加来表现丰富多彩的颜色的. CMYK 彩色模型属于减色模型, 各分量的数值越大, 越接近黑色, 越小越接近白色. 如果要将 RGB 彩色图像打印出来, 需要将 RGB 颜色转换成 CMYK 颜色, 由于这两种彩色空间中的颜色数量不一样, RGB 的色域较大而 CMYK 则较小, 因此在转换的过程中有一定的损失, 从直观来看就是打印出来的图像没有原来的图像色彩那么丰富了.

　　HSI 彩色模型使用色调(Hue, H)、饱和度(Saturation, S)和亮度(Intensity, I)来描述颜色, 这种描述颜色的方式符合人类的习惯, 所以通常在与人的交互中使用这种彩色模型. 图 7.33 中的楔形体就是 HSI 彩色空间.

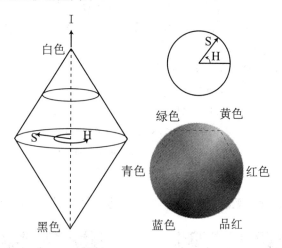

图 7.33　HSI 彩色空间

　　可以将 RGB 颜色转换为 HSI 颜色. 假设 r、g、$b \in [0, 1]$, $h \in [0, 2\pi)$, $s \in [0, 1)$, $i \in [0, 1]$, 则有

$$\begin{cases} h = \begin{cases} \theta, & b \leqslant g \\ 2\pi - \theta, & b > g \end{cases} \\ s = 1 - \dfrac{3\min\{r, g, b\}}{r + g + b} \\ i = \dfrac{r + g + b}{3} \end{cases} \tag{7.24}$$

其中

$$\theta = \begin{cases} 0, & r = g = b \\ \arccos\left(\dfrac{2r - g - b}{2\sqrt{(r - g)^2 + (r - b)(g - b)}} \right), & \text{其他} \end{cases}$$

反之, 也可以将 HSI 颜色转换为 RGB 颜色, 当 $0 \leqslant h < \dfrac{2\pi}{3}$ 时, 转换为公式(7.25), 即

$$\begin{cases} b = i \cdot (1-s) \\ r = i \cdot \left(1 + \dfrac{s \cdot \cos(h)}{\cos(\pi/3 - h)} \right) \\ g = 3i - (r + b) \end{cases} \tag{7.25}$$

当 $\dfrac{2\pi}{3} \leqslant h < \dfrac{4\pi}{3}$ 时，转换为公式(7.26)，即

$$\begin{cases} r = i \cdot (1-s) \\ g = i \cdot \left(1 + \dfrac{s \cdot \cos(h - 2\pi/3)}{\cos(\pi - h)} \right) \\ b = 3i - (r + g) \end{cases} \tag{7.26}$$

当 $\dfrac{4\pi}{3} \leqslant h < 2\pi$ 时，转换为公式(7.27)，即

$$\begin{cases} g = i \cdot (1-s) \\ b = i \cdot \left(1 + \dfrac{s \cdot \cos(h - 4\pi/3)}{\cos(5\pi/3 - h)} \right) \\ r = 3i - (g + b) \end{cases} \tag{7.27}$$

图 7.34 显示了红、绿、蓝、黄、青、紫 6 种基本色及其对应的色度、饱和度和亮度。

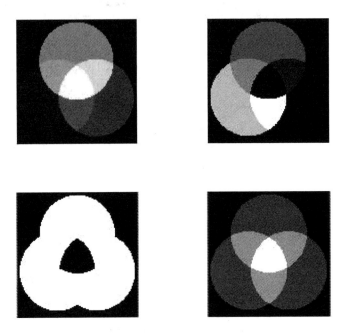

图 7.34　6 种基本色及其对应的色度、饱和度和亮度

下面的程序是将图像从 RGB 模型转换为 HSI 模型：

```
function HSI=RGB2HSI(A)
%将图像从 RGB 模型转换成 HSI 模型
% A  输入图像
% HSI  转换结果
A=double(A);
R=A(:, :, 1); G=A(:, :, 2); B=A(:, :, 3);    %获取图像的红、绿、蓝三个分量，保存到三个数组
%计算 theta 值
theta=zeros(size(R));
k=~(R==G&R==B);
theta(k)=acos((2*R(k)-G(k)-B(k))./(2*sqrt((R(k)-G(k)).^2+(R(k)-B(k)).*(G(k)-B(k)))));
%计算色度
H=theta;
H(B>G)=2*pi-theta(B>G);
I=(R+G+B)/3; %计算亮度
%计算饱和度
S=zeros(size(I));
k=I~=0;
minrgb=min(A, [], 3);
S(k)=1-minrgb(k)./I(k);
HSI=cat(3, H, S, I);   %将三个分量合成一个三维数组
```

下面的程序是将图像从 HSI 模型转换为 RGB 模型：

```
function RGB=HSI2RGB(HSI)
%将图像从 HSI 模型转换成 RGB 模型
% HSI  输入图像的 HSI
% RGB  转换结果
HSI=double(HSI);
H=HSI(:, :, 1); S=HSI(:, :, 2); I=HSI(:, :, 3); %获取图像的色度，饱和度和亮度，保存到三个数组
[m, n]=size(H);
R=zeros(m, n); G=R; B=R;
for i=1:m
    for j=1:n
        if(H(i, j)<2*pi/3)
            B(i, j)=I(i, j).*(1-S(i, j));
            R(i, j)=I(i, j).*(1+S(i, j).*cos(H(i, j))./cos(pi/3-H(i, j)));
            G(i, j)=3*I(i, j)-(R(i, j)+B(i, j));
        elseif(H(i, j)<4*pi/3)
```

```
            R(i, j)=I(i, j).*(1-S(i, j));
            G(i, j)=I(i, j).*(1+S(i, j).*cos(H(i, j)-2*pi/3)./cos(pi-H(i, j)));
            B(i, j)=3*I(i, j)-(R(i, j)+G(i, j));
        elseif(H(i, j)<=2*pi)
            G(i, j)=I(i, j).*(1-S(i, j));
            B(i, j)=I(i, j).*(1+S(i, j).*cos(H(i, j)-4*pi/3)./cos(5*pi/3-H(i, j)));
            R(i, j)=3*I(i, j)-(G(i, j)+B(i, j));
        end
    end
end
RGB=cat(3, R, G, B);    %将三个分量合成一个三维数组
```

7.5.1　伪彩色图像处理

伪彩色图像处理是指按照一定规则对灰度图像赋予颜色的处理. 可以采用分层的方式进行, 对不同层赋予不同的颜色, 有效提高人眼对目标的识别.

设图像的灰度级为[0, L−1], 将图像按灰度大小分为 p 层, $0 = v_0 < v_1 < v_2 < \cdots < v_p = L$, 基于灰度分层的彩色赋值可以根据如下关系进行, 即

$$f(x, y) = c_k, v_{k-1} \leqslant f(x, y) < v_k, \ k =, 1, \cdots, p \tag{7.28}$$

其中, c_k 是第 k 层对应的颜色.

例 7.11　对降雨量灰度图进行彩色赋值.

程序代码如下:

程序 7.27　ExampleColorLayering.m

```
A=imread('某地区降雨量.bmp');
[m, n]=size(A);
v=[0, 40, 90, 145, 185, 213, 245, 256];    %将 0~255 进行分层
c=uint8([ 0 19 55; 48 89 171; 60 158 233; 110 220 35; 242 218 66; 190 252 117; 255 255 255]); %颜色
B=uint8(255+zeros(m,n,3));                %新的彩色图像
for i=1:m
    for j=1:n
        for k=1:length(v)-1
            if(v(k)<=A(i, j) && A(i, j)<v(k+1))
                B(i, j, :)=c(k, :);
                break;
            end
        end
    end
end
```

```
end
subplot(1, 2, 1);
imshow(A);
subplot(1, 2, 2);
imshow(B);
```

效果如图 7.35 所示.

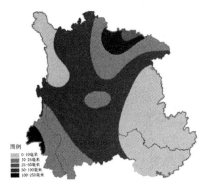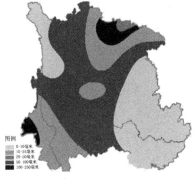

分层彩色赋值

图 7.35　分层彩色赋值

除了使用分层进行颜色赋值外，还可以通过不同的变换函数，将灰度图像变换到红、绿、蓝 3 个分量，从而获得彩色图像. 也就是作如下变换

$$\begin{cases} r = h_r(f) \\ g = h_g(f) \\ b = h_b(f) \end{cases} \tag{7.29}$$

例 7.12　对安检图像使用变换函数进行彩色赋值.

程序 7.28　ExampleSecurityCheck.m

```
f=imread('安检图片.bmp');
f=double(f);
r=@(x) 255*abs(sin(2.5*pi/255*x));              %红色分量变换函数
g=@(x) 255*abs(sin(2.5*pi/255*(x-10)));         %绿色分量变换函数
b=@(x) 255*abs(sin(2.5*pi/255*(x-130)));        %蓝色分量变换函数
x=0:255;
figure(1);
plot(x, r(x), 'r', x, g(x), 'g', x, b(x), 'b');
R=r(f); G=g(f); B=b(f);          %利用同一幅灰度图像变换到三种不同的颜色分量
[m,n]=size(f);
F=zeros(m, n, 3);
F(:, :, 1)=R;
F(:, :, 2)=G;
F(:, :, 3)=B;                    %将三个分量合成一幅彩色图像
```

```
figure(2);
subplot(1, 2, 1);
imshow(uint8(f));
subplot(1, 2, 2);
imshow(uint8(F));
```

运行结果如图 7.36 和图 7.37 所示.

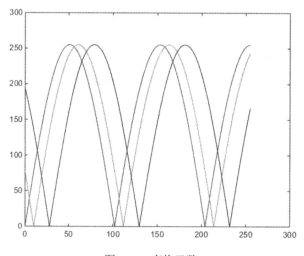

图 7.36   变换函数

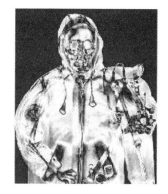

图 7.37   变换效果

7.5.2   彩色图像滤波

彩色图像滤波方法可借鉴灰度图像滤波,分别对彩色图像的每一个分量单独进行滤波,再合成彩色图像,但是这样做会导致图像的色调发生改变,这往往是不希望看到的结果. 为了保持滤波时图像的色调不变,可以将 RGB 彩色图像变换到 HSI 彩色空间,然后对亮度分量进行滤波,再将滤波后的图像变换到 RGB 空间即可.

基本步骤如下:

(1) 将彩色图像变换到 HSI 空间;

(2) 对 I 分量进行滤波，可以是空间滤波，也可以是频率域滤波；

(3) 将 HSI 变换到 RGB.

例 7.13　对彩色图像的亮度分量进行平滑.

程序 7.29　ExampleColorImageSmoothing.m

```
A=imread('猫.bmp');
HSI=RGB2HSI(A);              %将 RGB 图像转换成 HSI
W=[1 1 1 1 1; 1 1 1 1 1; 1 1 1 1 1; 1 1 1 1 1; 1 1 1 1 1]/25;          %空间滤波器
HSI(:, :, 3)=LineFilter(HSI(:, :, 3),W);      %滤波
RGB=HSI2RGB(HSI);           %滤波后图像还原到 RGB
subplot(1, 2, 1);
imshow(A);
xlabel('滤波前')
subplot(1, 2, 2);
imshow(uint8(RGB));
xlabel('滤波后')
```

平滑后的效果如图 7.38 所示.

(a) 滤波前　　　　　　　　　　　　　　　　　(b) 滤波后

图 7.38　对彩色图像的亮度分量进行平滑

滤波后的图像在保持色调不变的情况下，变得模糊了一些.

7.5.3　基于彩色的目标定位

如果一幅图像中的某个目标具有特定的颜色，则可以根据彩色来对目标进行定位. 设要识别的目标颜色为 c，将图像中的颜色与 c 的距离小于特定阈值 D 的像素设置为目标，其余的像素设置为背景，即可得到一幅目标标定的图像，即

$$g(x,y)=\begin{cases} c, & \|f(x,y)-c\| < D \\ b, & 否则 \end{cases} \tag{7.30}$$

其中，c 为目标颜色，b 为背景颜色.

例 7.14　　基于彩色的车牌定位.

程序 7.30　　ExampleLicensePlatePositioning.m

```
f=imread('汽车.jpg');
c=[30, 50, 250]';              %目标颜色
b=[128, 128, 128];            %背景颜色
D=150;                        %阈值
[m, n, k]=size(f);
g=f;
for i=1:m
    for j=1:n
        t=double(f(i, j, :));
        if(norm(t(:)-c)<D)
            g(i, j, :)=c;
        else
            g(i, j, :)=b;
        end
    end
end
subplot(1, 2, 1);
imshow(f);
subplot(1, 2, 2);
imshow(g);
```

效果如图 7.39 所示.

图 7.39　基于彩色的车牌定位

　　这种方法需要事先给定目标的颜色, 由于在现实环境中存在光线不足、目标污损等多种因素的干扰, 因此采集的图片往往存在一定的色差, 容易导致目标定位失败.

第 8 章　MATLAB 在数学建模

竞赛中的应用

8.1　钻 井 布 局

钻井布局是 1999 年全国大学生数学建模竞赛 B 题和 D 题的题目，原题如下：

勘探部门在某地区找矿. 初步勘探时期已零散地在若干位置上钻井，取得了地质资料. 进入系统勘探时期后，要在一个区域内按纵横等距的网格点来布置井位，进行"撒网式"全面钻探. 由于钻一口井的费用很高，如果新设计的井位与原有井位重合(或相当接近)，便可利用旧井的地质资料，不必打这口新井. 因此，应该尽量利用旧井，少打新井，以节约钻探费用. 比如钻一口新井的费用是 500 万元，利用旧井资料的费用是 10 万元，则利用一口旧井就可节约费用 490 万元.

设平面上有 n 个点 P_i，其坐标为 (a_i, b_i)，$i = 1, 2, \cdots, n$，表示已有的 n 个井位. 新布置的井位是一个正方形网格 N 的所有结点(所谓"正方形网格"是指每个格子都是正方形的网格；结点是指纵线和横线的交叉点). 假定每个格子的边长(井位的纵横间距)都是 1 单位(比如 100 米). 整个网格是可以在平面上任意移动的. 若一个已知点 P_i 与某个网格结点 X_i 的距离不超过给定误差 ε(0.05 单位)，则认为 P_i 处的旧井资料可以利用，不必在结点 X_i 处打新井.

为进行辅助决策，勘探部门要求我们研究如下问题：

(1) 假定网格的横向和纵向是固定的(比如东西向和南北向)，并规定两点间的距离为其横向距离(横坐标之差绝对值)及纵向距离(纵坐标之差绝对值)的最大值. 在平面上平行移动网格 N，使可利用的旧井数尽可能大. 试提供数值计算方法，并对下面的数值例子用计算机进行计算.

(2) 在欧氏距离的误差意义下，考虑网格的横向和纵向不固定(可以旋转)的情形，给出算法及计算结果.

(3) 如果有 n 口旧井，给出判定这些井均可利用的条件和算法(你可以任意选定一种距离). 数值例子 $n = 12$ 个点的坐标如表 8.1 所示.

表 8.1   旧 井 坐 标

a_i	0.50	1.41	3.00	3.37	3.40	4.72	4.72	5.43	7.57	8.38	8.89	9.50
b_i	2.00	3.50	1.50	3.51	5.50	2.00	6.24	4.10	2.01	4.50	3.41	0.80

1. 问题分析

旧井位只要与某个网格节点的距离不超过给定误差 ε，则该旧井可以利用，由于不需要考虑具体是哪个网格节点，所以可以将所有旧井位全部平移至一个格子内进行考虑，即做变换

$$\begin{cases} a_i' = |a_i - [a_i]| \\ b_i' = |b_i - [b_i]| \end{cases} \tag{8.1}$$

称 (a_i', b_i') 为 (a_i, b_i) 的象点， (a_i, b_i) 为 (a_i', b_i') 的原点， $[\cdot]$ 表示 0 方向取整.

若两点间的距离为其横向距离(横坐标之差绝对值)及纵向距离(纵坐标之差绝对值)的最大值，则称为棋盘距离，即

$$d(x_1, y_1, x_2, y_2) = \max(|x_1 - x_2|, |y_1 - y_2|) \tag{8.2}$$

欧式距离表示为

$$d(x_1, y_1, x_2, y_2) = \sqrt{(x_1 - x_2)^2 + (y_1 - y_2)^2} \tag{8.3}$$

对于棋盘距离，若存在一个边长为 2ε 的正方形，使 m 个象点同时落入该正方形的内部及边上，则这 m 个象点对应的原点可同时被利用. 对于欧式距离，则将该正方形改为半径为 ε 的圆. 将边长为 2ε 的正方形或半径为 ε 的圆统称为小邻域.

若两个象点与(0,0)，(0,1)，(1,0)，(1,1)的距离的最小值都小于 ε，则这两个象点对应的原点可同时被利用，此时这两个点可能不在一个小邻域内. 为了解决此问题，将象点进行扩充，具体步骤如下：

(1) 若 $a_i' < 2\varepsilon, b_i' > 2\varepsilon$ ，则令 $a_i'' = a_i' + 1, b_i'' = b_i'$ ；

(2) 若 $a_i' > 2\varepsilon, b_i' < 2\varepsilon$ ，则令 $a_i'' = a_i', b_i'' = b_i' + 1$ ；

(3) 若 $a_i' < 2\varepsilon, b_i' < 2\varepsilon$ ，则令 $a_i'' = a_i' + 1, b_i'' = b_i' + 1$.

(a_i'', b_i'') 也称为 (a_i, b_i) 的象点. 由所有原点 (a_i, b_i) 的象点构成的集合称为关于 (a, b) 的象点集，记为 $Q(a, b)$. 为了方便，仍然使用 (a_i', b_i') 表示象点集的第 i 个元素. 显然，所有象点位于区域 $[0, 1+2\varepsilon] \times [0, 1+2\varepsilon]$ 内.

对于允许旋转网格的情形，网格旋转 θ 角的结果与固定网格而将旧井坐标旋转 $-\theta$ 的结果是等价的. 基本思想是将区间 $[0, \pi/2]$ 进行细分，每次取一个角度，计算出旋转后的旧坐标，然后使用问题一的方法，计算出最大可利用的旧井数和网格位置；比较各个角度下的最大可利用的旧井数，取最大值及其对应的网格位置即可得到问题的解.

2. 模型建立与求解

根据前面的分析，问题一就是已知平面上的 n 个旧井位，在平面区域 $[0, 1+2\varepsilon] \times [0, 1+2\varepsilon]$ 内寻找一个小邻域，使邻域内的象点最多，即

$$\max M = \sum_{i=1}^{n'} f_i(x,y)$$

$$\text{s.t.} \begin{cases} f_i(x,y) = \begin{cases} 0, d(x,y,a_i',b_i') > 0 \\ 1, d(x,y,a_i',b_i') \leqslant 0 \end{cases} \\ i = 1,2,\cdots,n' \\ 0 \leqslant x \leqslant 1+\varepsilon \\ 0 \leqslant y \leqslant 1+\varepsilon \end{cases} \tag{8.4}$$

其中，$(a_i',b_i') \in Q(a,b), i=1,2,\cdots,n'$，$(x,y)$ 为小邻域中心坐标，即网格结点.

由于决策变量的范围已知，所以可以使用有限穷举法来求解. 算法如下：

算法一：

(1) 令 $x^* = x = 0$，$y^* = y = 0$，$M = 0$，$\delta = 0.01$；

(2) 计算 $m = \sum_{i=1}^{n'} f_i(x,y)$；

(3) 若 $m > M$，则令 $M = m$，$x^* = x$，$y^* = y$；

(4) 如果 $x < 1+\varepsilon$，则令 $x = x+\delta$，转第(2)步；否则转第(5)步；

(5) 如果 $y < 1+\varepsilon$，则令 $y = y+\delta$，转第(2)步；否则转第(6)步；

(6) 算法结束. M 为最大可以利用的旧井数，(x^*, y^*) 为网格结点.

上面的算法实际上是对区域 $[0, 1+\varepsilon] \times [0, 1+\varepsilon]$ 以 δ 为步长进行二维搜索，时间复杂度为 $O\left(n'\left(\dfrac{1+\varepsilon}{\delta}\right)^2\right)$，$\delta$ 越小，计算量越大，但是 δ 较大时，精度较低，有可能遗漏最优解.

程序如下：

程序 8.1   DrillingLayout1.m

```
a=[0.5 1.41 3.00 3.37 3.4 4.72 4.72 5.43 7.57 8.38 8.89 9.50];
b=[2.00 3.50 1.50 3.51 5.50 2.00 6.24 4.10 2.01 4.50 3.41 0.80];
epsilon=0.05;
A=abs(a-fix(a));          %取小数部分
B=abs(b-fix(b));          %取小数部分
%复制 x 坐标小于ε，y 坐标小于ε以及 x 坐标和 y 坐标都小于ε的点
A1=[A(B<epsilon) A(A<epsilon)+1 A(A<epsilon&B<epsilon)+1];
B1=[B(B<epsilon)+1 B(A<epsilon) B(A<epsilon&B<epsilon)+1];
A=[A A1];
B=[B B1];
plot([0 1 1], [1 1 0]);    %画搜索区域的上边线及右边线
hold on              %使得后面画的图形在同一个坐标系下
plot(A, B, '.');        %画出所有的数据点
```

```
        xlim([0 1+2*epsilon ]);
        ylim([0 1+2*epsilon ]);
        n1=length(A);
        M=0;m=0;          %初始化最大同时能利用的点数为0
        X=0; Y=0;
        x=0:0.01:1+epsilon;
        y=0:0.01:1+epsilon;
        f=zeros(1, length(A));
        for i=1:length(x)
            for j=1:length(y)
                for k=1:n1
                    f(k)=d(x(i), y(j), A(k), B(k))<=epsilon;
                end
                m=sum(f);
                if M<m   %如果位于小正方形内的点数大于以前记录的点数，则重新记录
                    M=m;
                    X=x(i);
                    Y=y(j);
                end
            end
        end
        disp('最大可利用井数: ')
        M
        disp('网格结点: ')
        [X Y]
        plot([X-epsilon X-epsilon X+epsilon X+epsilon X-epsilon], [Y-epsilon Y+epsilon Y+epsilon Y-epsilon
Y-epsilon], 'g');
```

运行结果如下:

最大可利用的井数:

M =

　　　4

网格结点:

ans =

　　　0.3600　　　0.4600

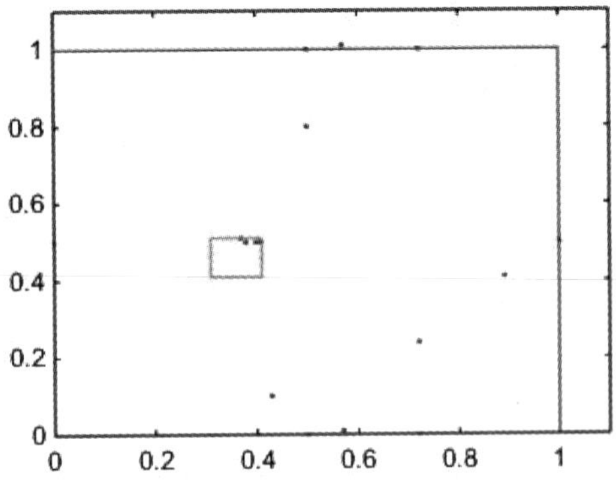

图 8.1　算法一求解结果

解的位置结果如图 8.1 所示, 小矩形的中心即为网格结点位置.

有限穷举法以固定步长进行搜索, 在空白区域(无旧井区域)做了很多无用功, 为了减少计算量, 在搜索时可以跳过空白区域, 只搜索有旧井区域, 基于这种思想设计算法如下:

算法二：

(1) 计算所有象点中纵坐标的最小值 $y_{\min}$，令 $\underline{y} = y_{\min}, \overline{y} = y_{\min} + 2\varepsilon, M = 0$.

(2) 将纵坐标满足 $\underline{y} \leqslant y \leqslant \overline{y}$ 的所有象点按横坐标从小到大排序，设排序结果为 (x_1, y_1), (x_2, y_2), $\cdots$, (x_k, y_k).

(3) 首先计算以 $(x_1 + \varepsilon, \underline{y} + \varepsilon)$ 为中心，ε 为半径的小邻域内的象点数 m_1，然后分别计算以 $(x_i - \varepsilon, \underline{y} + \varepsilon)$，$i = 2, \cdots, k$ 为中心，ε 为半径的小邻域内的象点数 m_i，求 $m_i (i=1, 2, \cdots, k)$ 的最大值 $m_{\max}$. 如果 $m_{\max} > M$，则令 $M = m_{\max}$，并记录最大值所对应的小邻域中心为 (x^*, y^*).

(4) 如果不存在纵坐标大于 $\overline{y}$ 的象点，则转至第 5 步；否则计算纵坐标大于 $\overline{y}$ 的所有象点中纵坐标的最小值 $y_{\min}$，令 $\underline{y} = y_{\min} - 2\varepsilon, \overline{y} = y_{\min}$，转至第 2 步.

(5) 算法结束，M 为最大可利用的旧井数，(x^*, y^*) 为网格结点.

图 8.2 显示了在一个搜索带内的搜索过程. 在这个搜索带内，每当小邻域的右边界遇到一个新的象点就暂停下来，计算落入小邻域的象点数，最后可得到该搜索带内的最佳位置.

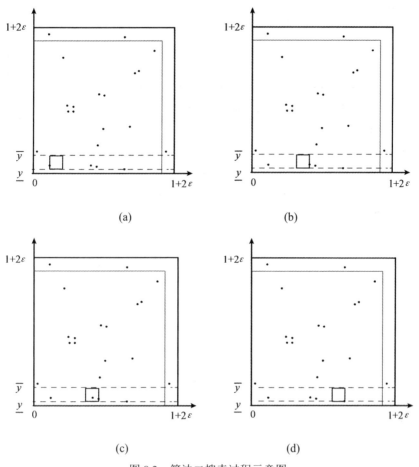

(a)　　　　　　　　　　(b)

(c)　　　　　　　　　　(d)

图 8.2　算法二搜索过程示意图

完成一个搜索带内的搜索过程后，将搜索带向上移动至最低的象点，继续搜索过程，直到上方再无象点.

上面的算法首先是要确定在横向搜索带内进行横向搜索时，只有遇到象点才停下来统计落入小邻域内的象点数，避免了很多空白区域的无效搜索，并且不会遗漏最优解. 算法的时间复杂度为 $O(n'^3)$.

求出最大可利用的旧井数后，还可继续优化，求出最佳网格结点的位置. 最佳网格结点的位置应该是使可利用旧井距离网格结点最近. 即求 (x, y)，使

$$\min \sum_{i \in S} \max(|x - a_i'|, |y - b_i'|) \tag{8.5}$$

其中，S 是可利用的旧井集合.

程序代码如下：

程序 8.2　　DrillingLayout2.m

```matlab
a=[0.5 1.41 3.00 3.37 3.4 4.72 4.72 5.43 7.57 8.38 8.89 9.50];
b=[2.00 3.50 1.50 3.51 5.50 2.00 6.24 4.10 2.01 4.50 3.41 0.80];
epsilon=0.05;
A=abs(a-fix(a));    %取小数部分
B=abs(b-fix(b));    %取小数部分
%复制 x 坐标小于ε，y 坐标小于ε以及 x 坐标和 y 坐标都小于ε的点
A1=[A(B<epsilon) A(A<epsilon)+1 A(A<epsilon&B<epsilon)+1];
B1=[B(B<epsilon)+1 B(A<epsilon) B(A<epsilon&B<epsilon)+1];
A=[A A1];    B=[B B1];
plot([0 1 1], [1 1 0]);          %画搜索区域的上边线及右边线
hold on                          %使得后面画的图形在同一个坐标系下
plot(A, B, '.');                 %画出所有的数据点
xlim([0 1+2*epsilon ]);
ylim([0 1+2*epsilon ]);
y_min=min(B);                    %计算纵坐标最小的象点
yd=y_min;                        %搜索带下边界
yu=yd+2*epsilon;                 %搜索带上边界
m=0;                             %初始化最大同时能利用的点数为 0
while(1)
    w=(B>=yd & B<=yu);
    cx=A(w);                     %求出位于搜索带内的点的 x 坐标
    cy=B(w);                     %求出位于搜索带内的点的 y 坐标
    [cx, xi]=sort(cx);           %排序
    cy=cy(xi);
    for j=1:size(cx, 2)
        if(j==1)
```

```
            xl=cx(j);              %小邻域左边界
            xr=xl+2*epsilon;       %小邻域右边界
        else
            xr=cx(j);              %小邻域左边界
            xl=xr-2*epsilon;       %小邻域右边界
        end
        InRect=(cx>=xl&cx<=xr);
        t=sum(InRect);             %统计位于小正方形内的点数(包含正方形的边界)
        if m<t
            m=t;
            X=xl+epsilon;
            Y=yd+epsilon;
            InRectX=cx(InRect);
            InRectY=cy(InRect);
        end            %如果位于小正方形内的点数大于以前记录的点数，则重新记录点数
    end
    y_min = min(B(B>yu));
    if(isempty(y_min)), break; end
    yd=y_min-2*epsilon;
    yu=y_min;
end
disp('最大可利用的井数: ')
m
disp('可利用的井位象点: ')
[InRectX; InRectY]
disp('可行解: ')
[   max(InRectX)-epsilon, min(InRectX)+epsilon;
    max(InRectY)-epsilon, min(InRectY) + epsilon]
X=mean(InRectX);
Y=mean(InRectY);
disp('最佳位置: ')
plot(X, Y, '+b');
axis equal
xlim([0 1+2*epsilon ]);
ylim([0 1+2*epsilon ]);
[X; Y]
plot([X-epsilon, X-epsilon, X+epsilon, X+epsilon X-epsilon],
    [Y-epsilon, Y+epsilon Y+epsilon, Y-epsilon, Y-epsilon], 'g');
```

求解结果如下：

最大可利用的井数：

m =

　　　4

可利用的井位象点：

ans =

　　　0.3700　　　0.3800　　　0.4000　　　0.4100

　　　0.5100　　　0.5000　　　0.5000　　　0.5000

可行解：

ans =

　　　0.3600　　　0.4200

　　　0.4600　　　0.5500

最佳位置：

ans =

　　　0.3900

　　　0.5025

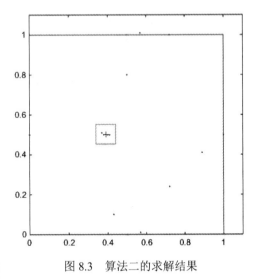

图 8.3　算法二的求解结果

上面程序不仅给出了最大可利用的旧井数，还给出了网格结点的范围以及最佳位置，如图 8.3 所示.

对于问题二，由于旋转网格与旋转旧井坐标是等价的，所以对旧井坐标做如下坐标变换：

$$
\begin{cases}
x' = x\cos(\theta) + y\sin(\theta) \\
y' = x\sin(\theta) + y\cos(\theta)
\end{cases} \tag{8.6}
$$

经过坐标变换后可以按照问题一的方法进行求解. 因此建立如下模型：

$$
\max M = \sum_{i=1}^{n'} f_i(x, y, \theta)
$$

$$
\text{s.t.}
\begin{cases}
f_i(x, y, \theta) = \begin{cases} 0, d(x, y, a_i', b_i') > 0 \\ 1, d(x, y, a_i', b_i') \leqslant 0 \end{cases} \\
i = 1, 2, \cdots, n' \\
0 \leqslant x \leqslant 1 + \varepsilon \\
0 \leqslant y \leqslant 1 + \varepsilon \\
0 \leqslant \theta < \dfrac{\pi}{2}
\end{cases} \tag{8.7}
$$

其中，$(a_i', b_i') \in Q(\tilde{a}, \tilde{b}), i = 1, 2, \cdots, n'$，$\tilde{a}_i = a_i \cos(\theta) + b_i \sin(\theta)$，$\tilde{b}_i = a_i \sin(\theta) + b_i \cos(\theta)$. 相比问题一的模型，多了一个决策变量 θ.

求解的方法是对区间 $[0, \pi/2)$ 进行细分，让 θ 依次取其中的每一个分点，使用公式 (8.6) 对旧井位进行坐标变换，然后再使用算法一或算法二进行求解，比较所有求解结果即可得到最大可利用的旧井数. 程序代码如下：

```matlab
a=[0.5 1.41 3.00 3.37 3.4 4.72 4.72 5.43 7.57 8.38 8.89 9.50];
b=[2.00 3.50 1.50 3.51 5.50 2.00 6.24 4.10 2.01 4.50 3.41 0.80];
epsilon=0.05;
theta=0:0.01:pi/2;
m=0;                                    %初始化最大同时能利用的点数为 0
for k=1:length(theta)
    a2=a.*cos(theta(k))+b.*sin(theta(k));        %坐标变换
    b2=a.*sin(theta(k))+b.*cos(theta(k));        %坐标变换
    A=abs(a2-fix(a2));                   %取小数部分
    B=abs(b2-fix(b2));                   %取小数部分
    A1=[A(B<epsilon) A(A<epsilon)+1 A(A<epsilon&B<epsilon)+1];
    B1=[B(B<epsilon)+1 B(A<epsilon) B(A<epsilon&B<epsilon)+1];
    A=[A A1];    B=[B B1];
    y_min=min(B);                       %计算纵坐标最小的象点
    yd=y_min;                           %搜索带下边界
    yu=yd+2*epsilon;                    %搜索带上边界
    while(1)
        w=(B>=yd & B<=yu);
        cx=A(w);                        %求出位于搜索带的点的 x 坐标
        cy=B(w);                        %求出位于搜索带的点的 y 坐标
        [cx, xi]=sort(cx);              %排序
        cy=cy(xi);
        for j=1:size(cx, 2)
            y=yd+epsilon;
            if(j==1)
                %计算小邻域中心，使小邻域左边界与第一个象点接触
                x = cx(j)-sqrt(-y^2+epsilon^2-cy(j)^2+2*cy(j)*y);
            else
                %计算小邻域中心，使小邻域右边界与下一个象点接触
                x = cx(j)+sqrt(-y^2+epsilon^2-cy(j)^2+2*cy(j)*y);
            end
            InRect = (cx-x).^2 + (cy-y).^2 <= epsilon^2;
            t=sum(InRect);              %统计位于小邻域内的点数(包含边界)
            if m<t
                m=t;
                X=x;
                Y=y;
```

```
                    T=theta(k);
                    InRectX=cx(InRect);          %可利用的象点坐标
                    InRectY=cy(InRect);
                end
            end
        y_min = min(B(B>yu));
        if(isempty(y_min)), break; end           %如果上面没有象点，则退出
        yd=y_min-2*epsilon;                       %搜索带的下边界
        yu=y_min;                                 %搜索带的上边界
        end
    end
end
disp('最大可利用旧井数: ')
m
disp('象点坐标: ')
[InRectX; InRectY]
X=mean(InRectX);
Y=mean(InRectY);
disp('网格位置(x 坐标，y 坐标，角度): ')
[X, Y, T]
a2=a.*cos(T)+b.*sin(T);
b2=a.*sin(T)+b.*cos(T);
A=abs(a2-fix(a2));           %取小数部分
B=abs(b2-fix(b2));           %取小数部分
%复制 x 坐标小于ε，y 坐标小于ε以及 x 坐标和 y 坐标同时小于ε的点
A1=[A(B<epsilon) A(A<epsilon)+1 A(A<epsilon&B<epsilon)+1];
B1=[B(B<epsilon)+1 B(A<epsilon) B(A<epsilon&B<epsilon)+1];
A=[A A1];    B=[B B1];
plot([0 1 1], [1 1 0]);          %画搜索区域的上边线及右边线
hold on                          %使得后面画的图形在同一个坐标系下
plot(A, B, '.');                 %画出所有的数据点
axis equal
xlim([0 1+2*epsilon ]);
ylim([0 1+2*epsilon ]);
rectangle('position', [X-epsilon, Y-epsilon, 2*epsilon, 2*epsilon], 'curvature', [1, 1]);
```

程序运行结果如下：

最大可利用的旧井数：

m =   5

象点坐标：

ans = 0.7437   0.7440   0.7620   0.7621   0.7952

0.7336　　　0.7556　　　0.7735　　　0.7413　　　0.7528

网格位置(x 坐标，y 坐标，角度)：

ans =　0.7620　　0.7235　　0.7800

图 8.4 显示了旋转后旧井象点位置及最优网格结点位置.

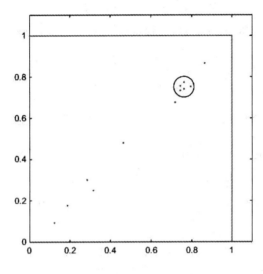

图 8.4　问题二的求解结果

上面程序求解结果是最大可利用旧井数为 5. 值得一提的是，如果以棋盘距离为标准，则最大可利用旧井数为 6.

3. 旧井全部可利用的条件

旧井全部可利用的条件有如下结论：

命题　所有的井点全部被利用的充要条件是存在一个角度 θ，使网格旋转 θ 后，所有的象点 $(a_i', b_i'), i=1,2,\cdots,n'$ 两两之间的距离小于 2ε.

判断方法：对区间 $[0, \pi/2]$ 进行细分，让 θ 依次取其中的每一个分点，使用公式(8.6)对旧井位进行坐标变换，计算象点集 $Q(\tilde{a}, \tilde{b})$ 内的所有象点两两之间的距离，若所有距离都不超过 2ε，则所有旧井均可利用. 算法的时间复杂度为 $O(n'^2 m)$，其中 m 为角度细分数.

程序代码如下：

程序 8.4　IsAllAvailable.m

```
function [Y, T]= IsAllAvailable(a, b)
%判断旧井是否全部可利用
% (a, b)为旧井原坐标
%Y - 如果旧井均可利用，则为1，否则为0
%T - 如果旧井均可利用，则为旋转角度，否则无意义
epsilon=0.05;
theta=0:0.01:pi/2;
for k=1:length(theta)
```

```
    a2=a.*cos(theta(k))+b.*sin(theta(k));        %坐标变换
    b2=a.*sin(theta(k))+b.*cos(theta(k));        %坐标变换
    A=abs(a2-fix(a2));                           %取小数部分
    B=abs(b2-fix(b2));                           %取小数部分
    A1=[A(B<epsilon) A(A<epsilon)+1 A(A<epsilon&B<epsilon)+1];
    B1=[B(B<epsilon)+1 B(A<epsilon) B(A<epsilon&B<epsilon)+1];
    A=[A A1];
B=[B B1];
    d=zeros(length(A));
    for i=1:length(A)
        for j=1:length(A)
% d(I, j) =sqrt((A(i)-A(j)).^2 +(B(i)-B(j)).^2); %计算象点之间的距离
            d(i, j) = max(abs(A(i)-A(j)), abs(B(i)-B(j)));        %计算象点之间的距离
        end
    end
    %如果所有象点之间的距离都小于 2epsilon，则所有旧井均可利用
if(all(d<2*epsilon))
        T=theta(k);
        Y=1;
        return;
    end
end
Y=0;
T=0;
```

8.2　碎纸片拼接

　　碎纸片的拼接复原是 2013 年全国大学生数学建模竞赛 B 题，题目如下：

　　破碎文件的拼接在司法物证复原、历史文献修复以及军事情报获取等领域都有着重要的应用. 传统上，拼接复原工作需由人工完成，准确率较高，但效率很低. 特别是当碎片数量巨大，人工拼接很难在短时间内完成任务. 随着计算机技术的发展，人们试图开发碎纸片的自动拼接技术，以提高拼接复原效率. 请讨论以下问题：

　　(1) 对于给定的来自同一页印刷文字文件的碎纸机破碎纸片(仅纵切)，建立碎纸片拼接复原模型和算法，并针对附件 1、附件 2 给出的中、英文各一页文件的碎片数据进行拼接复原. 如果复原过程需要人工干预，请写出干预方式及干预的时间节点.

　　(2) 对于碎纸机既纵切又横切的情形，请设计碎纸片拼接复原模型和算法，并针对附件 3、附件 4 给出的中、英文各一页文件的碎片数据进行拼接复原. 如果复原过程需要人工干预，请写出干预方式及干预的时间节点. 复原结果表达要求同上.

(3) 上述所给碎片数据均为单面打印文件, 从现实情形出发, 还可能有双面打印文件的碎纸片拼接复原问题需要解决. 附件 5 给出的是一页英文印刷文字双面打印文件的碎片数据. 请尝试设计相应的碎纸片拼接复原模型与算法, 并就附件 5 的碎片数据给出拼接复原结果, 结果表达要求同上.

说明: 由于篇幅有限, 本章中附件 1～附件 5 的内容不再赘述, 有需要者可在出版社官网下载.

【数据文件说明】

(a) 每一附件为同一页纸的碎片数据.

(b) 附件 1、附件 2 为纵切碎片数据, 每页纸被切为 19 条碎片.

(c) 附件 3、附件 4 为纵横切碎片数据, 每页纸被切为 11×19 个碎片.

(d) 附件 5 为纵横切碎片数据, 每页纸被切为 11×19 个碎片, 每个碎片有正反两面. 该附件中每一碎片对应两个文件, 共有 $2 \times 11 \times 19$ 个文件, 例如, 第一个碎片的两面分别对应文件 000a、000b.

薛毅在参考文献[14]中推荐了一种解决问题的方法, 对于仅有纵切的情形, 将问题转化为旅行商问题(TSP), 由于碎纸片的数量不是很多, 问题是容易解决的; 对于带有横切的情形, 首先使用聚类分析方法对碎纸片进行分类, 将同一行的纸片分在同一类, 然后再使用问题一的方法进行拼接. 对于双面信息的使用, 将正反两面数据得到的矩阵相加, 再按行求均值, 同样是利用向量之间的距离定义两个碎纸片的距离, 然后就可以利用同样的方法进行处理. 下面是具体的求解方法.

为了计算方便, 并提高精度, 将所有碎纸片的图像做二值化处理.

1. 仅有纵切的情形

比较容易想到的方法是选定一张纸片为第 1 张, 从余下的纸片中选择与第 1 张右边"距离"最小的纸片作为第 2 张, 以此类推, 直到所有纸片拼接完成. 两个 0-1 向量的"距离"可定义为

$$d = \frac{n - m}{n} \tag{8.8}$$

其中, n 为向量长度, m 为两个向量对应元素相同的个数.

程序 8.5　ShreddedPaperSplicing1.m

```
n=19;
A=cell(n, 1);
%读取 19 张图片,图片放在当前目录下的 "2013B 题数据\附件 1" 子目录下, 命名为
% 000.bmp、001.bmp,…,018.bmp
for i=0:n-1
  A{i+1}=im2bw(imread(sprintf('2013B 题数据\\附件 1\\%0#3d.bmp', i)));
end
x=1;            %x 表示已拼好的集合
y=2:n;          %y 表示未拼接的集合
for i=2:n
```

```
H=zeros(length(y), 1);
%计算所有未拼接的图片放在与已拼接图片右边的匹配程度
    for j=1:length(y)
    %计算距离
        H(j) =sum(A{x(end)}(:, end) ~= A{y(j)}(:, 1))/length(A{x(end)}(:, end));
    end
    [~, k]=min(H);       %寻找匹配程度最好的
    x=[x y(k)];          %将匹配程度最好的合并到已拼接图片中
    y(k)=[ ];            %从未拼接图片集合中删除该图片
end
%重新调整下顺序
m=size(A{1}, 1);
for i=1:n-1
    if(sum(A{x(1)}(:, 1)==0)/m<0.01 && sum(A{x(end)}(:, end)==0)/m<0.01)
        break;
    else
        x=[x(2:end)    x(1)];
    end
end
%根据拼接顺序拼接图片
B=A{x(1)};
for i=2:n
    B=[B    A{x(i)}];
end
imshow(B);           %显示结果
```

这是一种局部寻优方法，适用于信息量比较大的情形. 缺点是当信息量较少时精度较低，不利于推广到问题(2)和问题(3).

为克服上述算法的缺点，薛毅提出了一种全局寻优的方法，即将问题转化成旅行商问题(TSP). 将碎纸片看作城市(共 19 个)，定义城市间的距离，即碎纸片之间的距离，定义方法为：对于碎纸片 A 和碎纸片 B，用碎纸片 A 最右侧的列与碎纸片 B 最左侧的列之间的距离定义为两者之间的距离，同理可以定义碎纸片 B 到碎纸片 A 的距离. 用此方法可以定义两个碎纸片之间的距离，形成一个一个非对称的距离矩阵. 注意到，整个文件最左侧碎纸片的左侧与最右侧碎纸片的右侧均为空白，这样就可以形成圈. 因此，仅纵切情形的拼接复原问题转化求解最小距离的 Hamilton 圈，即旅行商问题(TSP).

TSP 问题可以使用多种方法求解. 当规模较小时可以使用穷举法、动态规划法等精确算法，当规模较大时可以使用遗传算法、蚁群算法等群智能算法. 在此使用动态规划法求解. 设 $S(i, V)$ 表示从 i 点经过点集 V 各点一次之后回到出发点的最短距离，则有

$$\begin{cases} S(i,V) = \min\{d_{ik} + S(k,V-\{k\})\},\ k \in V, V \neq \Phi \\ S(k,\Phi) = d_{ik} \end{cases} \tag{8.9}$$

其中，d_{ik} 表示第 i 点到第 k 点的距离，且 $d_{ii} = \infty$. 例如，有 4 个点，从第 1 个点出发，经过 2、3、4 点后回到第 1 个点的最短路径是：

$$\begin{aligned} S(1,\{2,3,4\}) = \min\{&d_{12} + S(2,\{3,4\}) \\ &d_{13} + S(3,\{2,4\}) \\ &d_{14} + S(4,\{2,3\})\} \end{aligned} \tag{8.10}$$

利用式(8.9)构造如下递归函数：

程序 8.6　dynamicTSP.m

```
function [F, L]=dynamicTSP(D, X, S)
%使用动态规划求解 TSP 问题
%D 为各点之间的距离矩阵(对称)
%X 出发点
%S 未经历点集，从 X 出发，经过点集 S 中的各点一次，回到第 1 个点
%F 最短路径长度
%S 路径
%记忆表，当函数参数相同时，直接从前面的记忆表中取出结果并返回，不用重新计算
persistent  Rem;
if isempty(Rem)
    clear Rem;
    Rem={};
end
if(nargin<2)
    X=1;                    %默认出发点位第 1 个点
    S=2:size(D, 1);         %未经历点集
    clear Rem;
    Rem={};
end
for i=1:size(Rem, 1)
    if(length(Rem{i, 1})==length([X, S]) &&    all(Rem{i, 1}==[X, S]))
        F=Rem{i, 2};
        L=Rem{i, 3};
        return;
    end
end
if(isempty(S))          %如果未经历点集为空
```

```
        F=D(X, 1);          %最短路径为从 X 出发直接到第 1 个点的距离
        L=[X 1];            %路径
    else
        f=zeros(1, length(S));
        l=cell(1, length(S));
        for i=1:length(S)
%求从 S(i)出发，经过点集 S-S(i)各点一次后到达第 1 个点的最短路径
  [f(i), l{i}]=dynamicTSP(D, S(i), setdiff(S, S(i)));
            f(i)=f(i)+D(X, S(i));        %加上从 X 到 S(i)之间的距离
        end
        [F, j]=min(f);                   %求最小距离
        L=[X l{j}];                      %组合路径
    end
end
n = size(Rem, 1);
Rem{n+1, 1}=[X, S];
Rem{n+1, 2}=F;
Rem{n+1, 3}=L;
end
```

递归的特点是程序简单，容易实现，但是缺点是计算量大，为了解决重复计算问题，在程序中增加了记忆表，当发现参数(X, S)已经计算过了，则从记忆表中直接获取计算结果，不用重新计算. 但是即使增加了记忆表，当问题规模较大时仍然难以求解. 因此考虑使用非递归算法，下面是非递归算法的程序.

程序 8.7 dynamicTSP2.m

```
function [y, P]=dynamicTSP2(D)
%使用动态规划求解 TSP 问题
% D  距离矩阵
% y  最短距离
% P  最短路径
n=size(D, 1);      %点数
z=2^(n-1) ;        %状态数量
DT=inf(n, z) ;     %动态规划表，DT(i, j)表示从 i-1 点出发(始发点记为 0 点),经过状态 (j-1)
                   %中包含的点，回到始发点的最短路径.
%状态(j-1)中包含的点由(j-1)的二进制决定，1 表示包含对应的点，0 表示不包含，例如
%101 表示包含{1, 3}，110 表示{2, 3}
L=inf(n,z);        %记录路径信息，L(i, j)表示从 i-1 点出发，到 L(i, j)点，再经过状态(j-1)中包
                   %含的点(去掉 L(i, j))，回到始发点的最短路径.
                   %例如 L(1, 7)=1，表示从 0 点出发，到达 1 点，再经过{2,3}点回到 0 点的最短路径
DT (:, 1)=D(:, 1) ;
L(2:end, 1)=(1:n-1)';
```

```
for j=2:z    %j-1 为状态
    for i=1:n       %i-1 为出发点
        if (i==1 || bitand (bitshift(j-1, 2-i), 1)==0)      %确保出发点不在状态中
            for k=1:n-1                                      %在当前状态中寻找最优下级出发点
                if (bitand(bitshift(j-1, 1-k), 1) ~=0)      %确保 k 点在当前状态中
                    c=bitxor(j-1, 2^(k-1));                 %确定当前状态中去除 k 后剩余点
                    if (c==0)                               %如果没有点了
                        t=D(i, k+1) +DT(k+1, 1);
                    else
                        t=D (i, k+1)+DT (k+1, c+1);
                    end
                    if (DT(i, j)>t)                         %更新最短路径
                        DT(i, j)=t;
                        L(i, j)=k;
                    end
                end
            end
        end
    end
end
y=DT(1, end);
%回溯最短路径
i=1; j=2^(n-1);
P=1; %路径，点的编号为 1, 2, 3, …
while(j>1)
    t=L(i, j)+1;
    j=j - bitshift(1, L(i, j)-1);
    i=t;
    P=[P t];
end
```

接下来就可以调用上面的函数来确定碎纸片的拼接顺序了.

程序 8.8　ShreddedPaperSplicing2.m

```
n=19;
A=cell(n, 1);
for i=0:n-1
    A{i+1}=im2bw(imread(sprintf('2013B 题数据\\附件 2\\%0#3d.bmp', i)));
end
x = Splicing(A)   %调用拼接函数
```

```
%根据拼接顺序拼接图片
B = A{x(1)};
for i=2:n
    B=[B    A{x(i)}];
end
imshow(B);        %显示结果
```

其中 Splicing 函数定义如下：

程序 8.9　Splicing.m

```
function [x]= Splicing(A)
%给定一组图片，根据图片之间的"距离"，构建 TSP 问题，调用动态规划程序求解总
% "距离"最小的拼接顺序，最后调整顺序，使白边最宽的碎片放在第一张
% A 单元数组，每个元素是一张图片
% x 拼接顺序
n=length(A);
D=zeros(n, n);                  %表示两张图片的"距离"
N=length(A{1}(:, end));
for i=1:n
    for j=1:n
        D(i, j)=sum(A{i}(:, end) ~= A{j}(:, 1))/N;        %计算距离
    end
    D(i, i)=inf;
end
[~, x]=dynamicTSP2(D);          %使用动态规划求解 TSP 问题
%重新调整下顺序，寻找左边白边最宽的碎片放在第一张
B=zeros(1, n);
for i=1:n
    for j=1:size(A{i}, 2)
        if( all(A{i}(:, j)==1) )
            B(i)=j;
        else
            break;
        end
    end
end
[~, k] = max(B);
x = x([k:n, 1:k-1]);
```

函数[F, x]=dynamicTSP2(D)只是计算了拼接顺序，并不能确定最左边的图片应该是哪一张，所以在确定拼接顺序后再根据图片的特征确定最左边的图片，其他图片根据拼接顺序依次排列即可.

对附件 1 中的图片进行拼接，结果如图 8.5 所示(记第 1 张编号为 1).

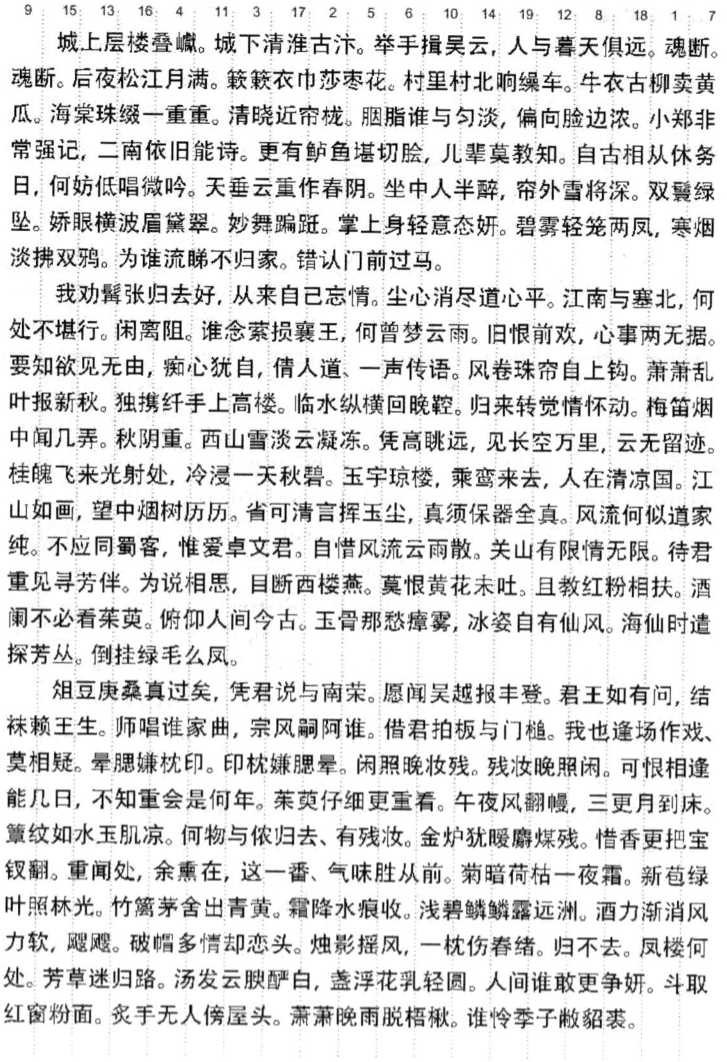

9　15　13　16　4　11　3　17　2　5　6　10　14　19　12　8　18　1　7

城上层楼叠巘。城下清淮古汴。举手揖吴云，人与暮天俱远。魂断。魂断。后夜松江月满。簌簌衣巾莎枣花。村里村北响缫车。牛衣古柳卖黄瓜。海棠珠缀一重重。清晓近帘栊。胭脂谁与匀淡，偏向脸边浓。小郑非常强记，二南依旧能诗。更有鲈鱼堪切脍，儿辈莫教知。自古相从休务日，何妨低唱微吟。天垂云重作春阴。坐中人半醉，帘外雪将深。双鬟绿坠。娇眼横波眉黛翠。妙舞蹁跹。掌上身轻意态妍。碧雾轻笼两凤，寒烟淡拂双鸦。为谁流睇不归家。错认门前过马。

我劝髯张归去好，从来自己忘情。尘心消尽道心平。江南与塞北，何处不堪行。闲离阻。谁念萦损襄王，何曾梦云雨。旧恨前欢，心事两无据。要知欲见无由，痴心犹自，倩人道、一声传语。风卷珠帘自上钩。萧萧乱叶报新秋。独携纤手上高楼。临水纵横回晚鞚。归来转觉情怀动。梅笛烟中闻几弄。秋阴重。西山雪淡云凝冻。凭高眺远，见长空万里，云无留迹。桂魄飞来光射处，冷浸一天秋碧。玉宇琼楼，乘鸾来去，人在清凉国。江山如画，望中烟树历历。省可清言挥玉尘，真须保器全真。风流何似道家纯。不应同蜀客，惟爱卓文君。自惜风流云雨散。关山有限情无限。待君重见寻芳伴。为说相思，目断西楼燕。莫恨黄花未吐。且教红粉相扶。酒阑不必看茱萸。俯仰人间今古。玉骨那愁瘴雾，冰姿自有仙风。海仙时遣探芳丛。倒挂绿毛幺凤。

俎豆庚桑真过矣，凭君说与南荣。愿闻吴越报丰登。君王如有问，结袜赖王生。师唱谁家曲，宗风嗣阿谁。借君拍板与门槌。我也逢场作戏、莫相疑。晕腮嫌枕印。印枕嫌腮晕。闲照晚妆残。残妆晚照闲。可恨相逢能几日，不知重会是何年。茱萸仔细更重看。午夜风翻幔，三更月到床。簟纹如水玉肌凉。何物与侬归去、有残妆。金炉犹暖麝煤残。惜香更把宝钗翻。重闻处，余熏在，这一番、气味胜从前。菊暗荷枯一夜霜。新苞绿叶照林光。竹篱茅舍出青黄。霜降水痕收。浅碧鳞鳞露远洲。酒力渐消风力软，飕飕。破帽多情却恋头。烛影摇风，一枕伤春绪。归不去。凤楼何处。芳草迷归路。汤发云腴酽白，盏浮花乳轻圆。人间谁敢更争妍。斗取红窗粉面。炙手无人傍屋头。萧萧晚雨脱梧楸。谁怜季子敝貂裘。

图 8.5　附件 1 中的图片拼接结果

对附件 2 中的图片进行拼接，结果如图 8.6 所示.
复原过程不需要人工干预.

2. 既有横切也有纵切的情形

将碎纸片图片按行求和，得到一列向量，该向量包含了行间距特征. 设 $A^{(k)} = (a_{ij}^{(k)})$ 是第 k 张图片，则其行间距特征向量 $X^{(k)} = (x_i^{(k)})$ 为

$$x_i^{(k)} = \sum_{j=1}^{n} a_{ij}^{(k)} \tag{8.11}$$

图 8.7 显示了附件 3 中第 1～4 张图及其行间距特征. 由于同一行上的图片具有相似的行间距特征，所以可以通过对行间距特征进行分类，从而实现对图片进行分类.

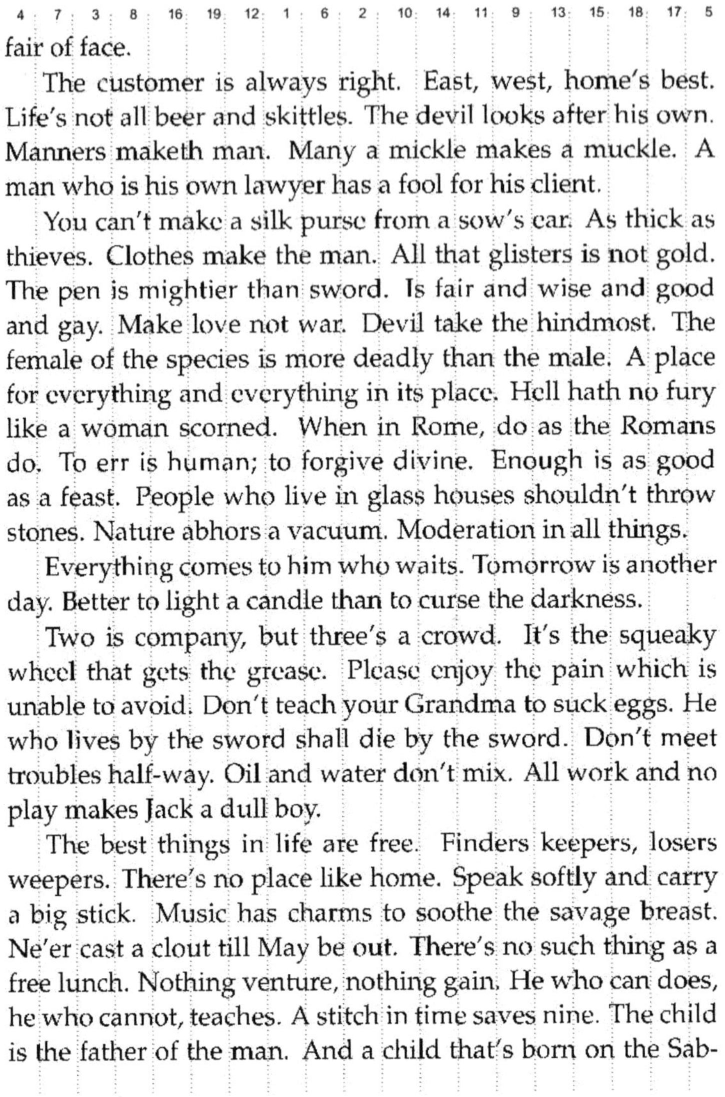

4　7　3　8　16　19　12　1　6　2　10　14　11　9　13　15　18　17　5

fair of face.

The customer is always right. East, west, home's best.
Life's not all beer and skittles. The devil looks after his own.
Manners maketh man. Many a mickle makes a muckle. A
man who is his own lawyer has a fool for his client.

You can't make a silk purse from a sow's ear. As thick as
thieves. Clothes make the man. All that glisters is not gold.
The pen is mightier than sword. Is fair and wise and good
and gay. Make love not war. Devil take the hindmost. The
female of the species is more deadly than the male. A place
for everything and everything in its place. Hell hath no fury
like a woman scorned. When in Rome, do as the Romans
do. To err is human; to forgive divine. Enough is as good
as a feast. People who live in glass houses shouldn't throw
stones. Nature abhors a vacuum. Moderation in all things.

Everything comes to him who waits. Tomorrow is another
day. Better to light a candle than to curse the darkness.

Two is company, but three's a crowd. It's the squeaky
wheel that gets the grease. Please enjoy the pain which is
unable to avoid. Don't teach your Grandma to suck eggs. He
who lives by the sword shall die by the sword. Don't meet
troubles half-way. Oil and water don't mix. All work and no
play makes Jack a dull boy.

The best things in life are free. Finders keepers, losers
weepers. There's no place like home. Speak softly and carry
a big stick. Music has charms to soothe the savage breast.
Ne'er cast a clout till May be out. There's no such thing as a
free lunch. Nothing venture, nothing gain. He who can does,
he who cannot, teaches. A stitch in time saves nine. The child
is the father of the man. And a child that's born on the Sab-

图 8.6　附件 2 中的图片拼接结果

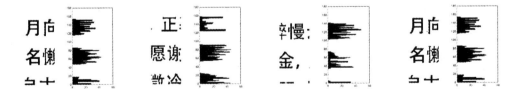

图 8.7　碎纸片对应的行间距信息

定义向量之间的距离为相关系数，即

$$\rho(X,Y) = \frac{\mathrm{Cov}(X,Y)}{\sigma_1 \sigma_2} \tag{8.12}$$

可以使用系统聚类法对向量进行聚类，如最短距离法、最长距离法、中间距离法、类平均法、重心法和离差平方和法(ward 方法). 使用 MATLAB 的 linkage 函数可以完成聚类.

程序 8.10　ImgClustering.m

```
n=209;
A=cell(n, 1);
%读取图片
for i=0:n-1
    A{i+1}=im2bw(imread(sprintf('2013B 题数据\\附件 3\\%0#3d.bmp', i)));
end
X=zeros(n, size(A{1}, 1));
for i=1:n
    X(i, :)=sum(~A{i}, 2)';                    %对图片进行按行累加
end
datalink = linkage(X, 'ward', 'correlation');          %聚类分析
%分成 11 类，获取分类结果，c(i)表示第 i 个向量分在第 c(i)类
c = cluster(datalink, 'maxclust', 11);
R=cell(11, 1);
for i=1:length(R)
    R{i}=find(c==i);
    %下面这段检查是否需要人工干预
    %    disp( R{i}')   %显示分类结果
    %    m=length(R{i});
    %    if(m>n/length(R))   %如果分类图片数大于平均数，则说明该类图片太多，需要人工干预
    %        P=Splicing(A(R{i}));
    %        B=A{R{i}(P(1))};
    %        for j=2:length(P)
    %            B=[B  A{R{i}(P(j))}];
    %        end
    %        figure;
    %        imshow(B);             %显示结果
    %    end
end
% 人工干预
R{9} =setdiff( R{9}, [126 14]);
R{11} =union( R{11}, [126 14]);
%% 人工干预后运行
for i=1:length(R)
        P(i, :)=Splicing(A(R{i}));
```

```
        B=A{R{i}(P(i, 1))};
        for j=2:length(P(i, :))
            B=[B    A{R{i}(P(i, j))}];
        end
        figure;
        imshow(B);                %显示结果
end
for i=1:length(R)
    R{i}(P(i, :))
end
```

分类结果如表 8.2 所示.

表 8.2　附件 3 中碎片分类结果(第 1 张编号为 1)

类	碎 片 编 号																		
1	2	19	24	27	31	42	51	63	77	87	88	101	121	143	148	169	180	192	196
2	4	13	15	32	40	52	74	83	108	116	129	135	136	160	161	170	177	200	204
3	35	43	44	48	59	78	85	91	95	98	113	122	125	128	137	145	150	165	184
4	9	10	25	26	36	39	47	75	82	89	104	106	123	131	149	162	168	190	194
5	7	20	21	37	53	62	64	68	70	73	79	80	97	100	117	132	163	164	178
6	1	8	33	46	54	57	69	71	94	127	138	139	154	159	167	175	176	197	209
7	3	12	23	29	50	55	58	66	92	96	119	130	142	144	179	187	189	191	193
8	6	11	30	38	45	49	56	60	65	76	93	99	105	112	172	173	181	202	207
9	14	16	18	28	34	61	72	81	84	86	126	133	134	153	157	166	171	199	201 203 206
10	5	41	90	102	103	109	114	115	118	120	124	141	147	152	155	156	186	195	208
11	17	22	67	107	110	111	140	146	151	158	174	182	183	185	188	198	205		

　　聚类后如果分类不正确, 还需要进行人工干预. 从结果来看, 第 9 类多了两张, 第 11 类少了两张. 使用问题一的方法对第 9 类进行横向拼接, 结果如下, 拼接效果如图 8.8 所示.

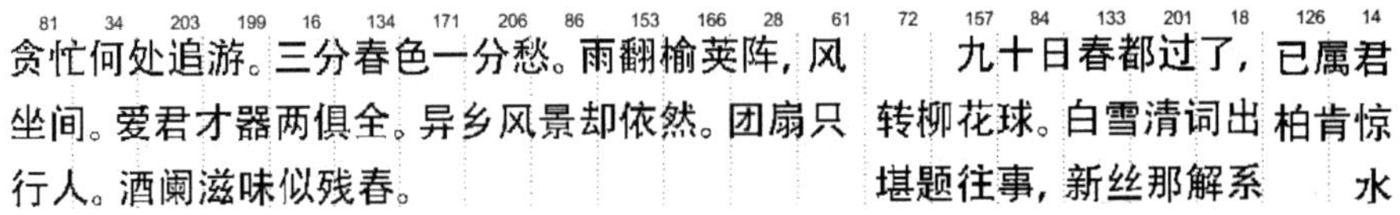

图 8.8　第 9 类横向拼接效果

　　从拼接结果来看, 第 126、14 张图片与其他图片不在同一行, 故将其归入第 11 类. 之后对每一类进行横向拼接, 结果如下:

表 8.3   人工干预后附件 3 中碎片分类结果

类	碎 片 编 号																		
1	169	101	77	121	87	196	27	2	19	63	143	31	42	24	148	192	51	180	88
2	15	129	4	160	83	200	136	13	74	161	204	170	135	40	32	52	108	116	177
3	95	35	85	184	91	48	122	43	125	145	78	113	150	98	137	165	128	59	44
4	39	149	47	162	25	36	82	190	123	104	131	194	89	168	26	9	10	106	75
5	62	20	79	68	70	100	163	97	132	80	64	117	164	73	7	178	21	53	37
6	8	209	139	159	127	69	176	46	175	1	138	54	57	94	154	71	167	33	197
7	144	187	3	58	193	179	119	191	96	12	23	50	55	66	130	29	92	189	142
8	30	65	112	202	6	93	181	49	38	76	56	45	207	11	105	99	173	172	60
9	72	157	84	133	201	18	81	34	203	199	16	134	171	206	86	153	166	28	61
10	90	147	103	155	115	41	152	208	156	141	186	109	118	5	102	114	195	120	124
11	126	14	183	110	198	17	185	111	188	67	107	151	22	174	158	182	205	140	146

横向拼接完成后，得到 11 张长条图片，经检查，除了第 1 类、第 7 类以外，其他全部正确. 第 1 类拼接结果如图 8.9 所示.

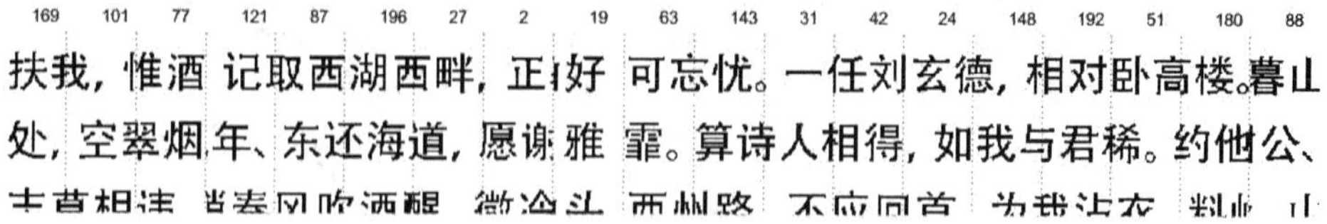

图 8.9   第 1 类拼接效果

为了显示拼接痕迹，相邻两张碎片之间添加了竖线. 通过观察，第 88 号碎片应该在第 2 号碎片的右边，固定这两张碎片以及其他部分明显拼接正确的碎片的相对位置，再次使用 TSP 算法对 1 号类进行拼接，结果如图 8.10 所示.

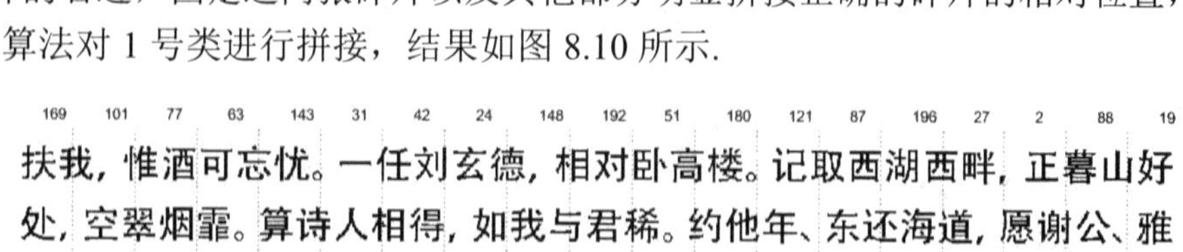

图 8.10   调整后第 1 类拼接效果

第 7 类重新调整拼接顺序，结果如图 8.11 所示.

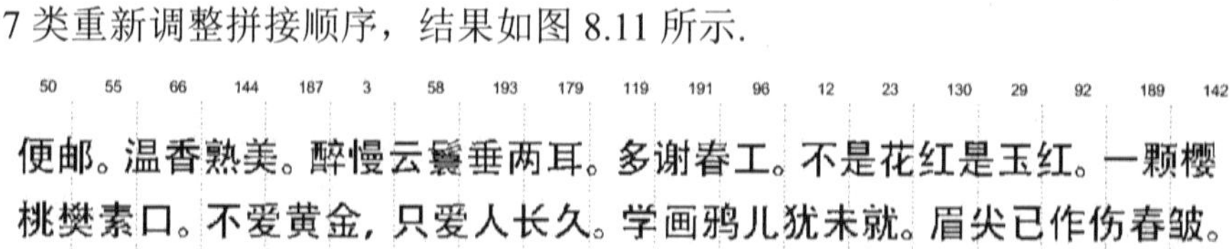

图 8.11   调整后第 7 类拼接效果

至此各类全部拼接完成，然后再使用相同的方法进行纵向拼接，结果如图 8.12 所示.

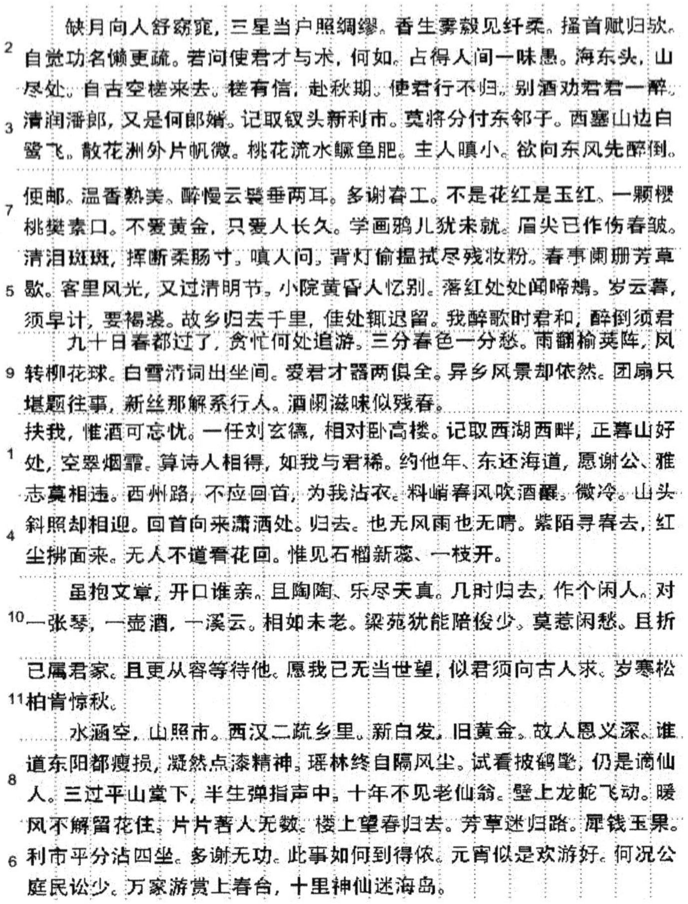
缺月向人舒窈窕，三星当户照绸缪。香生雾縠见纤柔。搔首赋归欤。
2 自觉功名懒更疏。若问使君才与术，何如。占得人间一味愚。海东头，山
尽处。自古空槎来去。槎有信，赴秋期。使君行不归。别酒劝君君一醉。
3 清润潘郎，又是何郎婿。记取钗头新利市。莫将分付东邻子。西塞山边白
鹭飞。散花洲外片帆微。桃花流水鳜鱼肥。主人嗔小。欲向东风先醉倒。
便郎。温香熟美。醉慢云鬟垂两耳。多谢春工。不是花红是玉红。一颗樱
7 桃樊素口。不爱黄金，只爱人长久。学画鸦儿犹未就。眉尖已作伤春皱。
清泪斑斑，挥断柔肠寸。嗔人问，背灯偷揾拭尽残妆粉。春事阑珊芳草
5 歇。客里风光，又过清明节。小院黄昏人忆别。落红处处闻啼鴂。岁云暮，
须早计，要褐裘。故乡归去千里，佳处辄迟留。我醉歌时君和，醉倒须君
九十日春都过了，贪忙何处追游。三分春色一分愁。雨翻榆荚阵，风
9 转柳花球。白雪清词出坐间。爱君才器两俱全。异乡风景却依然。团扇只
堪题往事，新丝那解系行人。酒阑滋味似残春。
扶我，惟酒可忘忧。一任刘玄德，相对卧高楼。记取西湖西畔，正暮山好
1 处，空翠烟霏。算诗人相得，如我与君稀。约他年、东还海道，愿谢公、雅
志莫相违。西州路，不应回首，为我沾衣。料峭春风吹酒醒。微冷。山头
4 斜照却相迎。回首向来萧洒处。归去。也无风雨也无晴。紫陌寻春去，红
尘拂面来。无人不道看花回。惟见石榴新蕊、一枝开。
虽抱文章，开口谁亲。且陶陶、乐尽天真。几时归去，作个闲人。对
10 一张琴，一壶酒，一溪云。相如未老。梁苑犹能陪俊少。莫惹闲愁。且折
已属君家。且更从容等待他。愿我已无当世望，似君须向古人求。岁寒松
11 柏肯惊秋。
水涵空，山照市。西汉二疏乡里。新白发，旧黄金。故人恩义深。谁
道东阳都瘦损，凝然点漆精神。瑶林终自隔风尘。试看披鹤氅，仍是谪仙
8 人。三过平山堂下，半生弹指声中。十年不见老仙翁。壁上龙蛇飞动。暖
风不解留花住。片片著人无数。楼上望春归去。芳草迷归路。犀钱玉果。
6 利市平分沾四坐。多谢无功。此事如何到得侬。元宵似是欢游好。何况公
庭民讼少。万家游赏上春台，十里神仙迷海岛。

图 8.12　附件 3 中的图片拼接结果

如果切割位置在文字处，则可利用的信息较多，拼接结果通常是正确的，由于横向切割时，很可能刚好切在行间空白处，可利用信息较少，因而无法拼接出原始图形. 通过调整顺序，使行间距尽可能均匀. 调整的方法是：通过人工观察，将显然应该连接在一起的图片拼接在一起，将其看成是一张图片，这样可得到 m 张待拼接图片. 对 $1\sim m$ 的所有可能进行排列，计算其拼接后的行间距的方差，选择方差最小的排列作为拼接顺序. 调整拼接顺序的函数如下：

程序 8.11　OptLineSpacing.m

```
function Q = OptLineSpacing(A, P, J)
% 对已完成纵向拼接的结果进行进一步优化，使行间距尽可能均匀
%        A 图片集
% P      分类结果
% J      根据人工观察，连接在一起的图片
% F      新的拼接顺序
for i=1:size(P, 1)
```

```
        B{i}=A{P(i, 1)};
        for j=2:length(P(i, :))
            B{i}=[B{i}, A{P(i, j)}];            %横向拼接
        end
    end
    for i=1:length(J)
        D{i}=[];
        for j=1:length(J{i})
            D{i}=[D{i}; B{J{i}(j)}];            %将人工观察结果进行拼接
        end
    end
    c=perms(1:length(J));                        %生成 1～length(J)的所有排列
    v=zeros(size(c, 1), 1);
    d=zeros(size(c, 2)-1, 1);
    for i=1:size(c, 1)
        for j=1:size(c, 2)-1
            d(j)=imgside(D{c(i, j)}, 2)+imgside(D{c(i, j+1)}, 1);    %计算两张图片拼接在一起时的行间距
        end
        v(i) = var(d);        %计算行间距的方差
    end
    [~, k]=min(v);            %求方差最小的排列
    F=c(k, :);                %方差最小对应的排列
    Q = cell2mat(J(F));       %新的拼接顺序
```

计算图片上、下、左、右空白的函数如下：

```
function b= imgside(A, k)
% 计算图片白边宽度
% A 图片
% k 指示所求的是哪一边，1-上边，2-下边，3-左边，4-右边
[m, n]=size(A);
b=0;
switch(k)
    case 1            %上边空白
        for i=1:m
            if( all(A(i, :)==1) )
                b=i;
            else
                break;
            end
        end
```

```
    case 2          %下边空白
        for i=m:-1:1
            if( all(A(i, :)==1) )
                b=m-i+1;
            else
                break;
            end
        end
    case 3          %左边空白
        for i=1:n
            if( all(A(:, i)==1) ),
                b=i;
            else
                break;
            end
        end
    case 4          %右边空白
        for i=n:-1:1
            if( all(A(:, i)==1) )
                b=n-i+1;
            else
                break;
            end
        end
    end
end
```

主程序如下：

程序 8.12　ShreddedPaperSplicing3.m

```
n=209;
A=cell(n, , 1);
for i=0:n-1
    A{i+1}=im2bw(imread(sprintf('2013B 题数据\\附件 3\\%0#3d.bmp', i)));
end
%分类结果及横向拼接顺序
P=[169, 101, 77, 63, 143, 31, 42, 24, 148, 192, 51, 180, 121, 87, 196, 27, 2, 88, 19;
15, 129, 4, 160, 83, 200, 136, 13, 74, 161, 204, 170, 135, 40, 32, 52, 108, 116, 177;
95, 35, 85, 184, 91, 48, 122, 43, 125, 145, 78, 113, 150, 98, 137, 165, 128, 59, 44;
39, 149, 47, 162, 25, 36, 82, 190, 123, 104, 131, 194, 89, 168, 26, 9, 10, 106, 75;
62, 20, 79, 68, 70, 100, 163, 97, 132, 80, 64, 117, 164, 73, 7, 178, 21, 53, 37;
8, 209, 139, 159, 127, 69, 176, 46, 175, 1, 138, 54, 57, 94, 154, 71, 167, 33, 197;
```

```
50, 55, 66, 144, 187, 3, 58, 193, 179, 119, 191, 96, 12, 23, 130, 29, 92, 189, 142;
30, 65, 112, 202, 6, 93, 181, 49, 38, 76, 56, 45, 207, 11, 105, 99, 173, 172, 60;
72, 157, 84, 133, 201, 18, 81, 34, 203, 199, 16, 134, 171, 206, 86, 153, 166, 28, 61;
90, 147, 103, 155, 115, 41, 152, 208, 156, 141, 186, 109, 118, 5, 102, 114, 195, 120, 124;
126, 14, 183, 110, 198, 17, 185, 111, 188, 67, 107, 151, 22, 174, 158, 182, 205, 140, 146];
J={[2, 3], [7, 5], [9], [1, 4], [10], [11, 8, 6]};   %根据人工观察，设定必然连接在一起的图片序号
Q=OptLineSpacing(A, P, J)                             %调整拼接顺序，使行间距方差最小
```

调整后新的纵向拼接顺序为(7, 5, 1, 4, 9, 2, 3, 11, 8, 6, 10)，拼接效果如图 8.13 所示.

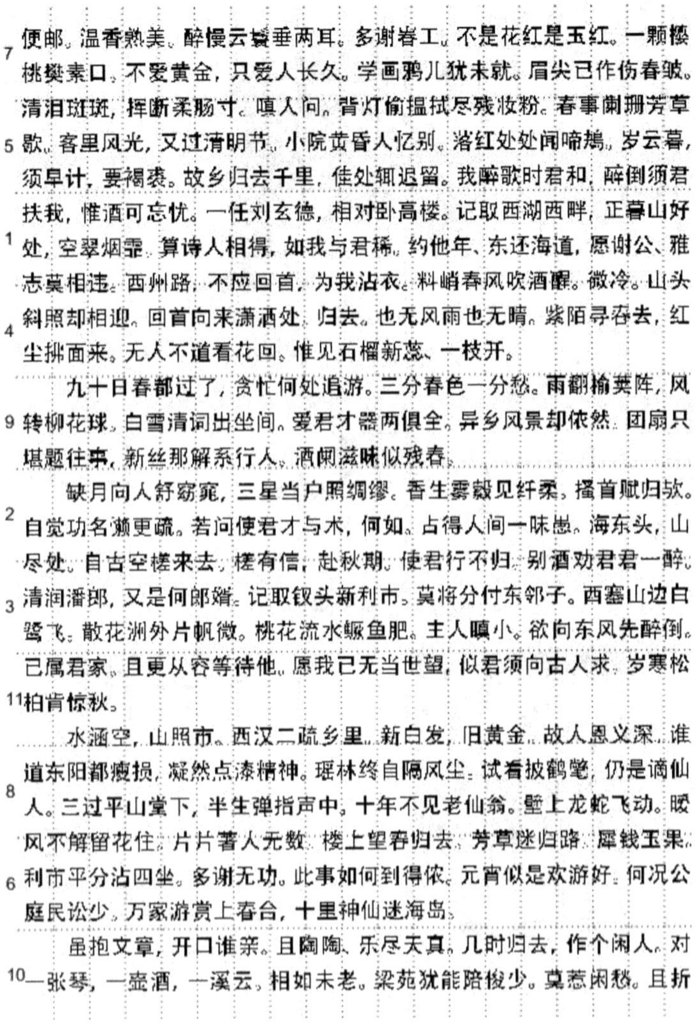
7 便邮。温香熟美。醉慢云鬟垂两耳。多谢眷工。不是花红是玉红。一颗樱
桃樊素口。不爱黄金，只爱人长久。学画鸦儿犹未就。眉尖已作伤春皱。
清泪斑斑，挥断柔肠寸。嗔人问。背灯偷揾拭尽残妆粉。春事阑珊芳草
5 歇。客里风光，又过清明节。小院黄昏人忆别。落红处处闻啼鴂。岁云暮，
须早计，要褐裘。故乡归去千里，佳处辄迟留。我醉歌时君和，醉倒须君
扶我，惟酒可忘忧。一任刘玄德，相对卧高楼。记取西湖西畔，正暮山好
1 处，空翠烟霏。算诗人相得，如我与君稀。约他年、东还海道，愿谢公、雅
志莫相违。西州路，不应回首，为我沾衣。料峭春风吹酒醒。微冷。山头
4 斜照却相迎。回首向来萧洒处，归去。也无风雨也无晴。紫陌寻春去，红
尘拂面来。无人不道看花回。惟见石榴新蕊、一枝开。
九十日春都过了，贪忙何处追游。三分春色一分愁。雨翻榆荚阵，风
9 转柳花球。白雪清词出坐间。爱君才器两俱全。异乡风景却依然。团扇只
堪题往事，新丝那解系行人。酒阑滋味似残春。
缺月向人舒窈窕，三星当户照绸缪。香生雾縠见纤柔。搔首赋归欤。
2 自觉功名懒更疏。若问使君才与术，何如。占得人间一味愚。海东头，山
尽处。自古空槎来去，槎有信，赴秋期。使君行不归。别酒劝君君一醉。
3 清润潘郎，又是何郎婿。记取钗头新利市。莫将分付东邻子。西塞山边白
鹭飞。散花洲外片帆微。桃花流水鳜鱼肥。主人嗔小。欲向东风先醉倒。
已属君家。且更从容等待他。愿我已无当世望，似君须向古人求。岁寒松
11 柏肯惊秋。
水涵空，山照市。西汉二疏乡里。新白发，旧黄金。故人恩义深。谁
道东阳都瘦损，凝然点漆精神。瑶林终自隔风尘。试看披鹤氅，仍是谪仙
8 人。三过平山堂下，半生弹指声中。十年不见老仙翁。壁上龙蛇飞动。暖
风不解留花住。片片著人无数。楼上望春归去。芳草迷归路。犀钱玉果。
6 利市平分沾四坐。多谢无功。此事如何到得侬。元宵似是欢游好。何况公
庭民讼少。万家游赏上春台，十里神仙迷海岛。
虽抱文章，开口谁亲。且陶陶、乐尽天真。几时归去，作个闲人。对
10 一张琴，一壶酒，一溪云。相如未老。梁苑犹能陪俊少。莫惹闲愁。且折

图 8.13　调整行间距后的效果

最后，还可能需要根据文字内容进行手工调整，才能完全恢复原始图形.

附件 4 和附件 5 中的图片内容是英文，聚类效果并不理想，需要提取基线特征，再进行聚类分析. 由于处理过程较为繁琐复杂，在此略去此部分内容，有兴趣的读者可以参考相关文献.

8.3　折叠桌设计与模拟

折叠桌设计与模拟是 2014 年全国大学生数学建模竞赛 B 题，题目如下：

某公司生产一种可折叠的桌子，桌面呈圆形，桌腿随着铰链的活动可以平摊成一张平板(如图 8.14、图 8.15 所示). 桌腿由若干根木条组成，分成两组，每组各用一根钢筋将木条连接，钢筋两端分别固定在桌腿各组最外侧的两根木条上，并且沿木条有空槽以保证滑动的自由度(见图 8.16(a)). 桌子外形由直纹曲面构成，造型美观. 附件视频展示了折叠桌的动态变化过程.

图 8.14　折叠桌

图 8.15　折叠桌展开过程

(a) 桌脚连轴线　　　　　　　　　　　　　　(b) 桌脚边缘线

图 8.16　桌脚连接轴和桌脚边缘线

试建立数学模型讨论下列问题：

(1) 给定长方形平板尺寸为 120 cm × 50 cm × 3 cm，每根木条宽 2.5 cm，连接桌腿木条的钢筋固定在桌腿最外侧木条的中心位置，折叠后桌子的高度为 53 cm. 试建立模型描述此折叠桌的动态变化过程，在此基础上给出此折叠桌的设计加工参数(例如，桌腿木条开槽的长度等)和桌脚边缘线(见图 8.16(b))的数学描述.

(2) 折叠桌的设计应做到产品稳固性好、加工方便、用材最少. 对于任意给定的折叠桌高度和圆形桌面直径的设计要求, 讨论长方形平板材料和折叠桌的最优设计加工参数, 例如, 平板尺寸、钢筋位置、开槽长度等. 对于桌高 70 cm, 桌面直径 80 cm 的情形, 确定最优设计加工参数.

(3) 公司计划开发一种折叠桌设计软件, 根据客户任意设定的折叠桌高度、桌面边缘线的形状大小和桌脚边缘线的大致形状, 给出所需平板材料的形状尺寸和切实可行的最优设计加工参数, 使得生产的折叠桌尽可能接近客户所期望的形状. 你们团队的任务是帮助给出这一软件设计的数学模型, 并根据所建立的模型给出几个你们自己设计的创意平板折叠桌. 要求给出相应的设计加工参数, 画出至少 8 张动态变化过程的示意图.

1. 折叠桌的基本数学模型

设桌子展平时是一张长为 L、宽为 W 的长方形, 桌面厚度为 D, 每条桌脚宽为 w, 桌脚一端与桌面通过合页连接. 如图 8.17 所示, 以桌面中心为原点建立直角坐标系. 当需要使用三维空间坐标系时, z 轴的原点位于桌面的下边缘, 竖直向上为 z 轴正向. 这样, 桌脚上端的 z 坐标始终为 0, 桌面的 z 坐标为 D.

设折叠后桌面形状由两段函数曲线(暂不考虑 z 坐标)

$$\begin{cases} y = f_1(x) \\ y = f_2(x) \end{cases} \tag{8.13}$$

确定, 其中, $y = f_1(x)$ 为 x 轴上方的曲线, $y = f_2(x)$ 为 x 轴下方的曲线. 若桌面是上下对称的, 则有 $f_2(x) = -f_1(x)$. 为了简便, 暂时只考虑上半部分桌脚的情形.

记 $x_k = -\dfrac{W}{2} + (k-1)(w+v) + \dfrac{w}{2}$, $y_k = f_1(x_k)$, 则当桌子展平时, 第 k 条桌脚中心线方程为

$$\begin{cases} x = x_k \\ y_k \leqslant y \leqslant y_k + l_k \\ z = 0 \end{cases} \tag{8.14}$$

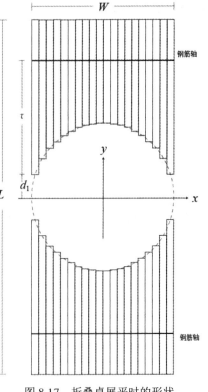

图 8.17　折叠桌展平时的形状

其中, $k = 1, 2, \cdots, n$, $n = \left\lfloor \dfrac{W}{w} \right\rfloor$, $v = \dfrac{1}{n-1}\left(\dfrac{W}{w} - n \right)$, l_k 为第 k 条桌脚的长度, v 是相邻两条桌脚的间隙. 若 w 可以整除 W, 则 $v = 0$.

显然第 k 条桌脚的顶端(合页端)始终位于 $(x_k, y_k, 0)$. 若展平时桌子呈长方形, 则第 k 条桌脚长度为

$$l_k = \frac{L}{2} - y_k \tag{8.15}$$

如图 8.18 所示，在折叠过程中，第 1 条桌脚与桌面的角度为 α，其所在的直线方程为

$$\begin{cases} x = x_1 \\ z = -\tan\alpha(y - y_1) \end{cases} \tag{8.16}$$

设钢筋轴穿过第 1 根桌脚的位置与顶端(合页端)的距离为 τ，则钢筋所在直线方程为

$$\begin{cases} y = y_1 + \tau\cos\alpha \\ z = -\tau\sin\alpha \end{cases} \tag{8.17}$$

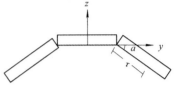

图 8.18　折叠过程中第 1 根桌脚的位置

由于钢筋轴的固定作用，第 k 条桌脚必然经过点

$$(x_k, \ y_1 + \tau\cos\alpha, \ -\tau\sin\alpha) \tag{8.18}$$

所以其所在直线方程为

$$\begin{cases} x = x_k \\ z = \dfrac{-\tau\sin\alpha}{y_1 + \tau\cos\alpha - y_k}(y - y_k) \end{cases} \tag{8.19}$$

其中，$k = 1, 2, \cdots, n.$

设折叠后桌子的高度为 H，此时第 1 条桌角与水平面夹角为

$$\alpha_{\max} = \arcsin\left(\frac{H - D}{l_1}\right) \tag{8.20}$$

因此，当 α 在区间 $[0, \alpha_{\max}]$ 内变化时，式(8.19)就描述了各条桌脚的变化情况.

桌脚的下端点的坐标由式(8.21)确定，即

$$\begin{cases} x = x_k \\ z = \dfrac{\tau\sin\alpha}{y_k - y_1 - \tau\cos\alpha}(y - y_k) \\ (y - y_k)^2 + z^2 = l_k^2 \\ z \leqslant 0 \end{cases} \tag{8.21}$$

解之得

$$\begin{cases} x = x_k \\ y = y_k - (y_k - y_1 - \tau\cos\alpha)\varphi(a) \\ z = -\varphi(\alpha)\tau\sin a \end{cases} \tag{8.22}$$

其中，

$$\varphi(a) = \frac{l_k}{\sqrt{(y_k - y_1)^2 - 2\tau\cos\alpha(y_k - y_1) + \tau^2}} \tag{8.23}$$

式(8.22)可以看作是桌脚边缘线的数学描述.

2. 折叠桌动画模拟

根据前面建立的数学模型,利用 MATLAB 编写程序对折叠桌的折叠过程进行模拟. 下面程序实现了折叠桌折叠过程动画.

程序 8.13　TableAnimation.m

```
function TableAnimation(W, D, H, w, l, tao, f1, f2)
% 折叠桌动态模拟
% W          展平时宽度
% L          展平时长度
% D          桌面厚度
% H          折叠后桌子高度
% w          桌脚宽度
% l          桌脚长度
% tao        钢筋轴位置
% f1, f2     桌面形状函数
n=floor(W/w);                       %单边桌脚条数
v=(W/w-n)/(n-1);                    %间隙
x=zeros(1, n);
y=zeros(1, n);
y2=zeros(1, n);
for k=1:n
      x(k) = -W/2+(k-1)*(w+v)+w/2;
      y(k)=f1(x(k));
y2(k)=f2(x(k));
end
Alpha_max=asin((H-D)/l(1));                     %折叠最大角度
phi =@(k, alpha) l(k) / sqrt(((y(1)-y(k))^2 + 2 * tao * cos(alpha) * (y(1) -y(k)) + tao^2));
phi2=@(k, alpha) l(k) / sqrt(((y2(1)-y2(k))^2 - 2 * tao *cos(alpha) * (y2(1) - y2(k)) + tao^2));
t=linspace(-W/2, W/2);
tb1=f1(t);
tb2=f2(t);
plot3([t t(end:-1:1) t(1)], [tb1 tb2(end:-1:1) tb1(1)],   [D/2+zeros(size(t)) D/2 + zeros(size(t)) D/2],
        'LineWidth', w , 'Color', [1 0.5 0.2]);            %绘制桌面
hold on;
axis equal                                           %等比例显示图形
axis([-W/2, W/2, min(y2-l), max(y+l), -H, D]);       %设置显示范围
SteelBar = plot3([x(1), x(n)], [y(1)+tao, y(1)+tao], [0, 0], [x(1), x(n)], [y2(1)-tao, y2(1)-tao], [0, 0],
        'LineWidth', 3);                            %绘制钢筋轴
%画展平时桌脚
```

```
F=cell(1, n);
for k=1:n
    P0=[x(k), y(k), 0];
    P1=[x(k), y(k)+l(k), 0];
    P2=[x(k), y2(k), 0];
    P3=[x(k), y2(k)-l(k), 0];
    F{k}=plot3([P0(1) P1(1)], [P0(2) P1(2)], [P0(3) P1(3)],  [P2(1) P3(1)], [P2(2) P3(2)], [P2(3) P3(3)],
        'LineWidth', w);
end
alpha=linspace(0, Alpha_max, 50);                    %折叠角度
for i=2:length(alpha)
    for k=1:n
        P0=[x(k), y(k), 0];                          %上半桌脚顶部坐标
        P1=[x(k), y(k) - ((y(k) - y(1) - tao * cos(alpha(i))) * phi(k, alpha(i))),
            -tao*sin(alpha(i))*phi(k, alpha(i)) ];   %上半桌脚底部坐标
        P2=[x(k), y2(k), 0];                         %下半桌脚顶部坐标
        P3=[x(k), y2(k) - ((y2(k) - y2(1) + tao * cos(alpha(i))) * phi2(k, alpha(i))),
            -tao*sin(alpha(i))*phi2(k, alpha(i))];   %下半桌脚底部坐标
        set(F{k}(1), 'XData', [P0(1) P1(1)], 'YData', [P0(2) P1(2)], 'ZData', [P0(3) P1(3)]);
        %更新桌脚位置，实现动画
        set(F{k}(2), 'XData', [P2(1) P3(1)], 'YData', [P2(2) P3(2)], 'ZData', [P2(3) P3(3)]);
        %更新桌脚位置，实现动画
    end
    set(SteelBar(1), 'XData', [x(1), x(n)], 'YData',
        [y(1)+tao*cos(alpha(i)), y(1) + tao * cos(alpha(i))],
        'ZData', [-tao*sin(alpha(i)), -tao*sin(alpha(i))]);      %更新钢筋轴
    set(SteelBar(2), 'XData', [x(1), x(n)], 'YData',
        [y2(1)-tao*cos(alpha(i)), y2(1) - tao * cos(alpha(i))], 'ZData',
        [-tao*sin(alpha(i)), -tao*sin(alpha(i))]);
    pause(0.5);        %暂停
end
hold off;
```

对于不同桌面形状，函数 $f_1(x)$、$f_2(x)$ 的表达式不同. 若桌面是圆形，则有

$$
\begin{cases}
f_1(x) = \sqrt{\left(\dfrac{W}{2}\right)^2 - x^2} \\
f_2(x) = -f_1(x)
\end{cases}
\tag{8.24}
$$

给定其他参数后，即可调用函数 TableAnimation 绘制动画.

程序 8.14   CircleTable.m

```
W=50;        %宽
L=120;       %长
D=3;         %桌面厚度
H=53;        %折叠后最大高度
w=2.5;       %桌脚宽度
tao=35;      %钢筋轴位置
f1=@(x) sqrt((W/2)^2-x.^2);              %桌面形状函数
f2=@(x) -f1(x);                          %桌面形状函数
l=zeros(20, 1);
for k=1:20
    l(k)=L/2-f1(-W/2+(k-1)*w+w/2);       %计算桌脚长度
end
TableAnimation(W, D, H, w, l, tao, f1, f2);    %调用函数绘制动画
```

图 8.19 显示了圆形折叠桌折叠过程.

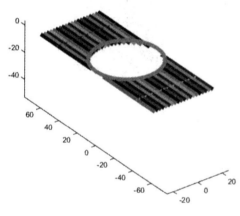

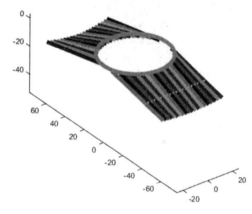

(a) $\alpha = 0$

(b) $\alpha = \dfrac{1}{7}\alpha_{\max}$

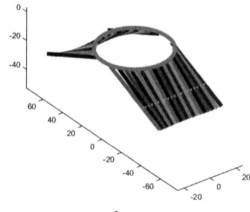

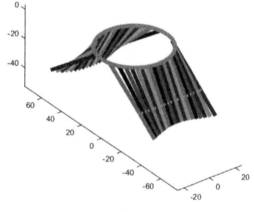

(c) $\alpha = \dfrac{2}{7}\alpha_{\max}$

(d) $\alpha = \dfrac{3}{7}\alpha_{\max}$

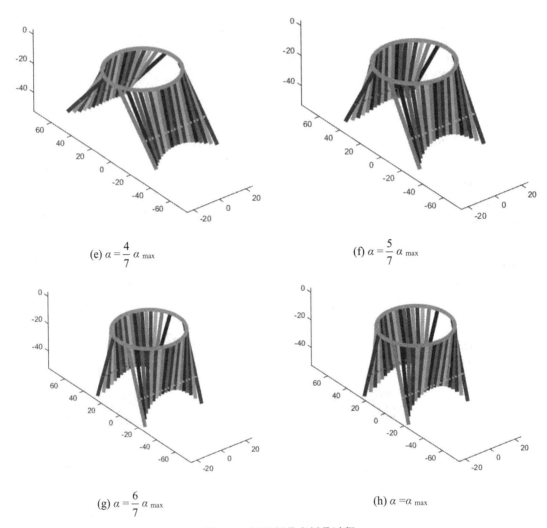

(e) $\alpha = \dfrac{4}{7}\alpha_{\max}$ 　　　　　　　　　　　　　　 (f) $\alpha = \dfrac{5}{7}\alpha_{\max}$

(g) $\alpha = \dfrac{6}{7}\alpha_{\max}$ 　　　　　　　　　　　　　　 (h) $\alpha = \alpha_{\max}$

图 8.19　圆形折叠桌折叠过程

3. 桌脚加工参数

第 k 条桌脚的长度为 l_k，折叠到 α 度时(以第 1 条桌脚为准)，与钢筋轴的交点为 $(x_k, y_1 + \tau\cos\alpha, -\tau\sin\alpha)$，与桌脚顶端的距离为

$$d_k = \sqrt{(y_1 + \tau\cos\alpha - y_k)^2 + (\tau\sin\alpha)^2} \tag{8.25}$$

对 α 求导，得

$$\frac{\mathrm{d}d_k}{\mathrm{d}\alpha} = \frac{\tau\sin\alpha(y_k - y_1)}{\sqrt{(y_1 + \tau\cos\alpha - y_k)^2 + (\tau\sin\alpha)^2}} \tag{8.26}$$

通常情况下有 $0 \leqslant \alpha \leqslant \pi/2$. 若 $y_k - y_1 > 0$，则 $\dfrac{\mathrm{d}d_k}{\mathrm{d}\alpha} \geqslant 0$，$d_k$ 随着 α 增大而增大，也就是当 $\alpha = 0$ 时，钢筋轴最接近顶端，随着桌子折叠，钢筋轴逐渐下降. 第 k 条桌脚的开孔区间(距

离桌脚顶端)为

$$[\tau + y_1 - y_k, \sqrt{(y_1 + \tau\cos\alpha_{max} - y_k)^2 + (\tau\sin\alpha_{max})^2}] \qquad (8.27)$$

其中，α_{max} 由式(8.20)给出.

若 $y_k - y_1 < 0$，则 $\dfrac{\mathrm{d}d_k}{\mathrm{d}\alpha} \le 0$，$d_k$ 随着 α 增大而减小，随着桌子折叠，钢筋轴逐渐上升. 第 k 条桌脚的开孔区间为

$$[\sqrt{(y_1 + \tau\cos\alpha_{max} - y_k)^2 + (\tau\sin\alpha_{max})^2}, \tau + y_1 - y_k] \qquad (8.28)$$

开孔长度为

$$\eta_k = \left| \tau + y_1 - y_k - \sqrt{(y_1 + \tau\cos\alpha_{max} - y_k)^2 + (\tau\sin\alpha_{max})^2} \right| \qquad (8.29)$$

下面程序可计算桌脚的长度、开孔位置、开孔长度.

程序 8.15　TableOptimize.m

```
function [T, tao]=TableOptimize(W, D, H, w, f1)
%对折叠桌的桌脚进行优化
% W        展平时宽度
% D        桌面厚度
% H        折叠后桌子高度
% w        桌脚宽度
% f1       上半桌面形状函数
% T        桌脚参数，包含 4 列，依次是桌脚长度，开孔起始位置，开孔结束位置，开孔长度
% tao      钢筋轴位置
n=floor(W/w);               %单边桌脚条数
v=(W/w-n)/(n-1);            %间隙
X=@(k) -W/2+(k-1)*(w+v)+w/2;
Y=@(k) f1(X(k));
y=zeros(1, n);
for k=1:n
    y(k)=Y(k);
end
Alpha_max=atan((H-D)/(max(y)-Y(1)));        %折叠最大角度
tao=max(abs(y-y(1)));                       %开孔位置
l1=(H-D)/sin(Alpha_max);
l=@(k) (k==1|k==n).*l1 + (~(k==1|k==n)) * ((y(k)>=y(1)) .* (sqrt((y(1) + tao * cos(Alpha_max) - y(k)).^2
    + (tao*sin(Alpha_max))^2)) + (y(k)<y(1)) .* (tao+y(1)-y(k)));
T=zeros(n, 4);
for k=1:n
```

```
    T(k, 1)=l(k);
    if(y(k)>=y(1))
        T(k, 2)=y(1)+tao-y(k);
        T(k, 3)=sqrt((y(1)+tao*cos(Alpha_max)-y(k)).^2+(tao*sin(Alpha_max)).^2);
    else
        T(k, 3)=y(1)+tao-y(k);
        T(k, 2)=sqrt((y(1)+tao*cos(Alpha_max)-y(k)).^2+(tao*sin(Alpha_max)).^2);
    end
    T(k, 4)=abs(T(k, 3)-T(k, 2));
end
```

设定参数 $W = 50$，$L = 120$，$D = 3$，$H = 53$，$w = 2.5$，$\tau = 35$，前 10 条桌脚的加工参数如表 8.4 所示.

表 8.4 前 10 条桌脚的加工参数

桌脚号	桌脚长度	开孔区间		开孔长度
1	52.1938	35.0000	35.0000	0
2	46.8304	29.6367	33.8536	4.2169
3	43.4641	26.2703	33.5545	7.2842
4	41.0016	23.8079	33.5487	9.7408
5	39.1209	21.9271	33.6658	11.7386
6	37.6743	20.4805	33.8268	13.3462
7	36.5813	19.3875	33.9888	14.6012
8	35.7939	18.6001	34.1267	15.5266
9	35.2829	18.0891	34.2256	16.1365
10	35.0313	17.8375	34.2770	16.4395

4. 钢筋轴位置

钢筋轴位置参数 τ 是一个比较重要的参数，它影响桌子折叠后的形状、桌脚的加工参数等. τ 的取值范围可由下面不等式组决定，即

$$\begin{cases} 0 < \tau + y_1 - y_k < l_k \\ \sqrt{(y_1 + \tau\cos\alpha_{\max} - y_k)^2 + (\tau\sin\alpha_{\max})^2} < l_k \end{cases} \tag{8.30}$$

其中，$k = 1, 2, \cdots, n$. 另外，考虑到稳固性要求，τ 不能太小，应该满足

$$\tau \geqslant \max\{|y_k - y_1|\} \tag{8.31}$$

综合以上得

$$\max_{k=1}^{n}\{|y_k - y_1|\} < \tau < \min_{k=1}^{n}\{\min\{\cos\alpha_{\max}(y_k - y_1) + \sqrt{l_k^2 - \sin(\alpha_{\max})^2(y_k - y_1)^2}, l_k - (y_1 - y_k)\}\}$$

$$\tag{8.32}$$

对于问题一中给定的参数，τ 的取值范围为 $17.1625 < \tau < 35.8569$.

5. 参数优化

给定桌面形状、尺寸、桌高等参数后，通过设计平板尺寸、钢筋轴位置、开槽长度等，使折叠桌稳固性好、加工方便、用材最少.

首先考虑稳固性. 稳固性可描述为在保证桌子不塌的情况下允许向桌面施加向下的最大的力. 加工方便可描述为开孔尺寸尽可能短，用材最少即为桌脚最短.

假设木材坚固，在施加重力的情况下不会开裂、折断，那么桌子稳固就转换为桌脚不滑动，即桌脚与地面的最大静摩擦力大于桌脚对地面施加的力在水平方向上的分力，如图 8.20 所示. 静摩擦力越大，则桌面越稳固.

图 8.20　桌脚受力分析

已知水平方向的分力为

$$F_1 = F \cos \alpha \tag{8.33}$$

而最大静静摩擦力为

$$F_{\max} = \mu F \sin \alpha \tag{8.34}$$

其中，μ 是桌脚与地面的静摩擦系数，α 是折叠后桌脚与地面的夹角. 要使桌脚不滑动，应使 $F_1 < F_{\max}$，即 $F\cos(\alpha) < \mu F\sin(\alpha)$，整理得

$$\alpha > \arctan\left(\frac{1}{\mu}\right) \tag{8.35}$$

一般来说，4 个接触地面的桌脚接地位置应该在桌面投影到地面的外接矩形的外部. 由此得

$$\alpha \leqslant \arctan\left(\frac{H - D}{(\max\{y_k\} - y_1)}\right) \tag{8.36}$$

接下来考虑用材最少. 在满足桌面形状、尺寸和桌高的情况下，桌脚越短，则用材越少. 对于支撑脚，其长度应该为

$$l_1 = l_n = \frac{H}{\sin \alpha} \tag{8.37}$$

为了使 l_1 尽可能小，则 α 应尽可能大，于是 α 可取 (8.36) 式的右端.

利用开孔区间可确定其他桌脚的最小长度. 当 $y_k \geqslant y_1$ 时，

$$l_k = \sqrt{(y_1 + \tau \cos \alpha - y_k)^2 + (\tau \sin \alpha)^2}, \ k = 2, 3, \cdots, n-1 \tag{8.38}$$

当 $y_k < y_1$ 时，

$$l_k = \tau + y_1 - y_k \tag{8.39}$$

进一步通过取适当的钢筋轴位置 τ，使 $L_{总} = \sum_{k=1}^{n} l_k$ 最小. 易知 τ 越小，则 $L_{总}$ 越小，可取式

(8.32)左端.

设桌高为 70 cm，桌面为直径 80 cm 的圆形，厚度为 3 cm，每条桌脚宽 3.2 cm，每边有 25 条桌脚. 根据式(8.36)计算得 $\alpha = 1.1664$，再根据式(8.32)取 $\tau = 28.8$. 第 1～13 号条桌脚长度、开孔位置、开孔长度如表 8.5 所示.

表 8.5　优化后的桌脚参数

桌脚号	桌脚长度	开孔位置		开孔长度
1	72.8771	28.8	28.8	0
2	26.7120	21.0011	26.7120	5.7109
3	26.5182	16.0000	26.5182	10.5182
4	26.9887	12.2410	26.9887	14.7477
5	27.7194	9.2650	27.7194	18.4544
6	28.5238	6.8603	28.5238	21.6635
7	29.3055	4.9093	29.3055	24.3962
8	30.0118	3.3394	30.0118	26.6724
9	30.6132	2.1033	30.6132	28.5099
10	31.0927	1.1691	31.0927	29.9236
11	31.4403	0.5153	31.4403	30.9250
12	31.6507	0.1282	31.6507	31.5225
13	31.7212	0	31.7212	31.7212

所有桌脚总长度为 1637.3 cm，桌子展平时和完全折叠后如图 8.21 所示. 显然，为了节约材料，桌脚的钢筋轴以下部分全部去掉了，这在实际应用中还要适当加长.

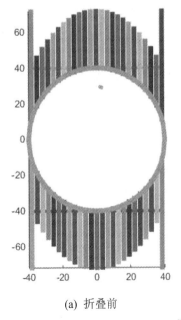

(a) 折叠前　　　　　　　　　　　　(b) 折叠后

图 8.21　优化后的桌子形状

6. 其他形状折叠桌

在设计折叠桌形状时，需要确定桌子宽度 W，桌高 H，桌面厚度 D，桌脚宽度 w，桌面形状函数 $f_1(x)$ 和 $f_2(x)$，再利用优化算法确定桌脚长度 l_k，钢筋轴位置 τ，开孔位置和开孔长度.

1) 椭圆桌面

设 $W = 80$，$D = 3$，$H = 70$，$w = 4$，桌面形状函数

$$f_1(x) = \frac{a}{b}\sqrt{b^2 - x^2}, \quad f_2(x) = -f_1(x) \tag{8.40}$$

其中，$a = 50$，$b = W/2$.

程序 8.16　EllipseTable.m

```
W=80;    %宽
D=3;     %桌面厚度
H=70;    %折叠后最大高度
w=4;     %桌脚宽度
a=50;
b=W/2;
f1=@(x) a/b*sqrt((b)^2-x.^2);    %桌面形状函数
f2=@(x) -f1(x);    %桌面形状函数
[T, tao]=TableOptimize(W, D, H, w, f1)
l=T(:, 1);
TableAnimation(W, D, H, w, l, tao, f1, f2);    %调用函数绘制动画
```

优化的结果是 $\tau = 34.325$，每一侧有 20 根桌脚，前 10 根参数如表 8.6 所示.

表 8.6　椭圆折叠桌的桌脚参数

桌脚号	桌脚长度	开孔位置		开孔长度
1	75.2808	34.3250	34.3250	0
2	30.9436	23.5983	30.9436	7.3452
3	30.6027	16.8656	30.6027	13.7372
4	31.2825	11.9408	31.2825	19.3418
5	32.3017	8.1792	32.3017	24.1225
6	33.3542	5.2860	33.3542	28.0681
7	34.2901	3.1000	34.2901	31.1901
8	35.0335	1.5252	35.0335	33.5083
9	35.5449	0.5032	35.5449	35.0418
10	35.8048	0	35.8048	35.8048

椭圆折叠桌形状及模拟结果如图 8.22 所示.

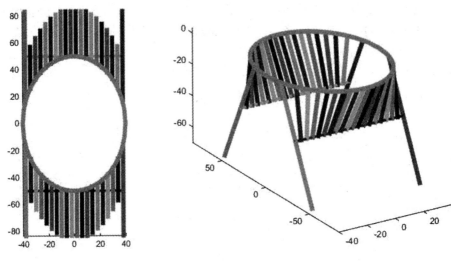

图 8.22　椭圆折叠桌形状及模拟结果

2) 纺锤形桌面

设 $W=120$，$D=3$，$H=70$，$w=4$，$a=50$，$b=70$，桌面形状函数由式(8.40)定义. 优化的结果是 $\tau=21.9854$. 每一侧有 30 根桌脚，前 15 根参数如表 8.7 所示.

表 8.7　纺锤形桌的桌脚参数

桌脚号	桌脚长度	开孔位置		开孔长度
1	70.5150	21.9854	21.9854	0
2	21.1086	18.1638	21.1086	2.9448
3	20.8900	14.9869	20.8900	5.9031
4	21.0816	12.2913	21.0816	8.7903
5	21.5152	9.9796	21.5152	11.5357
6	22.0768	7.9883	22.0768	14.0885
7	22.6896	6.2737	22.6896	16.4159
8	23.3026	4.8042	23.3026	18.4984
9	23.8817	3.5565	23.8817	20.3252
10	24.4044	2.5132	24.4044	21.8912
11	24.8557	1.6609	24.8557	23.1948
12	25.2257	0.9898	25.2257	24.2359
13	25.5079	0.4924	25.5079	25.0155
14	25.6980	0.1636	25.6980	25.5344
15	25.7936	0	25.7936	25.7936

纺锤折叠桌形状及模拟结果如图 8.23 所示.

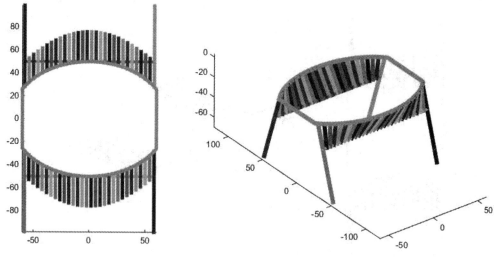

图 8.23　纺锤折叠桌形状及模拟结果

3) 腰鼓形桌面

设 $W=120$，$D=3$，$H=70$，$w=4$，$a=50$，$b=70$，桌面形状函数为

$$f_1(x)=100-\frac{a}{b}\sqrt{b^2-x^2}，\quad f_2(x)=-f_1(x) \tag{8.41}$$

优化的结果是 $\tau=21.9854$. 每一侧有 30 根桌脚，前 15 根参数如表 8.8 所示.

表 8.8　腰鼓形折叠桌的桌脚参数

桌脚号	桌脚长度	开孔位置		开孔长度
1	67	21.9854	21.9854	0
2	25.8070	22.3151	25.8070	3.4920
3	28.9840	23.0725	28.9840	5.9115
4	31.6796	24.0278	31.6796	7.6518
5	33.9913	25.0499	33.9913	8.9413
6	35.9825	26.0629	35.9825	9.9196
7	37.6971	27.0225	37.6971	10.6746
8	39.1666	27.9026	39.1666	11.2641
9	40.4143	28.6877	40.4143	11.7266
10	41.4577	29.3688	41.4577	12.0889
11	42.3099	29.9407	42.3099	12.3692
12	42.9810	30.4002	42.9810	12.5808
13	43.4784	30.7459	43.4784	12.7326
14	43.8072	30.9766	43.8072	12.8306
15	43.9708	31.0921	43.9708	12.8788

腰鼓形折叠桌形状及模拟结果如图 8.24 所示.

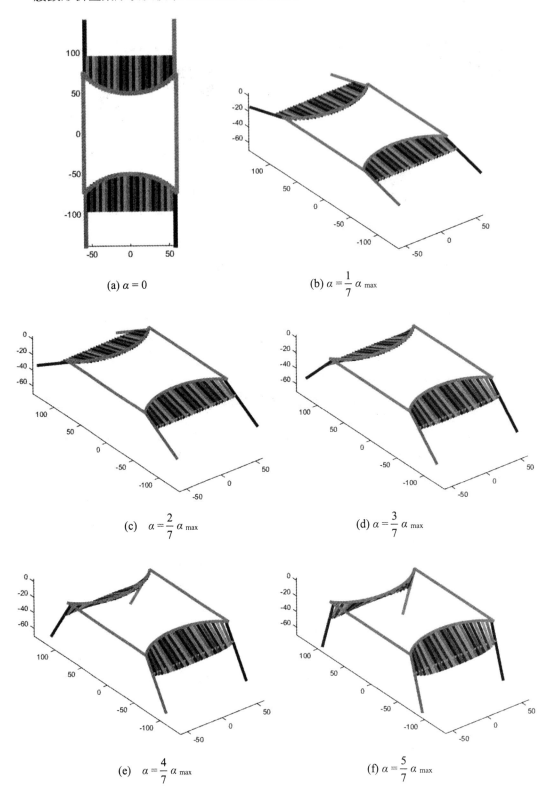

(a) $\alpha = 0$

(b) $\alpha = \dfrac{1}{7}\,\alpha_{\max}$

(c) $\alpha = \dfrac{2}{7}\,\alpha_{\max}$

(d) $\alpha = \dfrac{3}{7}\,\alpha_{\max}$

(e) $\alpha = \dfrac{4}{7}\,\alpha_{\max}$

(f) $\alpha = \dfrac{5}{7}\,\alpha_{\max}$

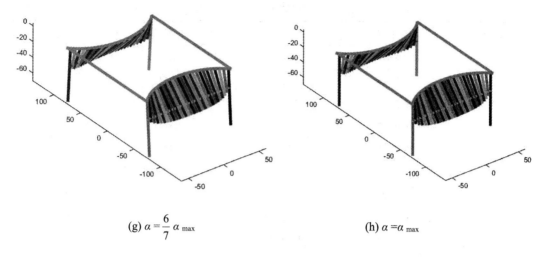

(g) $\alpha = \dfrac{6}{7}\alpha_{\max}$　　　　　　　　　　　　　(h) $\alpha = \alpha_{\max}$

图 8.24　腰鼓形折叠桌形状及模拟结果

4) 水滴形桌面

设 $W = 400/3$，$D = 3$，$H = 70$，$w = 4$，桌面形状函数为

$$f_1(x) = \frac{100(2\sin(t(x)) + \sin(2t(x)))}{5 + 4\cos(t(x))}, f_2(x) = -f_1(x) \tag{8.42}$$

其中，

$$t(x) = \pi - \arccos\left(\frac{x}{100} + \frac{5}{6} - \frac{\sqrt{9x^2 - 750x + 32500}}{300}\right)$$

计算桌脚参数及模拟动态过程的程序如下：

程序 8.17　DropShapeTable.m

```
%水滴形桌面
W=100*4/3;      %宽
D=3;            %桌面厚度
H=70;           %折叠后最大高度
w=4;            %桌脚宽度
t=@(x) pi - acos(x/100 + 5/6 - sqrt(9*x.^2 - 750*x + 32500)/300);
f1=@(x) 100*(2*sin(t(x)) + sin(2*t(x))./(5 + 4*cos(t(x)));
f2=@(x) -f1(x);    %桌面形状函数
[T, tao]=TableOptimize(W, D, H, w, f1)
l=T(:, 1);
TableAnimation(W, D, H, w, l, tao, f1, f2);    %调用函数绘制动画
axis equal
```

优化的结果是 $\tau = 28.4005$. 每一侧有 33 根桌脚，其参数如表 8.9 所示.

表 8.9 水滴形折叠桌的桌脚参数

桌脚号	桌脚长度	开孔位置		开孔长度
1	72.7708	28.4005	28.4005	0.0000
2	26.2841	19.9842	26.2841	6.2999
3	26.2811	14.6784	26.2811	11.6027
4	26.9557	10.7686	26.9557	16.1872
5	27.8445	7.7469	27.8445	20.0976
6	28.7447	5.3782	28.7447	23.3665
7	29.5598	3.5308	29.5598	26.0290
8	30.2422	2.1226	30.2422	28.1196
9	30.7694	1.0987	30.7694	29.6708
10	31.1321	0.4207	31.1321	30.7113
11	31.3286	0.0613	31.3286	31.2673
12	31.3624	0	31.3624	31.3624
13	31.2405	0.2217	31.2405	31.0189
14	30.9735	0.7147	30.9735	30.2588
15	30.5753	1.4699	30.5753	29.1054
16	30.0643	2.4799	30.0643	27.5844
17	29.4639	3.7376	29.4639	25.7263
18	28.8040	5.2362	28.8040	23.5678
19	28.1218	6.9677	28.1218	21.1541
20	27.4628	8.9218	27.4628	18.5410
21	26.8806	11.0852	26.8806	15.7954
22	26.4342	13.4398	26.4342	12.9943
23	26.1834	15.9618	26.1834	10.2216
24	26.1808	18.6202	26.1808	7.5606
25	26.4616	21.3762	26.4616	5.0854
26	27.0349	24.1832	27.0349	2.8517
27	27.8793	26.9872	27.8793	0.8922
28	29.7283	28.9446	29.7283	0.7837
29	32.3427	30.1583	32.3427	2.1844
30	34.7635	31.4346	34.7635	3.3289
31	36.9195	32.6804	36.9195	4.2390
32	38.7289	33.7968	38.7289	4.9321
33	72.7708	34.6644	40.0736	5.4092

水滴形折叠桌形状及模拟结果如图 8.25 所示.

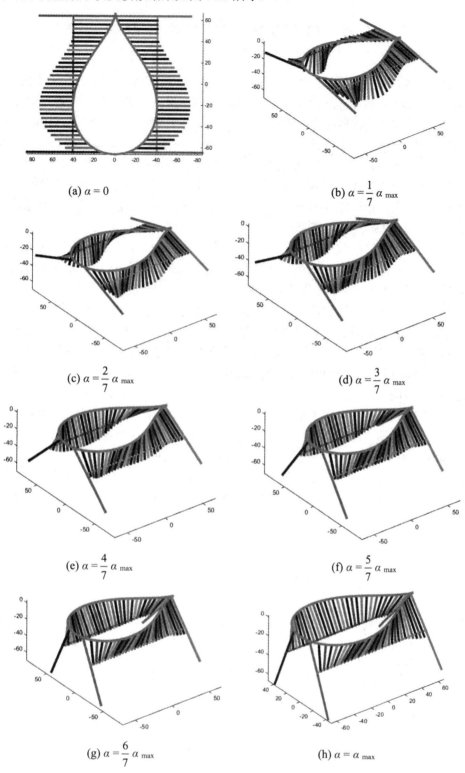

图 8.25　水滴形折叠桌形状及模拟结果

8.4　CT 成像模型与参数标定

CT 系统参数标定及成像是 2017 年全国大学生数学建模竞赛的 A 题,题目如下:

CT(Computed Tomography)可以在不破坏样品的情况下,利用样品对射线能量的吸收特性对生物组织和工程材料的样品进行断层成像,由此获取样品内部的结构信息. 一种典型的二维 CT 系统如图 8.26(a)所示,平行入射的 X 射线垂直于探测器平面,每个探测器单元看成一个接收点,且等距排列. X 射线的发射器和探测器相对位置固定不变,整个发射-接收系统绕某固定的旋转中心逆时针旋转 180 次. 对每一个 X 射线方向,在具有 512 个等距单元的探测器上测量经位置固定不动的二维待检测介质吸收衰减后的射线能量,并经过增益等处理后得到 180 组接收信息.

CT 系统安装时往往存在误差,从而影响成像质量,因此需要对安装好的 CT 系统进行参数标定,即借助于已知结构的样品(称为模板)标定 CT 系统的参数,并据此对未知结构的样品进行成像. 请建立相应的数学模型和算法,解决以下问题:

(1) 在正方形托盘上放置两个均匀固体介质组成的标定模板,模板的几何信息如图 8.26(b)所示,相应的数据文件见附件 1,其中每一点的数值反映了该点的吸收强度,这里称为"吸收率". 对应于该模板的接收信息见附件 2. 请根据这一模板及其接收信息,确定 CT 系统旋转中心在正方形托盘中的位置、探测器单元之间的距离以及该 CT 系统使用的 X 射线的 180 个方向.

(2) 附件 3 是利用上述 CT 系统得到的某未知介质的接收信息. 利用(1)中得到的标定参数,确定该未知介质在正方形托盘中的位置、几何形状和吸收率等信息. 另外,请具体给出图 8.26(c)所给的 10 个位置处的吸收率,相应的数据文件见附件 4.

(3) 附件 5 是利用上述 CT 系统得到的另一个未知介质的接收信息. 利用(1)中得到的标定参数,给出该未知介质的相关信息. 另外,请具体给出图 8.26(c)所给的 10 个位置处的吸收率.

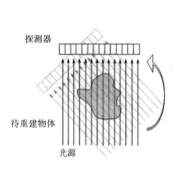 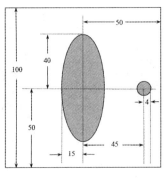 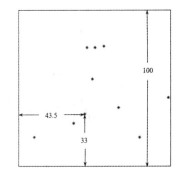

(a) CT 工作示意图　　　(b) 模板示意图(单位: mm)　　　(c) 10 个位置示意图

图 8.26　CT 系统示意图

本节参考了文献[15]的方法.

1. 射线衰减模型

X 射线穿过物体时光线一部分被物体吸收，而另一部分光线可以穿透物体射出，如果是均匀物体，则出射光线强度可以表示为

$$I = I_0 e^{-\mu L} \tag{8.43}$$

其中，I_0 是入射光线强度，I 是出射光线强度，L 是光线穿过物体的厚度，μ 是衰减系数. 若物体是非均匀的，则出射光线强度可以表示为

$$I = I_0 e^{-\int_L \mu(x,y)\mathrm{d}l} \tag{8.44}$$

其中，$u(x, y)$ 是物体在 (x, y) 处的衰减系数，也可以写成

$$\int_L \mu(x,y)\mathrm{d}l = \ln \frac{I_0}{I} \tag{8.45}$$

2. 标准模板

标准模板由一个椭圆和一个圆组成，所以需要计算直线与椭圆及圆相交的弦的长度，如图 8.26(b) 所示.

在直角坐标系中，点 (x, y) 绕旋转中心 (x_c, y_c) 旋转后的坐标为

$$\begin{bmatrix} x' \\ y' \end{bmatrix} = \begin{bmatrix} \cos\theta & -\sin\theta \\ \sin\theta & \cos\theta \end{bmatrix} \begin{bmatrix} x \\ y \end{bmatrix} + \begin{bmatrix} 1-\cos\theta & \sin\theta \\ -\sin\theta & 1-\cos\theta \end{bmatrix} \begin{bmatrix} x_c \\ y_c \end{bmatrix} \tag{8.46}$$

或者写成

$$\begin{cases} x' = (x - x_c)\cos\theta - (y - y_c)\sin\theta + x_c \\ y' = (x - x_c)\sin\theta + (y - y_c)\cos\theta + y_c \end{cases} \tag{8.47}$$

以正方形托盘中心为坐标原点建立坐标系，点 (x_c, y_c) 为旋转中心，取垂直于 x 轴的某条直线 L 上两点 $A(x, 0)$，$B(x, 1)$，分别代入式 (8.47) 后得到逆时针旋转 θ 后直线上的对应两点坐标 (x_1', y_1') 和 (x_2', y_2')，即

$$\begin{cases} x_1' = (x - x_c)\cos\theta + y_c\sin\theta + x_c \\ y_1' = (x - x_c)\sin\theta - y_c\cos\theta + y_c \end{cases} \tag{8.48}$$

$$\begin{cases} x_2' = (x - x_c)\cos\theta - (1 - y_c)\sin\theta + x_c \\ y_2' = (x - x_c)\sin\theta + (1 - y_c)\cos\theta + y_c \end{cases} \tag{8.49}$$

则直线 L 逆时针旋转 θ 后的方程为

$$\begin{pmatrix} x \\ y \end{pmatrix} = \begin{pmatrix} x_1' \\ y_1' \end{pmatrix} + c\left(\begin{pmatrix} x_2' \\ y_2' \end{pmatrix} - \begin{pmatrix} x_1' \\ y_1' \end{pmatrix} \right)$$

其中，c 为任意实数.

标准模板上的椭圆、圆的方程可以分别表示为

$$\frac{x^2}{a^2} + \frac{y^2}{b^2} = 1 \tag{8.50}$$

$$(x-s)^2 + y^2 = r^2 \tag{8.51}$$

当 $\Delta_1 = b^2 \sin^2\theta + a^2 \cos^2\theta - (x_1'y_2' - x_2'y_1')^2 > 0$ 时，旋转后的直线 L 与椭圆相交的弦长为

$$l_1 = \frac{2ab\sqrt{\Delta_1}}{b^2(x_2' - x_1')^2 + a^2(y_2' - y_1')^2} = \frac{2ab\sqrt{\Delta_1}}{b^2\sin^2\theta + a^2\cos^2\theta} \tag{8.52}$$

当 $\Delta_2 = r^2 - ((y_1' - y_2')s + x_1'y_2' - y_1'x_2')^2 > 0$ 时，旋转后的直线 L 与圆相交的弦长为

$$l_2 = 2\sqrt{\Delta_2} \tag{8.53}$$

所以直线穿过模板中椭圆与圆的总长度为

$$l = l_1 + l_2 \tag{8.54}$$

3. 参数标定

系统需要标定的参数有旋转中心 (x_c, y_c)、系统增益 ρ、探测器起始位置 x_0、探测器单元间距离 d 和 180 个旋转角度 θ_i. 基本方法是使用最小二乘法，寻找最优参数，使

$$\min F(\dot{x}, \dot{y}, \rho, x_0, d, \boldsymbol{\theta}) = \sum_{i=1}^{n}(I_i - I_i^*)^2 \tag{8.55}$$

其中，I_i 是理论计算值，I_i^* 是实际测量值.

这是一个非线性优化模型，有 185 个待优化的参数，直接寻优效果不佳，可分 3 步进行.

1) 确定系统增益 ρ 和探测器单元间距离 d

从附件 2 中提取只经过圆的一部分数据，由于圆是旋转对称的，可以忽略旋转因素 (x_c, y_c) 和 θ 的影响，同时假设入射光线是平行且均匀的，这样探测器的起始位置 x_0 也可以暂时不用考虑，也就是说，对于只经过圆的光线，系统的旋转和平移对测量的结果是没有影响的. 如图 8.27 所示，不妨设光线都是从下往上垂直入射的，再设经过圆的射线有 n 条，第 i 条射线方程为

$$x = x_0 + id \tag{8.56}$$

其中，x_0 是第 1 条穿过圆的左边射线的 x 坐标.

根据已知条件，可知第 i 条射线方程与圆相交的弦长为

$$l_i = 2\sqrt{r^2 - (x_0 + id)^2} \tag{8.57}$$

于是接收信息为

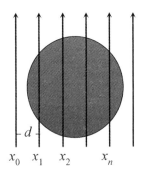

图 8.27　X 射线穿过圆的示意图

$$I_i = \rho l_i = 2\rho\sqrt{r^2 - (x_0 + id)^2} \tag{8.58}$$

利用最小二乘法，求 ρ，d，x_0，使

$$\min F(\rho, d, x_0) = \sum_{i=1}^{n}(I_i^* - 2\rho\sqrt{r^2 - (x_0 + id)^2})^2 \tag{8.59}$$

$$\text{s.t.}\quad \rho > 0, d > 0, x_0 \leqslant -r$$

另外，提取的数据中有多组数据(从不同角度入射)，不同组的数据中经过圆的射线数是不同的，记最大的射线数为 n_{max}，最小的射线数为 n_{min}，则探测器单元间距 d 满足

$$d_{min} = \frac{2r}{n_{max}+1} \leqslant d \leqslant \frac{2r}{n_{min}-1} = d_{max} \tag{8.60}$$

且有

$$-r - d_{max} \leqslant x_0 \leqslant -r \tag{8.61}$$

综合后得到优化模型

$$\min F(\rho, d, x_0) = \sum_{i=1}^{n}(I_i^* - 2\rho\sqrt{r^2 - (x_0 + id)^2})^2 \tag{8.62}$$

$$\text{s.t.}\quad \rho > 0, d_{min} \leqslant d \leqslant d_{max}, -r - d_{max} \leqslant x_0 \leqslant -r$$

求解程序如下：

程序 8.18　ParameterCalibration1.m

```
A=xlsread('A 题附件.xls', '附件 2');        %读取附件 2 数据
B=A(45:109, 110:180);                      %取出只经过圆的部分数据
%对数据进行预处理，去掉不经过圆的数据
nmax=0;   nmin=inf;
for j=1:size(B, 2)
    i = find(B(:, j)>0);
    B(1:i(end)-i(1)+1, j)=B(i(1):i(end), j);
    B(i(end)-i(1)+2:end, j)=0;
    if(nmax<i(end)-i(1)+1)
        nmax=i(end)-i(1)+1;
    end
    if(nmin>i(end)-i(1)+1)
        nmin=i(end)-i(1)+1;
    end
end
B(nmax+1:end, :)=[];
r=4;
dmin=2*r/(nmax+1);   %
dmax=2*r/(nmin-1);
xmin=-r-dmax;
```

```
xmax=-r;
a=[0   dmin  xmin];          %变量取值范围
b=[10  dmax  xmax];          %变量取值范围
w=[0.1  0.01  0.1];
%对每一组数据进行优化
for i=1:size(B, 2)
    fit=@(x) f_obj1(x, B(:, i));
    gbest(i, :)=fmincon(fit, [1, 0.28, -4], [], [], [], [], a, b);
end
gbest
mean(gbest, 1)               %取平均值
```

目标函数定义如下：

程序 8.19　f_obj1.m

```
function Er=f_obj1(x, I)  %目标函数
%     目标函数，确定系统增益ρ和探测器单元间距离 d
% x   决策变量，x(1)是系统增益ρ，x(2)是探测器单元间距离 d，x(3)是第 1 条穿过圆的
%     左边射线的 x 坐标
% I   探测器接收到的数据
% Er  误差平方和
n=size(x, 1);
Er=inf(n, 1);
r=4;
for i=1:n
        rho=x(i, 1);   d=x(i, 2);   x0=x(i, 3);
        Er(i) = sum(( I-2* rho *sqrt(r.^2-(x0+d*(1:length(I))').^2)).^2);
end
```

运行结果有多组，取其中出现最多的一组：$\rho = 1.7725$，$d = 0.2768$，$x_0 = -4.2444$. x_0 的结果没有实际意义.

2) 确定各个旋转角度

不妨设 X 射线经过原点，旋转中心在原点，如图 8.28 所示，将原点右侧第 1 条射线与原点的距离记为 δ，原点左边共有 m 条射线，则第 i 条射线的 x 坐标为

$$x_i = (i-1-m) \cdot d + \delta, \ i = 1, 2, \cdots, n \qquad (8.63)$$

旋转 θ_j 后，当 $\Delta_1 = a^2 \cos^2 \theta_j + b^2 \sin^2 \theta_j - x_i^2 > 0$ 时，

第 i 条射线与模板中的椭圆相交的弦长为

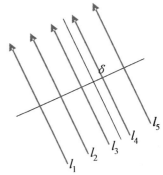

图 8.28　探测器旋转后的位置示意图

$$l_{i1} = \frac{2ab\sqrt{\Delta_1}}{b^2 \sin^2 \theta_j + a^2 \cos^2 \theta_j} \tag{8.64}$$

当 $\Delta_2 = r^2 - (s \cos \theta_j - x_i)^2 > 0$ 时与圆相交弦长为

$$l_{i2} = 2\sqrt{\Delta_2} \tag{8.65}$$

总弦长为

$$l_i = l_{i1} + l_{i2} \tag{8.66}$$

　　记 n_1 为 l_i 中第一个非 0 的射线号，n_2 为实验测量值中的第 1 个非 0 值序号，建立如下优化模型：

$$\min F(\theta_j, \delta) = \sum_{i=0}^{n-n_2} (\rho l_{n_1+i} - I^*_{n_2+i})^2 \tag{8.67}$$

其中，ρ 为系统增益，δ 的取值范围为 $0 \leqslant \delta \leqslant d$. 模型对每一个 θ_j 都是独立的，可以分别进行计算. 为了缩小 θ_j 的取值范围，首先求出 θ_1，然后在计算其他角度时限制 θ_j 的取值范围为 $\theta_{j-1} \leqslant \theta_j \leqslant \pi/90 + \theta_{j-1}$. 下面是求解模型的程序.

程序 8.20　ParameterCalibration2.m

```
A=xlsread('A 题附件.xls', '附件 2'); %读取附件 2 的数据
d=0.2767;
a=[0.5    0]; %变量取值范围
b=[0.6    d]; %变量取值范围
%对每一组数据进行优化
for i=1:size(A, 2)
    fit=@(x) f_obj2(x, a, b, A(:, i));
    gbest=fmincon(fit, [a(1)+pi/180 d/2], [], [], [], [], a, b);
    theta(i)=gbest(1);
    a(1)=theta(i);
    b(1)=a(1)+2*pi/180;
end
t=theta*180/pi  %转换成角度输出
```

　　目标函数定义如下：

程序 8.21　f_obj2.m

```
function Er=f_obj2(x, a, b, I)
% 目标函数，确定各个旋转角度
%x 决策变量, x(1)是旋转角度, x(2)是在原点右侧第 1 条射线与原点的距离
```

```
% I 探测器接收到的数据
% Er 误差平方和
n=size(x, 1);   m=length(I);
Er=inf(n, 1);
d=0.2767; rho=1.7724;
k=-512:512;
n2=find(I>0, 1);
for i=1:n
    if(all(x(i, :)>=a) && all(x(i, :)<=b))
        theta=x(i, 1);
        d0=x(i, 2);
        x0=d0+d*k;
        L=hypotenuse(0, 0, x0, theta)';   %计算弦长
        n1=find(L>0, 1);
        Er(i) = sum((rho *L(n1: n1+m-n2)-I(n2:end)).^2);
    end
end
```

弦长计算函数如下：

程序 8.22　hypotenuse.m

```
function L=hypotenuse(xc，yc，x，theta)
% 计算竖线旋转一定角度后与标准模板中的椭圆和圆相交的弦的长度
% xc 旋转中心 X 坐标
% yc 旋转中心 Y 坐标
% x 旋转前 x 坐标
% theta 旋转角度
a=15; b=40; %椭圆长、短半轴
r=4; %圆的半径
s=45; %圆心的 x 坐标
x1=(x-xc).*cos(theta)+yc*sin(theta)+xc;
y1=(x-xc).*sin(theta)-yc*cos(theta)+yc;
x2=(x-xc).*cos(theta)-(1-yc)*sin(theta)+xc;
y2=(x-xc).*sin(theta)+(1-yc)*cos(theta)+yc;
D=b^2*sin(theta).^2+a^2*cos(theta).^2;
Delta1=D-(x1.*y2-x2.*y1).^2;
Delta1(Delta1<0)=0;
L1=2*a*b*sqrt(Delta1)./D;          %与椭圆相交的弦长
Delta2=r^2-((y1-y2)*s+x1.*y2-y1.*x2).^2;
Delta2(Delta2<0)=0;
```

```
L2=2*sqrt(Delta2);          %与圆相交的弦长
L=(L1+L2);                  %总长
```

表 8.10 给出了 180 个角度的计算结果.

表 8.10　180 个角度的计算结果

29.63815	30.93636	31.54904	32.64202	33.66881	34.63889	35.64186	36.68418	37.63897	38.6363
39.63799	40.63992	41.64071	42.68806	43.62895	44.7919	45.64476	46.64428	47.63978	48.64147
49.66439	50.63935	51.64534	52.7043	53.63858	54.63758	55.63874	56.64361	57.64294	58.63497
59.68582	60.54233	61.64243	62.63286	63.64406	64.63584	65.75647	66.66194	67.64849	68.64468
69.67613	70.64473	71.64584	72.65049	73.64534	74.64829	75.70073	76.57315	77.64395	78.6446
79.64807	80.64547	81.64597	82.64805	83.65016	84.63891	85.64595	86.64261	87.56439	88.77761
89.64648	90.64311	91.68826	92.53607	93.63814	94.64455	95.64862	96.64664	97.63865	98.62675
99.64779	100.6335	101.6479	102.6473	103.6478	104.649	105.6496	106.5781	107.7312	108.6455
109.6481	110.6548	111.6482	112.6503	113.6482	114.6508	115.6479	116.6497	117.4593	118.8066
119.5801	120.6518	121.6477	122.6474	123.6533	124.6511	125.656	126.6523	127.6434	128.6984
129.6544	130.6457	131.758	132.6522	133.6574	134.6803	135.643	136.6509	137.6496	138.6531
139.6735	140.6578	141.6525	142.652	143.658	144.6502	145.655	146.6475	147.6511	148.6509
149.6521	150.6527	151.6525	152.6535	153.6625	154.6502	155.711	156.6799	157.667	158.6513
159.653	160.6536	161.6544	162.6793	163.6565	164.6495	165.6565	166.7028	167.6558	168.6558
169.6557	170.6575	171.6567	172.6599	173.6595	174.6612	175.6655	176.6677	177.6793	178.7053
180	180.5097	181.5845	182.6167	183.6219	184.6231	185.6306	186.6319	187.6339	188.6347
189.6367	190.6365	191.6376	192.6376	193.6363	194.6221	195.6387	196.6382	197.6375	198.6373
199.5755	200.6374	201.6062	202.6381	203.6383	204.6392	205.6383	206.642	207.6406	208.6254

3) 确定旋转中心及探测器单元起始位置

将求得的系统增益 ρ、探测器单元间距 d 和各个旋转角度 θ 作为已知代入模型，再使用类似的方法即可求出旋转中心 (x_c, y_c) 和探测器单元起始位置 x_0. 程序如下：

程序 8.23　ParameterCalibration3.m

```
global A;
global theta;
A=xlsread('A 题附件.xls', '附件 2'); %读取附件 2 数据
load 'theta.mat';   %导入角度
d=0.2767;
a=[-10, -10, -100]; %变量取值范围
b=[10, 10, 0]; %变量取值范围
fit=@(x) f_obj3(x);
x=(a+b)/2;   %寻优初值
x=fmincon(fit, x, [], [], [], [], a, b);
```

```
x=fmincon(fit, x, [], [], [], [], a, b);   %使用第一次求解结果作为初值再求解一次
x   %显示结果
```

目标函数定义如下：

程序 8.24   f_obj3.m

```
function Er=f_obj3(x)
% 目标函数，确定确定旋转中心及探测器单元起始位置
% x  决策变量，x(1)是旋转中心 x 坐标，x(2)是旋转中心 y 坐标，x(3)是探测器单元起始位置
% Er  误差平方和
global A;
global theta;
d=0.2767;
rho=1.7724;   n=size(x, 1);   Er=inf(n, 1);
for i=1:n
        xc=x(i, 1);   yc=x(i, 2);
x0=x(i,3);
x=x0+d*(0:m-1);
        for j=1:length(theta)
            L(:, j)=hypotenuse(xc, yc, x, theta(j));
        end
        Er(i) = sum(sum((A-rho*L).^2))/numel(A);
end
end
```

计算结果为 $x_c = -9.26376$，$y_c = 6.2736$，$x_0 = -79.96179$.

4. CT 成像

CT 成像的工作原理就是已知 I 和 I_0，根据方程，求 $\mu(x, y)$. 若要精确计算 $\mu(x, y)$，需要知道所有穿过物体的入射光线和出射光线强度，这在实际工作中是无法做到的，因此通常将空间离散化，得到一个三维网格，考虑其中的一层，计算每一个网格格子的衰减系数，当网格足够细时，格子内的衰减系数可以认为是均匀的. 如图 8.29 所示，将测量区域划分成 $p \times p$ 个格子，记 l_{ij} 为第 i 条射线穿过第 j 个格子的长度，μ_j 为第 j 表格子的衰减系数，则离散化后的公式为

$$\sum_{j=1}^{p^2} l_{ij} \mu_j = \frac{1}{\rho} \ln \frac{I_{0i}}{I_i}, \ i = 1, 2, \cdots, mn$$

(8.68)

其中，n 是旋转角度个数，m 是光线条数(探测器单元数). l_{ij} 的计算方法是：求出第 i 条射线与 $p+1$ 条横线和 $p+1$ 条竖线的交点，将这些交点按 x 坐标从小到大排序，相邻两点之间的距离就是经过该单元的长度.

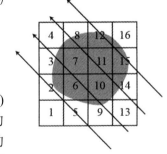

图 8.29   测量区域的离散化

射线穿过单元格子长度的计算程序如下：

```
function [A]=coefficient(xc, yc, x0, d, theta, m, p, left, right)
%  求 CT 成像线性方程组系数矩阵
% xc        旋转中心 X 坐标
% yc        旋转中心 Y 坐标
% x0        探测器第一个探测单元的 X 坐标
% d         探测器单元间距
% theta     旋转角度
% m         探测器单元数
% p         剖分数
% n         探测器单元数
% left, right  探测区间
p=p+1;                    %网格线条数
x=x0+d*(0:m-1);          %旋转前探测器单元 x 坐标
%计算旋转后的射线上的两点
x1=(x-xc).*cos(theta)+yc*sin(theta)+xc;
y1=(x-xc).*sin(theta)-yc*cos(theta)+yc;
x2=(x-xc).*cos(theta)-(1-yc)*sin(theta)+xc;
y2=(x-xc).*sin(theta)+(1-yc)*cos(theta)+yc;
X=linspace(left, right, p);     %将探测区间进行剖分
Y=linspace(left, right, p);
A=zeros(m, (p-1)^2);            %系数矩阵，即各条射线穿过单元格的长度
Lx=inf(1, 2*p);                 %射线与网格线交点的 x 坐标
Ly=inf(1, 2*p);                 %射线与网格线交点的 y 坐标
for i=1:m                       %第 i 条射线
    dx=x2(i)-x1(i);
    dy=y2(i)-y1(i);
    if(dx~=0)
        %计算射线与网格竖线的交点坐标，保持在 Lx、Ly 的前 1~p 个值
        Lx(1:p)=X;
        for j=1:p
            c=(X(j)-x1(i))./dx;
            Ly(j)=y1(i)+c.*dy;  %第 i 条射线与第 j 条竖线的交点的 y 坐标
        %如果交点 y 坐标超出了范围，则认为没有交点
            if(Ly(j)<Y(1) || Ly(j)>Y(end))
                Lx(j)=inf;   Ly(j)=inf;
            end
```

```
            end
    end
    if(dy~=0)
        %计算射线与网格横线的交点坐标，保持在 Lx，Ly 的第 p+1～2p 个值
        Ly(p+1:end)=Y;
        for j=1:p
            c=(Y(j)-y1(i))./dy;
            Lx(p+j)=x1(i)+c.*dx;    %第 i 条射线与第 j 条横线的交点的 x 坐标
        %如果交点 x 坐标超出了范围，则认为没有交点
            if(Lx(p+j)<X(1)‖Lx(p+j)>X(end))
                Lx(p+j)=inf;    Ly(p+j)=inf;
            end
        end
    end
    if(dx~=0&&dy~=0)                            %对于斜线的处理
        [~, K]=sort(Lx);                        %将交点坐标按 x 坐标从小到大排序
        flag=0;
        for t=1:length(K)-1
                ux=(Lx(K(t))+Lx(K(t+1)))/2;    %计算相邻两个交点的中点坐标
                uy=(Ly(K(t))+Ly(K(t+1)))/2;
                if(ux<X(end)&&uy<Y(end))
                    v=find(X>ux, 1)-1;          %判断中点坐标落入的单元格
                    u=find(Y>uy, 1)-1;
                    k=u+(p-1)*(v-1);            %单元格序号
                    A(i, k) = sqrt((Lx(K(t)) - Lx(K(t+1))).^2 + (Ly(K(t)) -Ly(K(t+1))).^2);
                    %计算相邻两个交点的距离
                    flag=1;
                else
                    if(flag==1), break;    end
                end
        end
    end
    if(dx==0)        %处理射线为竖直情况
        v1=find(x1(i)<X, 1)-1;
        for u1=1:p-1
            A(i, u1+(p-1)*(v1-1))=Y(u1+1)-Y(u1);
        end
    end
    if(dy==0)        %处理射线为水平情况
```

```
        u1=find(y1(i)<Y, 1)-1;
        for v1=1:p-1
            A(i, u1+(p-1)*(v1-1))=X(v1+1)-X(v1);
        end
    end
end
```

式(8.68)是一个关于 u_j 的线性方程组，a_{ij} 是系数，共有 $m \times n$ 个方程，$p \times p$ 个未知数. 写成矩阵形式为

$$A\mu = I \tag{8.69}$$

由于测量存在误差，为了提高计算结果的精确度，通常要求 $m \times n > p \times p$. 通过求解 (8.69) 的最小二乘解，就可以得出物体中各个点对 X 射线的衰减系数，进而估计物体内部结构. 当 $p = 256$ 时，该线性方程组的规模太大，用直接法难以求解，可采用间接法求解. MATLAB 的函数 lsqr 使用最小二乘法求解关于 x 的线性方程组 $Ax = b$ 的解.

程序 8.26　CTImagingAtt3.m

```
%导入角度数据，前提是之前已使用 save('theta.mat', 'theta')命令将角度信息保持
load 'theta.mat';
rho=1.7724;                        %系统增益
I=xlsread('A 题附件.xls', '附件 3');    %读入附件中的数据
I=sparse(I(:)/rho);                %除以系统增益后，将数据转换成一列稀疏向量
xc= -9.2628; yc= 6.2730;
x0=-79.9598;
d=0.2767;                          %系统参数
m=512;                             %探测单元数量
n=length(theta);                   %角度数量
p=256;                             %剖分单元数
left=-50;
right=50;                          %探测区间边界
A=sparse([]);                      %定义稀疏矩阵
for j=1:length(theta)
%射线穿过单元格的长度
    A=[A; sparse(coefficient(xc, yc, x0, d, theta(j), m, p, left, right))];
end
U = lsqr(A, I);                    %使用迭代法求线性方程组的最小二乘解
D=full(reshape(U, [p, p]));        %将向量转换成矩阵
D(D<0.5)=0;                        %较小的数很可能是因为计算误差导致的结果，所以去掉
imshow(D(end:-1:1, :), []);        %显示图像(上下翻转)
x=[10, 34.5000, 43.5, 45, 48.5, 50, 56, 65.5, 79.5, 98.5];
y=[18, 25, 33, 75.5, 55.5, 75.5, 76.5, 37, 18, 43.5];
```

```
u=zeros(1, 10);
for i=1:10
    u(i)=D(round(p/100*y(i)), round(p/100*x(i)));    %获取指定位置吸收率
end
u
```

对附件 3 中的数据进行求解，其结果如图 8.30 所示.

图 8.30　附件 3 的成像结果

从结果可以看出，图像中包含 6 个椭圆. 为了获得椭圆的中心坐标、长短半轴等信息，可先提取椭圆的边界，然后对其作二次曲线拟合，得到椭圆方程为

$$ax^2 + 2bxy + cy^2 + 2dx + 2ey + f = 0 \tag{8.70}$$

其中，$b^2 - ac < 0$. 然后再计算相应的椭圆的中心坐标、长短半轴.

表 8.11 列出了附件 3 成像结果的 10 个指定位置的吸收率.

表 8.11　附件 3 成像结果的 10 个指定位置的吸收率

x	10	34.5	43.5	45	48.5	50	56	65.5	79.50	98.5
y	18	25	33	75.5	55.5	75.5	76.5	37	18	43.5
吸收率	0	1.0491	0	1.2101	1.0376	1.4437	1.3045	0	0	0

5. 噪声处理

附件 5 是含有噪声的数据，分析后可知噪声服从[0, 0.3]的均匀分布，故将小于 0.3 的信息置为 0，再使用相同方法进行成像. 计算结果如图 8.31 所示.

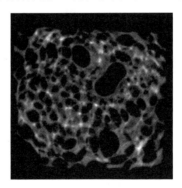

图 8.31　附件 5 的成像结果

表 8.12 列出了附件 5 成像结果的 10 个指定位置的吸收率.

表 8.12　附件 5 成像结果的 10 个指定位置的吸收率

x	10	34.5	43.5	45	48.5	50	56	65.5	79.5	98.5
y	18	25	33	75.5	55.5	75.5	76.5	37	18	43.5
吸收率	0	2.5891	7.1893	0	0.5877	3.3822	6.1612	0	7.0578	0

8.5　高压油管的压力控制

高压油管的压力控制是 2019 年全国大学生数学建模竞赛的 A 题，题目如下：

燃油进入和喷出高压油管是许多燃油发动机工作的基础，图 8.32 给出了某高压燃油系统的工作原理，燃油经过高压油泵从 A 处进入高压油管，再由喷口 B 喷出. 燃油进入和喷出的间歇性工作过程会导致高压油管内压力的变化，使得所喷出的燃油量出现偏差，从而影响发动机的工作效率.

图 8.32　高压油管示意图

问题 1　某型号高压油管的内腔长度为 500 mm，内直径为 10 mm，供油入口 A 处小孔的直径为 1.4 mm，通过单向阀开关控制供油时间的长短，单向阀每打开一次后就要关闭 10 ms. 喷油器每秒工作 10 次，每次工作时喷油时间为 2.4 ms，喷油器工作时从喷油嘴 B 处向外喷油的速率如图 8.33 所示. 高压油泵在入口 A 处提供的压力恒为 160 MPa，高压油管内的初始压力为 100 MPa. 如果要将高压油管内的压力尽可能稳定在 100 MPa 左右，如何设置单向阀每次开启的时长？如果要将高压油管内的压力从 100 MPa 增加到 150 MPa，且分别经过约 2 s、5 s 和 10 s 的调整过程后稳定在 150 MPa，单向阀开启的时长应如何调整？

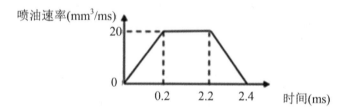

图 8.33　喷油速率示意图

问题 2　在实际工作过程中，高压油管 A 处的燃油来自高压油泵的柱塞腔出口，喷油由喷油嘴的针阀控制. 高压油泵柱塞的压油过程如图 8.34 所示，凸轮驱动柱塞上下运动，凸轮边缘曲线与角度的关系见附件 1. 柱塞向上运动时压缩柱塞腔内的燃油，当柱塞腔内的压力大于高压油管内的压力时，柱塞腔与高压油管连接的单向阀开启，燃油进入高压油管内. 柱塞腔内直径为 5 mm, 柱塞运动到上止点位置时, 柱塞腔残余容积为 20 mm³. 柱塞运动到下止点时, 低压燃油会充满柱塞腔(包括残余容积), 低压燃油的压力为 0.5 MPa. 喷油器喷嘴结构如图 8.35 所示, 针阀直径为 2.5 mm、密封座是半角为 9° 的圆锥, 最下端喷孔的直径为 1.4 mm. 针阀升程为 0 时, 针阀关闭; 针阀升程大于 0 时, 针阀开启, 燃油向喷孔流动, 通过喷孔喷出. 在一个喷油周期内针阀升程与时间的关系由附件 2 给出. 在问题 1 中给出的喷油器工作次数、高压油管尺寸和初始压力下, 确定凸轮的角速度, 使得高压油管内的压力尽量稳定在 100 MPa 左右.

图 8.34　高压油管实际工作过程示意图

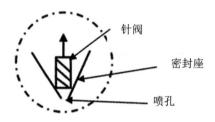

图 8.35　喷油器喷嘴放大后的示意图

问题 3　在问题 2 的基础上, 再增加一个喷嘴, 每个喷嘴喷油规律相同, 喷油和供油策略应如何调整? 为了更有效地控制高压油管的压力, 现计划在 D 处安装一个单向减压阀(图 8.36). 单向减压阀出口为直径为 1.4 mm 的圆, 打开后高压油管内的燃油可以在压力下回流到外部低压油路中, 从而使得高压油管内燃油的压力减小. 请给出高压油泵和减压阀的控制方案.

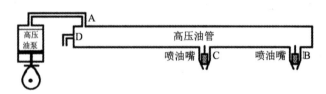

图 8.36　具有减压阀和两个喷油嘴时高压油管示意图

注: (1) 燃油的压力变化量与密度变化量成正比, 比例系数为 $\dfrac{E}{\rho}$, 其中 ρ 为燃油的密度, 当压力为 100 MPa 时, 燃油的密度为 0.850 mg/mm³. E 为弹性模量, 其与压力的关系见附件 3.

(2) 进出高压油管的流量为 $Q = CA\sqrt{\dfrac{2\Delta P}{\rho}}$, 其中 Q 为单位时间流过小孔的燃油量

(mm^3/ms)，$C = 0.85$ 为流量系数，A 为小孔的面积(mm^2)，ΔP 为小孔两边的压力差(MPa)，ρ 为高压侧燃油的密度(mg/mm^3).

题目提供了 3 个附件，分别是：附件 1：凸轮边缘曲线；附件 2：针阀运动曲线；附件 3：弹性模量与压力的关系. 读者可通过数学建模竞赛官网自行下载. 本节主要参考了文献[16]的方法.

1. 准备工作

1) 燃油压力与密度的关系

在某个特定温度下，燃油压力 P、密度 ρ 和弹性模量 E 的关系可表示为

$$\frac{dP}{d\rho} = \frac{E}{\rho} \tag{8.71}$$

根据附件 3，某燃油弹性模量与压力的关系如图 8.37 所示.

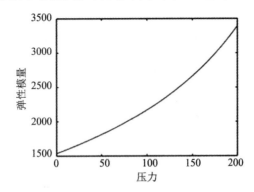

图 8.37　某燃油弹性模量与压力的关系

从图 8.37 来看，该燃油弹性模量与压力的关系近似满足二次函数关系，不妨设 $E = aP^2 + bP + c$，代入式(8.71)中，求解得

$$P = \Psi(\rho) = \frac{1}{2a}\left(W \tan(\frac{1}{2}W \ln(\rho) + Z) - b\right) \tag{8.72}$$

或者

$$\rho = \Phi(P) = \exp\left(\frac{2}{W}(\arctan(\frac{2aP + b}{W}) - \pi - Z)\right) \tag{8.73}$$

其中，$W = \sqrt{4ac - b^2}$，Z 为任意常数. 如果已知压力为 100 时密度为 0.85，则

$$Z = \arctan\left(\frac{(b + 200a)(1 + u_1 u_2) - W(u_1 - u_2)}{W(1 + u_1 u_2) + (b + 200a)(u_1 - u_2)}\right) \tag{8.74}$$

其中，$u_1 = \tan(\frac{1}{2}\ln(17)W)$，$u_2 = \tan(\frac{1}{2}\ln(20)W)$. 进一步利用附件 3 中的数据进行拟合得

$$E = 0.028\,928\,844\,262\,186P^2 + 3.076\,534\,419\,234\,417P +$$
$$1571.583\,893\,660\,168 \tag{8.75}$$

拟合代码如下：

```
P=xlsread('附件 3-弹性模量与压力.xlsx', 'A2:A402');
m=xlsread('附件 3-弹性模量与压力.xlsx', 'B2:B402');
plot(P, m);
format long
p=polyfit(P, m, 2) %使用系统拟合函数进行拟合
```

将式(8.75)的系数代入式(8.72)和式(8.73)中，得

$$P = \Psi(\rho) = 226.932\ 484\ 2\tan(6.564\ 894\ 495\ln(\rho) + 1.480\ 939\ 289) - 53.174\ 167\ 45 \tag{8.76}$$

$$\rho = \Phi(P) = 0.776\ 499\ 218\ 680\ 965\ e^{0.152\ 325\ 372\ 6\arctan(0.004\ 406\ 596\ 981P + 0.234\ 317\ 125\ 8)} \tag{8.77}$$

根据附件 3，图 8.38 显示了某燃油压力与密度的关系.

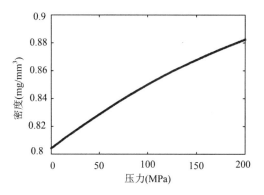

图 8.38   某燃油压力与密度的关系

2) 燃油流量与压力和密度的关系

根据题目注(2)可知，燃油经过小孔由高压端流向低压端，单位时间流过小孔的燃油质量为

$$m = CA\sqrt{2\rho\Delta P} \tag{8.78}$$

其中，C 为流量系数，A 为小孔的面积，ΔP 为小孔两边的压力差，ρ 为高压侧燃油的密度. 当低压端压力很小时，可以近似为

$$m = CA\sqrt{2\rho P} \tag{8.79}$$

3) 柱塞腔燃油压力分析

设凸轮形状由极角和极径定义，设为 $\gamma = \gamma(\tau)$，当凸轮旋转角度 $\alpha = 0$ 时，柱塞运动到下止点，柱塞腔体积达到最大 $\underline{V}_0$，低压燃油充满柱塞腔(密度为 $\underline{\rho}_0$)；当 $\alpha = \pi$ 时，柱塞运动到上止点，柱塞腔体积最小 $\overline{V}_0$. 当凸轮旋转 α 弧度后柱塞腔内体积为

$$V_0(\alpha) = \overline{V}_0 + \frac{\pi}{4}d_0^2 \cdot \left(\gamma\left(\frac{3\pi}{2}\right) - \gamma\left(\alpha + \frac{\pi}{2}\right) \right) \tag{8.80}$$

其中，d_0 为柱塞腔的直径. 显然 $\underline{V}_0 = V_0(0) = \overline{V}_0 + \dfrac{\pi}{4} d_0^2 \cdot \left(\gamma\left(\dfrac{3\pi}{2}\right) - \gamma\left(\dfrac{\pi}{2}\right) \right)$，如果燃油不进入高压油管，则柱塞腔内的燃油密度为

$$\rho_0(\alpha) = \frac{\rho_0 \overline{V}_0}{V_0(\alpha)} \tag{8.81}$$

压力为

$$P_0(\alpha) = \Psi(\rho_0(\alpha)) \tag{8.82}$$

如果燃油可进入高压油管，且高压油管的压力稳定在 $\overline{P}_1$，则凸轮旋转一周进入高压油管的燃油量为

$$\overline{M}_1 = \rho_0(0)V_0(0) - \Phi(\overline{P}_1)V_0(\alpha) \tag{8.83}$$

4) 喷油器喷油速率

当喷油速率以图 8.33 所示的方式工作时，t 时刻单位时间喷油量(mg/ms)为

$$m_2(t) = \begin{cases} 100(t - kT_2)\rho_1, & kT_2 \leqslant t < kT_2 + 0.2 \\ 20\rho_1, & kT_2 + 0.2 \leqslant t < kT_2 + 2.2 \\ -100(t - kT_2 - 2.4)\rho_1, & kT_2 + 2.2 \leqslant t < kT_2 + 2.4 \\ 0, & kT_2 + 2.4 \leqslant t < (k+1)T_2 \end{cases} \tag{8.84}$$

其中，T_2 为喷油嘴工作周期，ρ_1 为高压油管内的燃油密度，$k = [t/T_2]$.

这是一种简化的喷油方式，在实际工作过程中，喷油由喷油嘴的针阀控制. 喷油器工作原理如图 8.39 所示，针阀直径为 d_2，密封座是半角为 θ 的圆锥，最下端喷孔的直径为 $\underline{d}_2$. 针阀升程为 0 时，针阀关闭；针阀升程大于 0 时，针阀开启，燃油向喷孔流动，通过喷孔喷出.

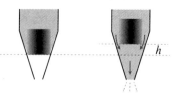

图 8.39　喷油器工作原理

设在一个喷油周期内针阀升程与时间的关系为 $h = h(t)$，则喷油器开口面积为

$$A_2(t) = \begin{cases} \pi h(t) \sin(\theta)\left(d_2 + h(t)\sin(\theta)\right), & 0 \leqslant h(t) \leqslant \overline{h} \\ \dfrac{\pi}{4} \underline{d}_2^2, & h(t) > \overline{h} \end{cases} \tag{8.85}$$

其中，$\overline{h} = \dfrac{-d_2 + \sqrt{d_2^2 + \underline{d}_2^2}}{2\tan(\theta)}$. 在升程较小时，喷口面积是针阀与密封座之间空隙的面积；在升程较大时，喷口面积就是喷油器底端的喷孔面积. 喷油质量为

$$m_2(t) = C \cdot A_2(t) \cdot \sqrt{2\rho_1(t)P_1(t)} \tag{8.86}$$

5) 减压阀工作原理

单向减压阀通过一个直径为 d_4 的圆形管道与高压油管连接，当高压油管内的压力大于 Ω 时，减压阀自动打开，高压油管内的燃油可以在压力作用下回流到外部低压油路中，从而使高压油管内燃油的压力减小；当高压油管内的压力小于 Ω 时，阀门自动关闭. 单位时间通过减压阀的燃油量为

$$m_4(t) = \begin{cases} C \cdot \dfrac{\pi}{4} d_4^2 \cdot \sqrt{2\rho_1(t)P_1(t)}, & P_1(t) > \Omega \\ 0, & P_1(t) \leqslant \Omega \end{cases} = \mathrm{sign}(P_1(t) - \Omega) \cdot C \cdot \dfrac{\pi}{4} d_4^2 \cdot \sqrt{2\rho_1(t)P_1(t)} \tag{8.87}$$

其中

$$\mathrm{sign}(x) = \begin{cases} 0, & x \leqslant 0 \\ 1, & x > 0 \end{cases} \tag{8.88}$$

减压阀的作用主要有两个，一是使高压油泵的工作周期可以与喷油嘴的工作周期相同，并且仍然能够保持进油量与出油量相等，从而可以使高压油管内的压力有规律地小幅波动. 二是避免高压油管内的压力过大导致系统工作不稳定，甚至遭到损坏.

2. 高压油管内燃油密度和压力分析

设 $P_0(t)$ 和 $P_1(t)$ 分别为 t 时刻柱塞腔和高压油管内燃油压力，$M(t)$ 是 t 时刻高压油管内燃油质量，$\rho_0(t)$ 和 $\rho_1(t)$ 分别为 t 时刻柱塞腔和高压油管内燃油密度，V_1 为高压油管的体积，则 $V_1 = \dfrac{\pi}{4}ld^2$. 单位时间从高压油泵进入高压油管的燃油量为 $m_1(t)$，从两个喷油器流出的燃油量分别为 $m_2(t-\mu_1)$ 和 $m_2(t-\mu_2)$，从减压阀流出的燃油量为 $m_4(t)$. 根据质量守恒定理，在一个小时间段 $[t, t+\Delta t]$ 内有

$$M(t+\Delta t) - M(t) = (m_1(t) - m_2(t-\mu_1) - m_2(t-\mu_2) - m_4(t))\Delta t \tag{8.89}$$

令 $\Delta t \to 0$，整理得

$$\frac{\mathrm{d}M(t)}{\mathrm{d}t} = m_1(t) - m_2(t-\mu_1) - m_2(t-\mu_2) - m_4(t) \tag{8.90}$$

其中

$$m_1(t) = \begin{cases} C \cdot A_1 \cdot \sqrt{2\rho_0(t)(P_0(t) - P_1(t))}, & P_0(t) > P_1(t) \\ 0, & P_0(t) \leqslant P_1(t) \end{cases}$$
$$= \mathrm{sign}(P_0(t) - P_1(t)) \cdot C \cdot A_1 \cdot \sqrt{2\rho_0(t)(P_0(t) - P_1(t))} \tag{8.91}$$

这就是高压油管内的燃油质量满足的方程. 而密度、压力为

$$\rho_1(t) = \frac{M(t)}{V_1}, \quad P_1(t) = \Psi(\rho_1(t)) \tag{8.92}$$

如果给定初始状态，可使用差分法求出高压油管内的燃油密度和压力的数值解. 将时间均匀地离散化为 t_0, t_1, t_2, $\cdots$, t_n, $\cdots$，相邻两个时间间隔为 Δt. 若已知 t_{i-1} 时刻供油处

的压力为 $P_0(t_{i-1})$，高压油管内的压力为 $P_1(t_{i-1})$，密度为 $\rho_1(t_{i-1})$，喷油器的开口面积为 $A_2(t_{i-1})$，两个喷油器开始工作时间为 μ_1 和 μ_2，减压阀打开阈值为 Ω，则 t_i 时刻高压油管内的质量、密度和压力为

$$\begin{cases} M(t_i) = M(t_{i-1}) + \left(m_1(t_{i-1}) - m_2(t_{i-1} - \mu_1) - m_2(t_{i-1} - \mu_2) - m_4(t_{i-1})\right)\Delta t \\ \rho_1(t_i) = \dfrac{M(t_i)}{V_1} \\ P_1(t_i) = \Psi(\rho_1(t_i)) \end{cases} \tag{8.93}$$

其中

$$m_1(t_{i-1}) = \operatorname{sign}(P_0(t_{i-1}) - P_1(t_{i-1})) \cdot C \cdot A_1 \cdot \sqrt{2\rho_0(t_{i-1})(P_0(t_{i-1}) - P_1(t_{i-1}))}$$

$$m_2(t_{i-1} - \mu_1) = C \cdot A_2(t_{i-1} - \mu_1) \cdot \sqrt{2\rho_1(t_{i-1})P_1(t_{i-1})}$$

$$m_2(t_{i-1} - \mu_2) = C \cdot A_2(t_{i-1} - \mu_2) \cdot \sqrt{2\rho_1(t_{i-1})P_1(t_{i-1})}$$

$$m_4(t_{i-1}) = \operatorname{sign}(P_1(t_{i-1}) - \Omega) \cdot C \cdot \frac{\pi}{4}d_4^2 \cdot \sqrt{2\rho_1(t_{i-1})P_1(t_{i-1})}$$

而压力可以通过式(8.76)来计算，即 $P_1(t_i) = \Psi(\rho_1(t_i))$．

3. 优化与控制

考虑在较长的时间段 $[0, T_1]$ 内高压油管内的燃油压力 $P_1(t)$ 的变化情况．为了衡量压力偏离 $\bar{P}$ 的程度，定义均方误差

$$E = \frac{1}{T_1}\int_0^{T_1}(P_1(t) - \bar{P})^2 \mathrm{d}t \tag{8.94}$$

优化的目标是求凸轮转速 ω，喷油器开始喷油时间 μ_1，μ_2，减压阀阈值 Ω，使 E 尽可能小．于是，优化模型可表示为

$$\min E(\omega, \mu_1, \mu_2, \Omega) = \frac{1}{T_1}\int_0^{T_1}(P_1(t) - \bar{P})^2 \mathrm{d}t \tag{8.95}$$

其中，$\omega > 0$，$0 \leqslant \mu_1 \leqslant 2\pi/\omega$，$\mu_1 \leqslant \mu_2 \leqslant 2\pi/\omega$，$\Omega > \bar{P}_1$．

上面的优化问题可分为两种情况来求解：(1) 不带减压阀；(2) 带减压阀．

1) 不带减压阀

如果高压油管不带减压阀，则 $m_4(t) \equiv 0$，此时问题(8.95)退化为

$$\min E(\omega, \mu_1, \mu_2) \tag{8.96}$$

为了使 $\min E(\omega, \mu_1, \mu_2)$ 尽可能小，在一段时间内进入高压油管的燃油量和喷出的燃油量应该相等．以喷油器工作周期 T 为准，在一个周期内，凸轮旋转的圈数为 $\dfrac{\omega}{2\pi}T$，旋转一圈进入高压油管的燃油量为 $\bar{M}_1$．一个喷油器在 T 时间内喷出的燃油量为 $M_2(T)$，由于有两

个喷油器，为了使高压油管内的燃油量保持稳定，有

$$\frac{\omega}{2\pi}T \cdot \bar{M}_1 = 2M_2(T) \tag{8.97}$$

由此可得凸轮转速应该满足

$$\omega = \frac{4\pi M_2(T)}{T \cdot \bar{M}_1} \tag{8.98}$$

其中，$M_2(T)$ 是喷油器一个工作周期的喷油量，$M_2(T) = \int_0^T m_2(t)\mathrm{d}t$.

求解步骤如下：

(1) 估计一个初始转速 $\omega^{(0)}$，令 $i = 0$，$\mu_1^{(0)} = \mu_2^{(0)} = T/2$，$\delta = 0.01$，$\varepsilon = 1\text{E}{-4}$；

(2) 令 $\omega = \omega^{(i)}$，设定搜索区间 $0 \leqslant \mu_1 \leqslant T$，$\mu_1 \leqslant \mu_2 \leqslant T$，对式(8.96)进行二维搜索，求得 $\mu_1^{(i+1)}, \mu_2^{(i+1)}$；

(3) 令 $\mu_1 = \mu_1^{(i+1)}$，$\mu_2 = \mu_2^{(i+1)}$，设定搜索区间 $\omega^{(i)} - \delta \leqslant \omega \leqslant \omega^{(i)} + \delta$，使用黄金分割法对 ω 进行一维搜索，求得 $\omega^{(i+1)}$；

(4) 如果 $\delta < \varepsilon$，则停止搜索过程. 否则，缩小 μ_1，μ_2 的搜索区间，令 $\delta = \delta/2$，$i = i+1$，转至第(2)步.

2) 带减压阀

如果带减压阀，为了使高压油管工作尽可能稳定，可设定柱塞腔的工作周期与喷油器的工作周期相同，此时 $\omega = 2\pi/T$. 这样，式(8.95)退化为

$$\min E(\mu_1, \mu_2, \Omega) \tag{8.99}$$

求解方法与不带减压阀的求解方法类似，只是对转速 ω 的优化转换成对阈值 Ω 的优化，将 Ω 的初值设定为比 $\bar{P}_1$ 稍大的值即可.

4. 模型求解

问题 1：恒压供油单喷油嘴情形.

$L = 500$ mm，$D = 10$ mm，$d_1 = 1.4$ mm，$P_0 = 160$ MPa，$P_1 = 100$ MPa，喷油器按式(8.84)所示的方式喷油，其中 $T_2 = 100$ ms，$\rho_1 = 0.85$. 如果要将高压油管内的压力尽可能稳定在 100 MPa 左右，应该使在一个周期内进油量等于喷出油量，以 100 ms 为一个周期，喷出的燃油量为

$$M_{\text{出}} = \int_0^{100} m_2(t)\mathrm{d}t = \rho_1(0.2 \times 20 + 2 \times 20) = 37.4 \tag{8.100}$$

而当单向阀开启时，单位时间流量为

$$m_1 = C \cdot A \cdot \sqrt{2\rho_0(160-100)} = 0.85 \cdot \left(\frac{1.4}{2}\right)^2 \pi \cdot \sqrt{2 \times 0.8709 \times (160-100)} = 13.3767 \tag{8.101}$$

因此在一个周期(100 ms)内单向阀开启的时长约为

$$t_0 = \frac{M_{\text{出}}}{m_1} = 2.7959$$

仿真程序如下：

```
T2=100;         %周期
t0=2.7959;      %一个周期内单向阀开启时长
d1=1.4;         %供油小孔的直径
P0 = 160;       %高压油泵在入口 A 处提供的压力
%供油小孔面积，单向阀关闭时为 0
A0=@(t) (floor(t/T2)*T2<=t&t<floor(t/T2)*T2+t0).*(d1/2)^2*pi;
V2=@(t) (floor(t/T2)*T2 <= t & t < floor(t/T2)*T2+0.2) .* 100 * (t - floor(t/T2)*T2) + (floor(t/T2) * T2 +
0.2 <= t & t < floor(t/T2) * T2 + 2.2 ) .* 20 + (floor(t/T2)*T2 + 2.2 <= t & t < floor(t/T2)*T2 + 2.4) .* (-100) *
(t-floor(t/T2)*T2-2.4);         %喷油嘴喷油量(体积)
[ER, P, rho]= HighPressureTubing1(P0, 100, [0, 1000], A0, V2, 0, 0, 100, [1 1 0 0], 1);
```

喷油嘴按照式(8.84)所示的方式工作，在这种情形下，高压油管压力仿真程序如下：

```
function [ER, P, rho] = HighPressureTubing1(P0, P1, tspan, A0, V2, delay1, delay2, Omega, Q, show)
%  高压油管内的压力和燃油密度仿真函数
% P0   进油压力
% P1   高压油管内的初始压力
% tspan  时间范围
% A0   供油孔面积函数
% V2   喷油嘴单位时间喷油体积函数
% delay1  喷油器 1 的开启时间偏移量
% delay2  喷油器 2 的开启时间偏移量
% Omega   压力限制，减压阀的开始压力
% Q    0-1 向量，指示系统是否包含柱塞腔、喷油嘴、减压阀
% show   布尔型变量，指示是否作图
% ER   压力偏离正常压力的程度
% P    压力变化值
% rho   密度变化值
C=0.85;
L=500;  %高压油管长度
D=10;   %高压油管直径
V1=L*(D/2)^2*pi;  %高压油管体积
d4=1.4;  %减压阀开孔直径
dt=0.01;  %时间间隔
t=tspan(1):dt:tspan(2);
```

```
n=length(t);
P=zeros(size(t));          %压力变化值
rho=zeros(size(t));        %密度变化值
M1=zeros(1, n);            %燃油质量变化值
P(1)=P1;                   %初始压力
rho(1)=Psi(P(1));          %初始密度
M1(1)=rho(1)*V1;           %初始质量
rho0=Psi(P0);              %高压燃油密度
for i=2:n
M0=0;M2=0;M3=0;M4=0;
    if(Q(1))                   %如果有进油管
        if(P0 >P(i-1))         %如果进油端压力大于油管内压力
            M0=C*A0(t(i-1))*sqrt(2*rho0*(P0-P(i-1)))*dt;   %t 时刻进油量(质量)
        end
    end
    if(Q(2))%如果有喷油器 1
        M2=rho(i-1)*V2(t(i-1)- delay1)*dt;    %t 时刻喷油量(质量)
    end
    if(Q(3))%如果有喷油器 2
        M3=rho(i-1)*V2(t(i-1)- delay2)*dt;    %t 时刻喷油量(质量)
    end
    if(Q(4))%如果有减压阀
        if(P(i-1)>Omega)
        M4=C * pi/4 * d4^2 * sqrt( 2 * rho(i-1) * P(i-1))*dt;%t 时刻从减压阀流出量
        end
    end
M1(i)=M1(i-1)+(M0-M2-M3-M4);          %更新油管内燃油质量
    rho(i)=M1(i)/V1;                 %计算密度
    P(i)=Phi(rho(i));                %计算压力
end
if (show)
    figure(1);
    plot(t, P);
    xlabel('时间');   ylabel('压力');
end
ER=sum((P-P1).^2)/n;
end
```

运行结果如图 8.40 所示.

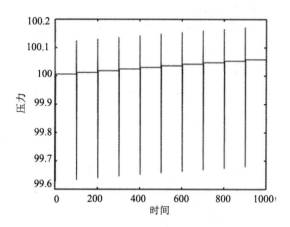

图 8.40　$t_0=2.7959$ 时系统在 1 秒内的压力变化

从图 8.40 中可看出，当 $t_0=2.7959$ ms 时压力周期变化，并逐渐上升，说明开启时长偏大，使用黄金分割法对 t_0 进行优化.

程序 8.29　Optimization_t0.m

```
[t0, Er]=MinGoldenSection(@f_obj1, 2.7, 2.9, 1E-8)    %调用黄金分割法进行优化
%优化后使用新的参数再次进行仿真
T2=100;    %周期
d1=1.4;    %供油小孔的直径
P0 = 160;    %高压油泵在入口 A 处提供的压力
A0=@(t) (floor(t/T2)*T2<=t&t<floor(t/T2)*T2+t0).*(d1/2)^2*pi;   %供油小孔面积，单向阀关闭时为 0
V2=@(t) (floor(t/T2)*T2 <= t & t < floor(t/T2)*T2+0.2) .* 100 * (t - floor(t/T2)*T2) + (floor(t/T2) * T2 +
0.2 <= t & t < floor(t/T2) * T2 + 2.2 ) .* 20 + (floor(t/T2)*T2 + 2.2 <= t & t < floor(t/T2) * T2 + 2.4) .* (-100) *
(t-floor(t/T2)*T2-2.4);   %喷油嘴喷油量(体积)
[ER, P, rho]= HighPressureTubing1(P0, 100, [0, 1000], A0, V2, 0, 0, 100, [1 1 0 0], 1);
```

函数 MinGoldenSection 是利用黄金分割法求函数的极小值(参见程序 5.23). 优化目标函数为:

程序 8.30　f_obj1.m

```
function Er = f_obj1(t0)
% 问题 1 的目标函数，恒定供油压力，单喷油嘴
% t0 一个周期内单向阀开启时长
% Er 高压油管内的压力均方差
T2=100;    %周期
d1=1.4;    %供油小孔的直径
P0 = 160;    %高压油泵在入口 A 处提供的压力
A0=@(t) (floor(t/T2)*T2<=t&t<floor(t/T2)*T2+t0).*(d1/2)^2*pi;   %供油小孔面积，单向阀关闭时为 0
V2=@(t) (floor(t/T2)*T2 <= t & t < floor(t/T2)*T2+0.2) .* 100 * (t - floor(t/T2)*T2) + (floor(t/T2) * T2
+ 0.2 <= t & t < floor(t/T2) * T2 + 2.2 ) .* 20 + (floor(t/T2)*T2 + 2.2 <= t & t < floor(t/T2) * T2 + 2.4) .*
```

(-100) * (t-floor(t/T2)*T2-2.4); %喷油嘴喷油量(体积)

Er = HighPressureTubing1(P0, 100, [0, 1000], A0, V2, 0, 0, 100, [1 1 0 0], 0);

优化结果：当 t_0 = 2.79 ms 时压力变化如图 8.41 所示，基本可以稳定在 100 MPa，只是在供油时和喷油时有顺时的上升和下降.

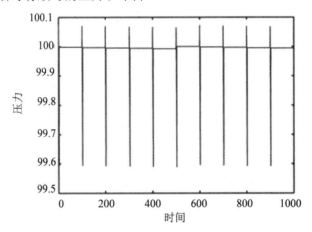

图 8.41 t_0=2.79 时系统在 1 秒内的压力变化

如果要将高压油管内的压力从 100 MPa 增加到 150 MPa，且分别经过约 2 s、5 s 和 10 s 的调整过程后稳定在 150 MPa，那么单向阀开启的时长应遵循表 8.13 所示的调整方案.

表 8.13 压力从 100 MPa 增加到 150 MPa 的调整方案

方案	调整总时长	调整期间单向阀开启的时长
1	2 s	8.11 ms
2	5 s	6.72 ms
3	10 s	6.68 ms

调整过程完成后，设定单向阀开启的时长 t_0=6.68 ms 可使压力稳定在 150 MPa 左右.

问题 2：变压供油单喷油嘴情形。

由附件 1 可知，凸轮的形状如图 8.42 所示.

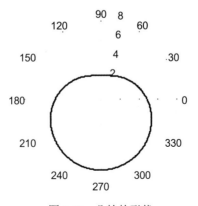

图 8.42 凸轮的形状

其边缘线可描述为

$$\gamma(\alpha) = \gamma_{\min} + \frac{\gamma_{\max} - \gamma_{\min}}{2}(1 - \sin\alpha) \tag{8.102}$$

其中，$\gamma_{\min}$=2.414，$\gamma_{\max}$=7.239.

柱塞腔内直径 $d_0 = 5$，柱塞移动到上止点时柱塞腔的体积. 柱塞移动到下止点时柱塞腔的体积为

$$\underline{V}_0 = V_0(0) = \overline{V}_0 + \frac{\pi}{4}d_0^2 \cdot (\gamma_{\max} - \gamma_{\min}) \approx 114.74$$

低压燃油压力，密度 $\overline{\rho}_0 = 0.804\,461\,860\,398\,306$.

如果高压油管内的压力一直保持为 100 MPa，则凸轮旋转一周进入高压油管的燃油量为

$$M_1 = \underline{\rho}_0 \underline{V}_0 - \Phi(P_1)V_0 \approx \underline{\rho}_0 \underline{V}_0 - 100 V_0 = 75.3041$$

假设高压油管内的压力恒定为 100 MPa，当凸轮旋转一周时，柱塞腔体积变化情况及燃油进入高压油管质量变化情况如图 8.43 所示.

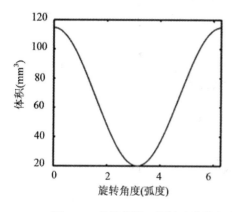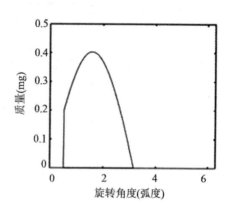

图 8.43　凸轮旋转一周柱塞腔体积变化情况及燃油进入高压油管质量变化情况

设喷油器针阀直径为 $d_2 = 2.5$，密封座半角 $\theta = \pi/20$，最下端喷孔的直径 $\overline{d}_2 = 1.4$，在一个喷油周期 $T = 100$ ms 内，针阀升程与时间的关系（如图 8.44 所示）满足

$$h(t) = \begin{cases} h_1(t), & 0 \leqslant t < 0.45 \\ 2, & 0.45 \leqslant t \leqslant 2 \\ h_2(t), & 2 < t < 2.45 \\ 0, & 2.45 \leqslant t \leqslant T \end{cases} \tag{8.103}$$

其中，

$$h_1(t) = 1 - \cos(15.71t^2)$$
$$h_2(t) = 1 - \cos(15.71(t-2.45)^2)$$

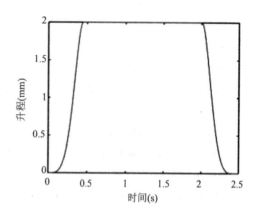

图 8.44　针阀升程与时间的关系

根据式(8.85)和式(8.103)，喷油器开口面积与时间的关系为

$$A_2(t) = \begin{cases} \pi h_1(t)\tan(\theta)\left(d_2 + h_1(t)\tan(\theta)\right), & 0 \leqslant t \leqslant 0.33 \\ \dfrac{\pi}{4}\overline{d}_2^2, & 0.33 < t < 2.12 \\ \pi h_2(t)\tan(\theta)\left(d_2 + h_2(t)\tan(\theta)\right), & 2.12 \leqslant t < 2.45 \\ 0, & 2.45 \leqslant t \leqslant T \end{cases} \qquad (8.104)$$

又由式(8.86)可知，当压力稳定在 100 MPa 时，喷油器在一个周期内的喷油量为

$$M_2(T) = C\sqrt{2\rho_1 P_1}\int_0^T A_2(t)\mathrm{d}t \approx 32.878\,904\,21$$

问题 2 是一个喷油器，此时 $m_2(t-\mu_2)\equiv 0$，$m_4(t)\equiv 0$，令 $T_1 = 1000$，求解结果为

$$\omega = 0.027\,189\,402\,744\,239, \quad \mu_1 = 0$$

此时高压油管内燃油的压力均值 $\overline{P} = 99.935\,497\,83$，均方误差 $E = 1.3452$，最小值 $P_{\min} = 97.5647$，最大值 $P_{\max} = 102.5457$，压力变化情况如图 8.45 所示.

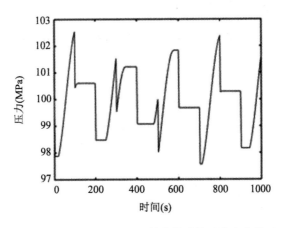

图 8.45 单喷油器高压油管内燃油的压力变化情况

优化及仿真函数如下：

```
                                                    程序 8.31   Question2.m
d1=1.4;         %供油小孔的直径
d0=5;           %柱塞腔直径
V0_1=20;        %柱塞腔最小体积
P1=100;         %初始压力
r_min=2.414; r_max=7.239;   %凸轮长、短半径
gama=@(alpha)(r_max-r_min)/2 * (1-sin(alpha) )+r_min;   %凸轮形状
%柱塞腔体积变化函数
V0=@(alpha) V0_1+pi * (d0/2)^2 *(gama(3*pi/2)-gama(alpha+pi/2));
h1=@(t) 1-cos(15.71*t.^2);
h2=@(t) 1-cos(15.71*(t-2.45).^2);
```

```
theta=pi/20;          %密封座半角
d2=2.5;               %针阀直径
db2=1.4;              %喷油嘴最下端喷孔的直径
%喷油嘴开口面积
A2=@(t) (0<=t & t<=0.33133) .* (pi*h1(t)*tan(theta) * (d2 + h1(t)*tan(theta))) + (0.33133<t & t<2.11867) .* (pi*(db2/2)^2) + (2.11867<=t & t<2.45) .* (pi*h2(t) * tan(theta) * (d2+h2(t) * tan(theta)));
mu1=0; mu2=0;
Omega=P1;
tspan=[0 1000];
[w, Er]=MinGoldenSection(@f_obj2, 0.027, 0.028, 1E-5)    %调用黄金分割法进行优化
[ER, P, rho]=HighPressureTubing2(P1, V0, A2, tspan, w, mu1, mu2, Omega, [1 1 0 0], 1);
```

目标函数定义如下：

程序 8.32　　f_obj2.m

```
function ER=f_obj2(w)
% 问题 2 目标函数，变供油压力，单喷油嘴
% w  凸轮转速
% Er 高压油管内的压力均方差
d0=5;                 %柱塞腔直径
V0_1=20;              %柱塞腔最小体积
P1=100;              %初始压力
r_min=2.414; r_max=7.239;   %凸轮长、短半径
gama=@(alpha)(r_max-r_min)/2 * (1-sin(alpha) )+r_min;        %凸轮形状
%柱塞腔体积变化函数
V0=@(alpha) V0_1+pi * (d0/2)^2 *(gama(3*pi/2)-gama(alpha+pi/2));
h1=@(t) 1-cos(15.71*t.^2);
h2=@(t) 1-cos(15.71*(t-2.45).^2);
theta=pi/20;          %密封座半角
d2=2.5;               %针阀直径
db2=1.4;              %喷油嘴最下端喷孔的直径
%喷油嘴开口面积
A2=@(t) (0<=t & t<=0.33133) .* (pi*h1(t)*tan(theta) * (d2 + h1(t)*tan(theta))) + (0.33133<t & t<2.11867) .* (pi*(db2/2)^2) + (2.11867<=t & t<2.45) .* (pi*h2(t) * tan(theta) * (d2+h2(t) * tan(theta)));
mu1=0; mu2=0; Omega=P1;
tspan=[0 1000];
[ER]=HighPressureTubing2(P1, V0, A2, tspan, w, mu1, mu2, Omega, [1 1 0 0], 0);
```

在喷油嘴通过针阀控制喷孔面积进行喷油的情形下的高压油管压力仿真程序如下：

程序 8.33   HighPressureTubing2.m

```matlab
function [ER, P, rho]=HighPressureTubing2(P1, V0, A2, tspan, w, mu1, mu2, Omega, Q, show)
    %高压油管内的压力和燃油密度仿真函数
    % P1    高压油管内的初始压力
    % V0 柱塞体积变化函数
    % A2 喷油嘴喷口面积变化函数
    % tspan  时间范围
    % w 凸轮转速
    % mu1    喷油器 1 的开启时间偏移量
    % mu2    喷油器 2 的开启时间偏移量
    % Omega    压力限制，减压阀的开始压力
    % Q    0-1 向量，指示系统是否包含柱塞腔、喷油嘴、减压阀
    % show 布尔型变量，指示是否作图
    % ER 压力偏离正常压力的程度
    % P 压力变化值
    % rho    密度变化值
    C=0.85;
    L=500;              %高压油管长度
    D=10;              %高压油管直径
    V1=L*(D/2)^2*pi;   %高压油管体积
    d4=1.4;            %减压阀开孔直径
    P0_0=0.5;          %低压
    rho0_0=Psi(P0_0);  %低压燃油密度
    T=100;             %喷油嘴工作周期
    dt=0.01;           %时间间隔
    tans=@(t, T) (t-floor(t/T)*T);    %将时间转换成相对周期起点的时间
    V0_0=V0(0);                       %柱塞腔最大体积
    M0=rho0_0*V0_0;                   %柱塞腔充满燃油时的燃油质量
    T0=2*pi/w;                        %凸轮旋转一周所需时间
    t=tspan(1):dt:tspan(2);          %对时间进行剖分
    n=length(t);
    M=zeros(size(t));
    P=zeros(size(t));
    rho=zeros(size(t));
    P(1)=P1;
    rho(1)=Psi(P(1));
    M(1)=rho(1)*V1;
    for i=2:n
```

```
        M1=0; M2=0; M3=0; M4=0;
        if(Q(1))                           %如果有柱塞腔
            Tau =tans(t(i), T0);           %距离凸轮旋转周期开始时间
            alpha=w*Tau;                   %凸轮旋转角度
            v0=V0(alpha);                  %柱塞腔体积
            rho0= M0/v0;                   %柱塞腔密度
            p0=Phi(rho0);                  %柱塞腔压力
        %如果柱塞腔压力大于高压油管压力且旋转到上止点前
        if(p0 > P(i-1) && alpha < pi)
        %平均密码=总质量/(体积)，  总质量=柱塞腔燃油质量+高压油管燃油质量
            RHO=(M(i-1)+M0)/(V1+v0);
            M1=M0-RHO*v0;                  %进入高压油管的燃油量(质量)
            M0=M0-M1;
        else
            if(M0<rho0_0*V0_0&&alpha>=3*pi/2)
                M0=rho0_0*V0_0;  %让低压燃油充满柱塞腔
            end
        end
    end
    if(Q(2))          %如果有喷油器 1
    M2=C*A2(tans(t(i-1) - mu1, T))*sqrt(2*rho(i-1) * P(i-1) ) *dt;          %喷油嘴 1 喷出量
    end
    if(Q(3))          %如果有喷油器 2
    M3=C*A2(tans(t(i-1) - mu2, T))*sqrt(2*rho(i-1)* P(i-1) ) *dt;          %喷油嘴 2 喷出量
    end
    if(Q(4))          %如果有减压阀
        if(P(i-1)>Omega)
        M4 = C * pi/4 * d4^2 * sqrt( 2 * rho(i-1) * (P(i-1)-P0_0)) *dt;   %减压阀流出量
        else
            M4 = 0;
        end
    end
    M(i)=M(i-1)+(M1-M2-M3-M4);   %更新质量
    rho(i)=M(i)/V1;              %密度
    P(i)=Phi(rho(i));           %压力
end
if (show)
    figure(1);  plot(t, P);  xlabel('时间(ms)');  ylabel('压力(MPa)');
end
```

```
ER=sum((P-P1).^2)/n;
end
```

问题 3：变压供油双喷油嘴及减压阀情形.

在问题 3 中，有两个喷油器，如果没有减压阀，则 $m_4(t) \equiv 0$，求解得

$$\omega = 0.054\,923,\quad \mu_1 = 0,\quad \mu_2 = 44$$

此时高压油管内燃油的压力均值 $\bar{P} = 99.999$，均方误差 $E = 1.231\,059$，最小值 $P_{\min} = 97.574$，最大值 $P_{\max} = 102.472$，双喷油器高压油管内燃油的压力变化情况如图 8.46 所示.

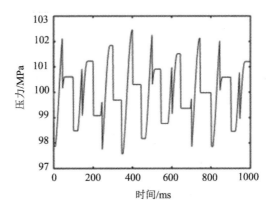

图 8.46　双喷油器高压油管内燃油的压力变化情况

当有两个喷油器和一个单向减压阀时，取 $\omega = 2\pi/T$，求解结果为

$$\mu_1 = 21.4,\quad \mu_2 = 33.7,\quad \Omega = 101.14$$

压力平均值 $\bar{P} = 100.092$，最小值 $P_{\min} = 99.078$，最大值 $P_{\max} = 101.145$，均方误差 $E = 0.151434$.
从模拟结果来看，减压阀对压力稳定有显著的作用(压力均方误差仅为无减压阀时的12.3%).
含双喷油器和减压阀时压力的变化情况如图 8.47 所示.

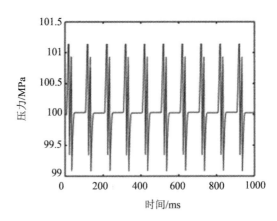

图 8.47　含双喷油器和减压阀时压力的变化情况

如果由于某种原因导致压力突然降低或升高，系统也可以自动恢复到正常状态. 从 0.5 MPa 上升到 100 MPa 大约需要 6917.7 ms，从 160 MPa 恢复到 100 MPa 只需要 42.41 ms.

压力从低压或高压恢复到正常的过程如图 8.48 所示.

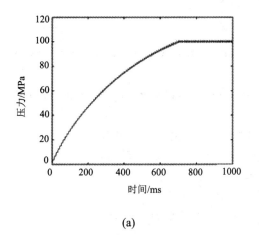

(a)

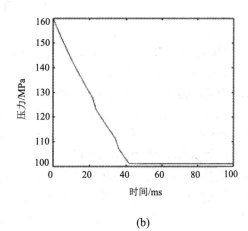

(b)

图 8.48　压力从低压或高压恢复到正常的过程

参 考 文 献

[1]　MOLER C. MATLAB 发展简史. https://ww2.mathworks.cn/company/newsletters/articles/a-brief-history-of-matlab.html.

[2]　WORKS M. 线性方程组的迭代方法. https://ww2.mathworks.cn/help/matlab/math/iterative- methods-for-linear-systems.html

[3]　龚纯，王正林. 精通 MATLAB 最优化计算.3 版. 北京：电子工业出版社，2014

[4]　中山大学数学力学系常微分方程组. 常微分方程. 北京：人民教育出版社，1979

[5]　揭佳明. 数值计算在流体力学中的应用. 探索科学，2016(12)

[6]　黎健玲. 数值分析与实验. 北京：科学出版社，2012

[7]　李大美，李素贞，朱方生. 计算方法. 武汉：武汉大学出版社，2012

[8]　师学明，王家映. 模拟退火法，工程地球物理学报，2007，4(3)：167-174

[9]　INGBER L. Very Fast Simulated Re-Annealing.Mathematical and Computer Modelling，1989，12：67-973

[10]　云庆夏. 进化算法. 北京: 冶金工业出版社，2000

[11]　LIN S，KERNIGHAM B W. An Effective Heuristic Algorithm for the Travelling Salesman Problem. Operations Research，1973，21(2)：4982-5161

[12]　RAFAEL C. G，RICHARD E W. 数字图像处理. 3 版. 阮秋琦，阮宇智，等译.北京：电子工业出版社，2017

[13]　JONKER R，VOLGENANT T. Transforming Asymmetric Into Symmetric Traveling Salesman Problems. Operations Research Letters，1983，2(4)：161-163

[14]　薛毅. 碎纸片拼接复原的数学方法. 数学建模及其应用，2013，2(5-6)：9-13

[15]　蔡志杰. CT 系统参数标定及成像. 数学建模及其应用，2018，7(1)：24-32

[16]　CAO D，ZHANG X，XUE H R，XU C L. Fuzzy Logic Systems-Based Optimization and Control of Complicated High-Pressure Fuel Line with Double Fuel Injectors and One Pressure Reducing Valve.Complexity，2020：882-1050